Reinhard Bündgen

Termersetzungssysteme

Lehrbuch

Die Reihe „Lehrbuch", orientiert an den Lehrinhalten des Studiums an Fachhochschulen und Universitäten, bietet didaktisch gut ausgearbeitetes Know-how nach dem State-of-the-Art des Faches für Studenten und Dozenten gleichermaßen.

Unter anderem sind erschienen:

Neuronale Netze und Fuzzy-Systeme
von D. Nauck, F. Klawonn und R. Kruse

Interaktive Systeme
von Christian Stary

Evolutionäre Algorithmen
von Volker Nissen

Stochastik
von Gerhard Hübner

Algorithmische Lineare Algebra
von Herbert Möller

Rechnerarchitektur
von John S. Hennessy und David A. Patterson

Neuronale Netze
von Andreas Scherer

Objektorientiertes Plug and Play
von Andreas Solymosi

Rechnerverbindungsstrukturen
von Bernhard Schürmann

Rechnerarchitektur
von Paul Herrmann

Unternehmensorientierte Wirtschaftsinformatik
von Paul Alpar, Heinz Lothar Grob, Peter Weimann und Robert Winter

Termersetzungssysteme
von Reinhard Bündgen

Vieweg

Reinhard Bündgen

Termersetzungssysteme

Theorie, Implementierung, Anwendung

ISBN-13:978-3-528-05652-0 e-ISBN-13:978-3-322-86846-6
DOI: 10.1007/978-3-322-86846-6

Der Verlag Vieweg ist ein Unternehmen der Bertelsmann Fachinformation GmbH.

http://www.vieweg.de

Höchste inhaltliche und technische Qualität unserer Produkte ist unser Ziel. Bei der Produktion und Auslieferung unserer Bücher wollen wir die Umwelt schonen: Dieses Buch ist auf säurefreiem und chlorfrei gebleichtem Papier gedruckt. Die Einschweißfolie besteht aus Polyäthylen und damit aus organischen Grundstoffen, die weder bei der Herstellung noch bei der Verbrennung Schadstoffe freisetzen.

Druck und buchbinderische Verarbeitung: Lengericher Handelsdruckerei, Lengerich

Vorwort

Das vorliegende Buch ist aus mehreren Vorlesungen hervorgegangen, die ich an der Fakultät für Informatik der Universität Tübingen gehalten habe. Diese Vorlesungen richteten sich an Studenten, die Informatik im Haupt- oder Nebenfach studierten. Neben Informatikern könnte dieses Buch aber auch für alle, die sich mit formalen Systemen beschäftigen, wertvoll sein, insbesondere Mathematiker, Logiker und Sprachwissenschaftler.

Das Buch ist eine Einführung in das Gebiet der Termersetzungssysteme. Dennoch setzt es einige fundamentale Grundlagen der Informatik voraus. Diese Grundkenntnisse umfassen die Grundlagen des Programmierens, ein intuitives Verständnis der Prädikatenlogik und gewisse theoretische Grundlagen (Berechenbarkeit und formale Sprachen), so wie es im allgemeinen bis zum Informatikvordiplom (sowohl im Haupt- als auch im Nebenfach) vermittelt wird. Auch wenn dieses Buch zunächst als Einführung in die Termersetzungssysteme gedacht ist, so soll es die Leser letztlich in die Lage versetzen, selbständig aktuelle Forschungspublikationen zu studieren.

Systeme[1] zu spezifizieren ist eine wichtige Aufgabe in allen Bereichen der Informatik. Die Spezifikation gehört zur Entwurfsphase jedes Projektes und dient als (Vertrags-)Grundlage für seine Realisierung (Implementierung), ebenso zur Dokumentation, und sie ist äußerst wichtig bei der Wartung eines fertigen Systems. Formale, d. h. mathematisch exakte Spezifikationen haben den unbestreitbaren Vorteil, daß sie keinerlei Interpretationsspielraum lassen und somit unzweideutig festlegen, was ein System wirklich leisten soll. Leider sind formale Spezifikationen für Ungeübte sowohl schwierig zu erstellen als auch zu lesen.[2] Deshalb fehlt oft die Motivation, eine formale Spezifikation zu erstellen. Wirklich interessant werden formale Spezifikationen aber dann, wenn sie die maschinelle Verarbeitung der Spezifikationen ermöglichen: wenn zum Beispiel eine Spezifikation validiert, oder eine Implementierung gegen eine Spezifikation verifiziert werden kann; oder besser noch, wenn aus einer Spezifikation automatisch ein lauffähiges System (Programm) erzeugt werden kann.

Mit steigender Komplexität der zu entwickelnden Systeme wächst auch das Interesse an formalen Spezifikationen, die einer maschinellen Verarbeitung zugänglich sind. Ein derartiger Trend zeichnet sich in der Hardwareindustrie ab, wo die Entwürfe integrierter Schaltungen so komplex werden, daß sie von Menschen nicht mehr überschaut werden können. Folgerichtig werden zur Zeit von den Chip-Produzenten vermehrt Spezialisten für formale Methoden

[1] Software, Hardware oder Kommunikationsprotokolle

[2] Nach Meinung des Autors sind nicht-formale Spezifikationen ebenso schwer zu erstellen und zu lesen wie formale Spezifikationen. Allerdings fällt diese Schwierigkeit meistens erst in einer späteren Phase des Entwurfs, etwa bei der Systemintegration oder in der Testphase auf.

gesucht, die sich mit der Verifikation von Schaltkreisentwürfen beschäftigen sollen.

Dieses Buch stellt den Spezifikationsformalismus der Termersetzungssysteme vor, der sich hervorragend dazu eignet, maschinell verarbeitet zu werden. Methoden zur Verarbeitung von Termersetzungsspezifikationen stehen im Mittelpunkt dieses Buches und führen den Leser bzw. die Leserin zu Verfahren des Automatischen Beweisens, des Symbolischen Rechnens und der Verifikation.

In diesem Buch wird in erster Linie die Theorie der Termersetzungssysteme und termersetzungsbasierter Verfahren behandelt. Es war jedoch nicht mein Ziel, ein reines Theoriebuch zu schreiben, sondern ich habe besonderen Wert darauf gelegt, zu zeigen, wie sich theoretische Ergebnisse in Software umsetzen lassen. Man kann sogar soweit gehen und sagen, die Implementierung steuert die Auswahl der in diesem Buch vorgestellten theoretischen Resultate. In gewisser Weise ist die Implementierbarkeit ein wichtiges Kriterium für die Angemessenheit einer Spezialisierung einer Theorie. Hierbei wird der Begriff *Implementierbarkeit* durchaus enger gefaßt als der Begriff der *Konstruktivität* (d. h. „theoretische Implementierbarkeit"). Ein theoretisches Resultat ist implementierbar, wenn die entsprechende Software mit vertretbarem Aufwand erstellt werden kann und wenn diese Software auch nichttriviale Probleme in angemessener Zeit lösen kann.

Ein weiteres wichtiges Kriterium für die Auswahl der im Buch vorgestellten Themen ist ihre Anwendbarkeit, denn Probleme aus der Praxis sind der wahre Motor der Forschung. Ohne sie läuft man leicht Gefahr, sich in Elfenbeintürme zu begeben. Außerdem lohnen sich mühselige Implementierungen erst, wenn es interessante Probleme gibt, die mit ihnen gelöst werden können.[3] Der Begriff der Anwendung darf hierbei durchaus großzügig interpretiert werden. Im Rahmen dieses Buches werden Anwendungen aus der Mathematik (Gruppentheorie), der Logik (Beweistheorie) und der Technischen Informatik (Hardware-Verifikation) vorgestellt.

Neben den oben genannten Motiven hatte natürlich meine Faszination für die Thematik einen wesentlichen Anteil, bestimmte Ergebnisse zu präsentieren. Meiner Meinung nach gehören Vervollständigungsverfahren zu den erstaunlichsten Methoden der Informatik, da sie mit relativ einfachen Mitteln sehr „intelligent" anmutende Resultate erzielen können. Entsprechend hoffe ich, ein wenig meiner Faszination auf die Leser übertragen zu können.

Kein Lernen ohne Üben. So ist jedes Kapitel des Buches mit Aufgaben aus den Übungen zur Vorlesung versehen, anhand derer die Leser prüfen können, wie weit sie den vorhergehenden Stoff verstanden haben bzw. sogar beherrschen. Bei diesen Aufgaben spielt sowohl die Anwendung als auch die Implementierung von Termersetzungssoftware eine große Rolle. Beides stellt eine wichtige Ergänzung zum Stoff des Buches dar, denn viele der im Buch vorgestellten Verfahren sind so komplex, daß selbst die kleinsten Beispiele nur mit großer Mühe mit Papier und Bleistift bearbeitet werden können. Der Effekt größerer Eingaben und der Nutzen für nicht-triviale Anwendungen kann nur mit Hilfe eines Programms beobachtet werden. Außerdem gilt, daß – besser noch als der Beweis eines Satzes – ein Programm zeigt, wie die einzelnen Bausteine eines theoretischen Resultats zusammengefügt werden müssen.

[3] Je wichtiger das zu lösende Problem ist, desto weiter darf der Begriff der Implementierbarkeit gefaßt werden.

Im vorliegenden Buch wird vorgeschlagen, diese Aufgaben mit Hilfe des vom Autor und seinen Studenten entwickelten ReDuX-Systems[4] durchzuführen. Eine kurze Beschreibung von ReDuX befindet sich im Anhang zusammen mit Hinweisen, wie ReDuX über das Internet bezogen werden kann. Selbstverständlich können diese Aufgaben auch mit anderer Termersetzungssoftware durchgeführt werden, sofern sie die entsprechende Funktionalität haben bzw. ihre Quellen verfügbar sind.

Zum Schluß möchte ich mich bei all denen bedanken, die dazu beigetragen haben, daß dieses Buch entstehen konnte. Zuerst möchte ich mich bei Prof. Küchlin und Prof. Loos bedanken, die mir die Möglichkeit einräumten, nach meiner Promotion eine eigenständige Vorlesung zu gestalten und zu halten. Besonderer Dank gilt meinem Kollegen Dr. Alfons Geser, der mich im Wintersemester 1996/97 bei der Vorlesung unterstützt hat. Ihm verdanke ich viele interessante Aufgaben, die ich in das Buch übernommen habe und viele Anregungen, die insbesondere in das Kapitel 7 eingeflossen sind. Zahlreiche Anregungen und Verbesserungsvorschläge verdanke ich meinen Studenten Jörg Hoss, Patrick Maier, Carsten Sinz und Jochen Walter. An dieser Stelle möchte ich mich speziell bei Jochen Walter für seine hervorragende Hilfe bei der Pflege und Entwicklung des ReDuX-Systems bedanken.

Trotz all dieser Hilfe könnte ich mir nicht vorstellen, daß dieses Buch je ohne die Geduld, den Zuspruch und das unermüdliche Korrekturlesen meiner Frau Bettina hätte entstehen können. XXX.

Tübingen, im November 1997 Reinhard Bündgen

[4]Einige der ReDuX-Module basieren auf Projektaufgaben, die im Rahmen der Vorlesungen in Tübingen von Studenten erstellt wurden.

Inhaltsverzeichnis

Abbildungsverzeichnis

1 Einleitung

Im Mittelpunkt der algorithmischen Informatik stehen Verfahren, die zu gegebenen Problemstellungen Lösungen berechnen. Dabei ist es wünschenswert, das Berechnungsverfahren in einer Form darzustellen, die den Bezug zur Problemstellung aufzeigt und deutlich macht, daß die erzielten Lösungen korrekt sein werden. Dazu ist es in einem ersten Schritt unerläßlich, die informelle Problemstellung in eine formale Problemspezifikation zu überführen. Dieser Prozeß, der die Vorstellung einer oder mehrerer Personen durch ein formales Modell beschreibt, ist eine schwierige intellektuelle Aufgabe, die auf absehbare Zeit im wesentlichen nicht automatisierbar sein wird.

Ist man jedoch zu einer formalen Problemspezifikation gelangt, so besteht die Berechnung idealerweise aus einer Transformation der Problemspezifikation in eine Darstellung der Lösung. So gesehen kann man sowohl die Problemspezifikation als auch die Lösung als äquivalente Darstellungen des gleichen Sachverhalts betrachten, wobei sich die Lösung dadurch auszeichnet, daß sie eine geeignete Form hat. Sei es, weil sie kompakt oder einfach zu lesen ist, sich von anderen Programmen weiterverarbeiten läßt oder weil sie bestimmten Normen entspricht. Wir bezeichnen deshalb die Darstellung einer Lösung eines Problems als seine *Normalform*. Ist eine Lösung eindeutig, so sprechen wir auch von einer *kanonischen Form*.

Beispiel 1.1

1. Die SQL-Datenbankanfrage

```
SELECT NAME INTERNET
WHERE  TYPE = 'SPARC 10'
AND    PROZ = 4
```

   und die Tabelle

```
NAME        INTERNET
===========================
chaq        134.2.16.10
lucendro    134.2.16.50
rawil       134.2.16.49
```

bezeichnen die gleiche Relation bezüglich einer Datenbank, die die Rechner der Arbeitsgruppe Symbolisches Rechnen der Universität Tübingen speichert. Jedoch kann man nur aus der tabellenförmigen Darstellung die Namen der 4-Prozessorrechner direkt ablesen.

2. Wenn $sort((50, 7, 99, 3, 15))$ die sortierte Liste mit den Elementen 50, 7, 99, 3 und 15 bezeichnet, dann ist $(3, 7, 15, 50, 99)$ eine äquivalente als Lösung geeignete Darstellung. Eine alternative äquivalente zur Lösung weniger geeignete Darstellung wäre $(3, 7).sort((50, 99, 15))$, wobei der Punkt die Operation zur Konkatenation von Listen bezeichne.

3. In der Mathematik gibt es üblicherweise verschiedene Ausdrücke, die das gleiche Objekt bezeichnen. So bezeichnen $(x + 5)(x^2 - x + 5)$ und $x^3 + 4x^2 + 25$ das gleiche Polynom.

In dieser Sichtweise ist also jede Berechnung eine Suche nach einer geeigneten Darstellung einer Problemstellung in der Äquivalenzklasse aller Darstellungen der entsprechenden Problemspezifikation.

Weiter oben hatten wir schon bemerkt, daß die Transformation der Problemspezifikation in eine Lösungsdarstellung ein „offensichtlich" korrekter Prozeß sein sollte. Dies kann zum Beispiel dadurch erreicht werden, daß die Transformation in viele Transformationsschritte zerlegt wird, die jeweils einfach als korrekt nachgewiesen werden können. Solche Transformationsschritte können als Problemreduktionen oder -vereinfachungen aufgefaßt werden. In diesem Buch beschäftigen wir uns mit Termersetzungssystemen. Termersetzungssysteme liefern einen einfachen universellen Reduktionsmechanismus für Problemspezifikationen in der Prädikatenlogik (erster Stufe). Sie sind insbesondere geeignet, um das Gleichheitsprädikat zu charakterisieren.

Termersetzungssysteme sind vielseitig einsetzbar. Sie eignen sich sowohl als formale Spezifikationssprache, als (funktionale) Programmiersprache und zum automatischen Beweisen der Korrektheit von Programmen bzw. Spezifikationen. Üblicherweise werden Termersetzungssysteme in das Teilgebiet der Theoretischen Informatik eingeordnet. Dies geschieht vor allem deshalb, weil die wissenschaftlichen Untersuchungen von Termersetzungssystemen in der Mehrzahl der Fälle in mathematisch exakter Form betrieben wird und sich oft an klassischen Fragestellungen aus der Theoretischen Informatik orientiert (z. B. Komplexität bzw. Entscheidbarkeit, Semantik). Nichtsdestoweniger sollte die Relevanz von Termersetzungssystemen für die Praktische und Angewandte Informatik nicht unterschätzt werden. Zum einen liefern sie ein Werkzeug, um wichtige Eigenschaften von Programmen, wie ihre Termination oder die Eindeutigkeit der Resultate nichtdeterministischer Programme zu untersuchen. Außerdem bilden Termersetzungssysteme eine wichtige Grundlage für das Symbolische Rechnen und das Automatische Beweisen[1], indem sie die Manipulation von Formeln und insbesondere den Umgang mit Gleichungen unterstützen.

[1] auch Deduktion oder Theorem-Beweisen genannt

Im Rahmen dieses Buches werden wir zuerst die wichtigsten Eigenschaften von Termersetzungssystemen kennenlernen. Im zweiten Teil (ab Kapitel 10) des Buchs beschäftigen wir uns dann mit *Vervollständigungsverfahren.* Das sind Verfahren, die einerseits aus Gleichungsspezifikationen Termersetzungsprogramme kompilieren und andererseits zum rechnergestützten Beweisen von Gleichungen benutzt werden können. Neben der Theorie der Termersetzungssysteme steht auch die Implementierung der vorgestellten Verfahren im Zentrum unseres Interesses. Ferner wird auf Anwendungen im Bereich der Verifikation von Soft- und Hardware und der Computeralgebra eingegangen. Genauere Untersuchungen zur Implementierung und Anwendung von Termersetzungssystemen werden an Hand des vom Autor entwickelten und über ftp frei erhältlichen Termersetzungslabors ReDuX in den Aufgaben vorgeschlagen.

1.1 Rechnen mit Regeln

Ein wichtiges Paradigma, das uns durch das ganze Buch begleiten wird, ist das Rechnen mit Regeln. Eine *Regel* hat die Form

$$L \quad \rightarrow \quad R,$$

wobei L und R Muster für bestimmte Objekte sind. L ist die sogenannte linke und R die rechte Seite der Regel. Der Pfeil wird als „nach" oder „reduziert zu" ausgesprochen. Durch die Anwendung einer Regel können Objekte abgeleitet werden, die einen Teil enthalten, auf den das Muster der linken Seite „paßt". Dieser Teil, der sogenannte *Redex*[2], wird dann durch eine „entsprechende Instanz" der rechten Seite „ersetzt".

Oft schreibt man Regeln auch in der Form

$$\frac{\text{L}}{\text{R}} \qquad [\text{; falls N}]$$

wobei zusätzlich zum „Passen" von L optional eine Nebenbedingung N für die Anwendung der Regel angegeben werden kann. L wird dann auch Vorbedingung oder Prämisse genannt und R Nachbedingung oder Konklusion.

Beispiel 1.2
Typische Beispiele von Regeln sind:

- Spielregeln (z. B. Skatregeln)
- Verkehrsregeln (z. B. rechts vor links)
- Produktionen einer Grammatik (z. B. Ausdruck ::= Term $*$ Term)
- logische Inferenzregeln (z. B. der Modus Ponens $\frac{A \quad A \Rightarrow B}{B}$)

[2]Redex ist ein Kunstwort, das aus dem Englischen „*red*ucible *ex*pression" gebildet wurde.

- Rechenregeln (z.B. die Kettenregel der Differentialrechnung:
$$f(g(x))' = f'(g(x)) \cdot g'(x))$$
- Meta-Regeln (z. B. Regeln, um *gut* Skat zu spielen). □

Es gibt gute Gründe, warum sich Regeln als Formalismus zum Programmieren eignen. Wie die obigen Beispiele belegen, sind Menschen gewöhnt, „in Regeln zu denken". Das zeigt sich auch daran, daß sich sehr viele Verfahren und Vorgehensweisen in Form von Regeln beschreiben lassen. Aus der Sicht der Programmiertechnik unterstützen Regeln *das Prinzip der minimalen Festlegung*. Sie spezifizieren nur, *was* geschehen soll, aber nicht *wie*. So bleibt die Strategie, die bestimmt, wann welche Regel wie angewendet werden soll, unspezifiziert. Diese Freiheit der Regelanwendung impliziert oft eine gute Parallelisierbarkeit eines Programms, das durch Regeln beschrieben ist. Denn voneinander unabhängige Regeln können gleichzeitig ausgeführt werden. Ein weiterer wichtiger Aspekt betrifft die Unterscheidung zwischen Programm und Daten. In einigen Bereichen der Softwareentwicklung (z. B. rasche Prototypentwicklung, Expertensysteme) ist es wichtig, daß sich das „Programm" ähnlich einfach wie die Daten modifizieren läßt. Da auch Regeln als Daten aufgefaßt werden können, erlaubt regelbasiertes Rechnen die Trennlinie zwischen Programm und Daten ähnlich wie bei logischen Programmiersprachen zugunsten der Daten zu verschieben.

Sehr eng mit den Vorteilen des Rechnens mit Regeln hängen auch dessen Probleme zusammen. Es ist sehr leicht, eine große Menge von Regeln hinzuschreiben, deren Zusammenspiel sich nicht mehr durchschauen läßt. Deshalb ist es wichtig, zu folgenden Fragen Antworten zu finden:

- Kann man für eine Regel in jeder Situation entscheiden, ob sie angewendet werden kann?
- Welche Regel soll man anwenden, wenn mehrere passen?
- Wie oft soll man Regeln hintereinander anwenden? Sind ausgehend von einem Objekt unendlich lange Ketten von Regelanwendungen möglich?
- Ist das Resultat verschiedener Reduktionen des gleichen Objekts immer das gleiche?
- Gibt es prinzipielle Grenzen oder Einschränkungen für das Rechnen mit Regeln?

Im optimalen Fall erlaubt eine Regelmenge nicht-deterministisch zu rechnen. Das heißt, jede Reduktionskette bricht nach endlich vielen Schritten ab und das Ergebnis einer solchen abbrechenden Reduktionskette (die Normalform) ist eindeutig und unabhängig von der Reihenfolge und Art der Regelanwendungen.

Am Anfang des Kapitels haben wir schon bemerkt, daß Rechnen den Umgang mit Äquivalenzklassen bedeutet. Es stellt sich also die Frage, ob Regeln uns helfen können, mit Gleichungen umzugehen. Eine (sicher zu) einfache Lösung hierzu ergibt sich, wenn man erlaubt, Regeln sowohl vorwärts (von links nach rechts) als auch rückwärts (von rechts nach links) anzuwenden. Die so konstruierte Relation hat alle wesentliche Eigenschaften einer Gleichheitsrelation, aber sie bietet auch keine Vorteile gegenüber dem naiven Umgang mit Gleichungen.

1.2 Termersetzungssysteme

Wann immer wir eine Problemstellung einem Rechner zugänglich machen wollen, müssen wir sie in einer formalen Sprache beschreiben. Die Sprache unserer Wahl ist sehr einfach, aber dennoch ausdrucksstark. Es ist die Sprache der Terme erster Ordnung zusammen mit dem Gleichheitsprädikat. Obwohl wir erst im nächsten Kapitel diese Sprache genau spezifizieren werden, versuchen wir hier, gestützt auf ein intuitives Verständnis von Termen, Termersetzungssysteme und ihre Anwendungen kurz vorzustellen.

Definition 1.1 *(informell)*
Eine Menge von Regeln über Termen erster Ordnung heißt Termersetzungssystem.

So kann zum Beispiel das funktionale Programm für die Ackermannfunktion

$$\begin{array}{lrrll} \mathrm{Ack}(x,y) = & \text{if} & x=0 & \text{then} & y+1 \\ & \text{else if} & y=0 & \text{then} & \mathrm{Ack}(x-1,1) \\ & & & \text{else} & \mathrm{Ack}(x-1,\mathrm{Ack}(x,y-1)) \end{array}$$

als die folgende Regelmenge geschrieben werden:

$$\begin{array}{lcl} \mathrm{Ack}(0,y) & \to & y+1, \\ \mathrm{Ack}(x+1,0) & \to & \mathrm{Ack}(x,1), \\ \mathrm{Ack}(x+1,y+1) & \to & \mathrm{Ack}(x,\mathrm{Ack}(x+1,y)), \end{array}$$

deren Regeln von links nach rechts angewendet werden können. Sieht man einmal von der Arithmetik (der Bedeutung des Operators $+$) ab, so können die obigen drei Regeln als Termersetzungssystem aufgefaßt werden.

Das Einsatzgebiet von Termersetzungssystemen umfaßt den gesamten Bereich der Softwareentwicklung, angefangen von der Spezifikation über das Programm bis hin zu seiner Verifikation. Dabei stellt die Möglichkeit der automatischen Beweisführung von Gleichungs- und Induktionsbeweisen sicher die spannendste Anwendung von Termersetzungssystemen dar. Insbesondere gibt es für viele algebraische Strukturen (wie Gruppen, Ringe, Polynome etc.) Termersetzungssysteme, die beweisen können, ob zwei Ausdrücke gleich sind.

Wir wollen diesen Abschnitt mit einem Beispiel abschließen, an Hand dessen einige interessante Fragestellungen illustriert werden, deren Beantwortung ein Ziel dieses Buchs ist.

Beispiel 1.3
Die folgende Spezifikation eines abstrakten Datentyps hält sich an die im Lehrbuch von Klaeren (1991) vorgeschlagene Syntax.

datatype Stack(A)

constructors

empty:		$\rightarrow$	Stack
push:	A $\times$ Stack	$\rightarrow$	Stack

operations

odd:	Stack	$\rightarrow$	Stack
even:	Stack	$\rightarrow$	Stack
alternate:	Stack $\times$ Stack	$\rightarrow$	Stack

equations

odd(empty) = empty
even(empty) = empty
odd(push(a,s)) = push(a,even(s))
even(push(a,s)) = odd(s)
alternate(empty,s) = s
alternate(push(a,s),$\bar{s}$) = push(a,alternate($\bar{s}$,s))

Eine erste Frage ist: Wie sieht das Programm aus, daß die Funktion alternate realisiert? Das Termersetzungssystem, das dadurch entsteht, daß man alle Gleichungen in der obigen Spezifikation durch entsprechende Regeln (von links nach rechts gerichtet) ersetzt, könnte ein solches Programm sein. Für dieses Programm stellt sich dann die Frage, ob es terminiert und ob sein Ergebnis immer eindeutig ist. Weitere Fragen könnten die Bedeutung der obigen Spezifikation betreffen. So ist es sicher überlegenswert, ob für alle Terme s_1 und s_2 die Gleichung

$$\text{odd}(\text{alternate}(s_1, s_2)) = s_1$$

gilt. Im Laufe dieses Buchs werden wir Verfahren kennenlernen, mit denen man all diese Fragen rechnergestützt beantworten kann. □

1.3 Überblick über das Buch

Dieses Buch läßt sich in vier Teile untergliedern. Im ersten Teil (Kapitel 2 bis 4) werden Terme und Termersetzungssysteme, also die Objekte, die im Zentrum dieses Buchs stehen, vorgestellt. Im zweiten Teil (Kapitel 5 und 6), werden, unabhängig von Termen und Termersetzungssystemen, abstrakte Ordnungsrelationen und Reduktionsrelationen behandelt. Sie liefern das grundlegende Werkzeug für die weiteren Kapitel. Im dritten Teil (Kapitel 7 bis 9) werden die wichtigsten Eigenschaften von Termersetzungssystemen untersucht und im letzten Teil (Kapitel 10 bis 12) werden Vervollständigungsverfahren vorgestellt, die Termersetzungssysteme mit geeigneten Eigenschaften konstruieren und die Grundlage für automatische Gleichheitsbeweise sind. Der Inhalt verteilt sich wie folgt auf die einzelnen Kapitel:

Kapitel 2 führt mehrsortige Signaturen, Terme erster Ordnung und Substitutionen ein. Es wird die Struktur von Termen untersucht und verschiedene Datenstrukturen für ihre

Implementierung diskutiert.

Kapitel 3 beschreibt die Operationen zum Test der syntaktischen Gleichheit und der Subsumtion von Termen. Ferner stellt es eine konkrete Implementierung von Termen vor.

Kapitel 4 führt Termersetzungssysteme, Termgleichungen und algebraische Spezifikationen ein. Die Semantik von algebraischen Spezifikationen wird hier zunächst informell behandelt. Das Kapitel schließt mit Hinweisen zur Implementierung von Regeln und Reduktionen.

Kapitel 5 behandelt wohlfundierte Ordnungen, noethersche Induktion und die Konstruktion komplexer Ordnungen aus elementaren Ordnungen. In den folgenden Kapiteln werden wohlfundierte Ordnungen einerseits als Terminierungskriterien für Termersetzungssysteme benutzt. Andererseits werden Ordnungen in den Korrektheitsbeweisen (Termination, Induktion) der vorgestellten Algorithmen benötigt.

Kapitel 6 untersucht abstrakte Reduktionsrelationen und deren Eigenschaften wie Termination und Konfluenz. Insbesondere werden einige Kriterien für die Konfluenzeigenschaft vorgestellt. Wie bei den Ordnungen wird später das Wissen über abstrakte Reduktionsrelationen sowohl auf der Objektebene (Termersetzungssysteme) als auch auf einer Metaebene (bei der Untersuchung durch Regeln beschriebener Verfahren) benötigt.

Kapitel 7 untersucht die Terminationseigenschaft von Termersetzungssystemen. Die Unentscheidbarkeit dieser Eigenschaft wird bewiesen. Einige Kriterien für die Termination wie die Simplifikationsordnungen werden vorgestellt. Als leicht zu implementierende Instanzen dieser Ordnungen werden die Knuth-Bendix-Ordnung, die rekursive Pfadordnung und die Polynomordnung definiert.

Kapitel 8 beschreibt den Unifikationsalgorithmus als Menge von Inferenzregeln. Nach dem Korrektheitsbeweis wird eine deterministische Instanz dieses Algorithmus vorgestellt und die Komplexität des Unifikationsproblems an einigen Beispielen erläutert.

Kapitel 9 stellt ein Konfluenzkriterium für terminierende Termersetzungssysteme vor, das auf der Untersuchung elementarer Reduktionszweideutigkeiten (kritischer Gipfel) beruht. Dieses Kriterium fungiert als ein Entscheidungsverfahren für die Konfluenz terminierender Termersetzungssysteme.

Kapitel 10 untersucht das nach Knuth und Bendix benannte Vervollständigungsverfahren. Es wird sowohl als Inferenzsystem wie auch als deterministische Prozedur beschrieben. Die Interpretation der Vervollständigung als Beweistransformation wird vorgestellt, um ihre Vollständigkeit als Gleichheitsbeweiser zu zeigen. Am Ende des Kapitels wird die Anwendung der Knuth-Bendix-Vervollständigung auf die Lösung des Wortproblems für endlich präsentierte Gruppen beschrieben.

Kapitel 11 zeigt, wie eine leichte Modifikation der Knuth-Bendix-Vervollständigung einen Induktionsbeweiser ergibt. Um Induktionsbeweise als Konsistenzbeweise charakterisieren zu können, wird die Semantik von algebraischen Spezifikationen formal definiert. Dabei spielen die Grundtermmodelle eine wichtige Rolle. Verschiedene Varianten von Induktionsbeweisern werden hergeleitet.

Kapitel 12 beschreibt ein Vervollständigungsverfahren für Terme, die assoziativ-kommutative (AC) Operatoren enthalten. Dieser für viele Anwendungen wichtige Fall läßt sich nicht mit dem Standardverfahren aus Kapitel 10 behandeln. Dafür wird Gleichheitstest, die Subsumtion und die Termersetzung für Äquivalenzklassen von Termen untersucht. Als besonders aufwendig stellt sich der Unifikationsalgorithmus für Terme mit AC-Operatoren heraus. Zum Abschluß des Kapitels werden Anwendungen aus dem Bereich des Automatischen Beweisens und der Hardwareverifikation vorgestellt.

Sofern es sinnvoll ist, endet jedes Kapitel mit Literaturhinweisen und einer Sammlung von Übungsaufgaben. Im Anhang befindet sich eine Kurzbeschreibung des ReDuX Termersetzungslabor, das in einigen Übungsaufgaben verwendet wird.

Die Abhängigkeiten der einzelnen Kapitel untereinander ist in Abbildung 1.1 wiedergegeben. Der von Kapitel 7 ausgehende gestrichelte Pfeil bedeutet, daß nur der Begriff der *Termordnung* für das Verständnis der folgenden Kapitel wesentlich ist. Ein Symbolverzeichnis und ein Index am Schluß des Buches sollen dabei helfen, bestimmte Themen nachzuschlagen bzw. einzelne Kapitel oder Abschnitte isoliert zu lesen.

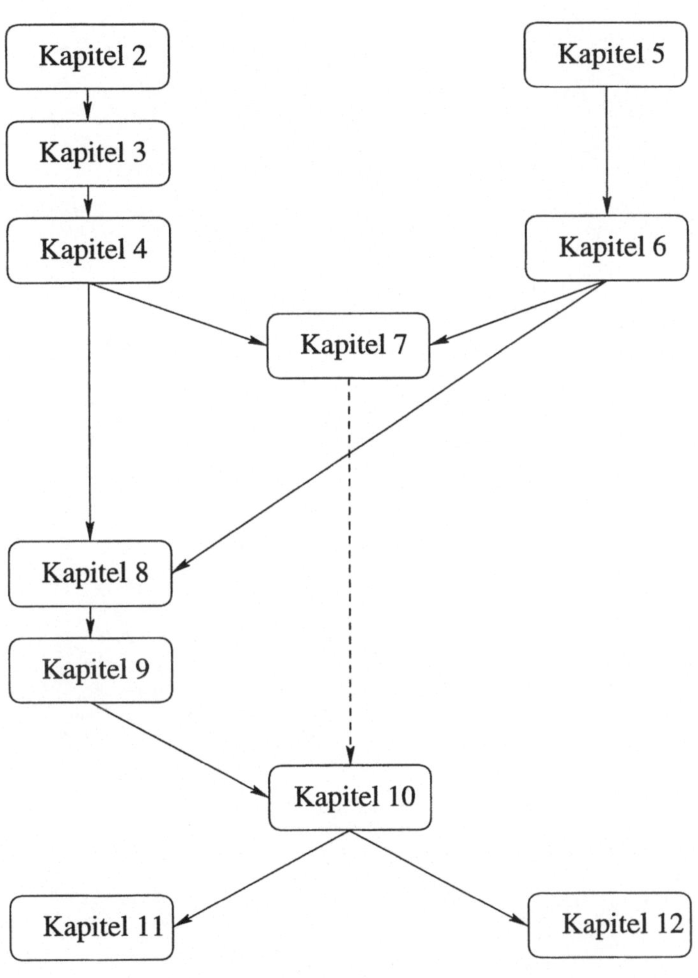

Abbildung 1.1: Kapitelabhängigkeiten

2 Terme und Signaturen

Um einen Sachverhalt für eine Maschine zugänglich zu machen, muß man ihn in einer formalen Sprache spezifizieren. Unter einer formalen Sprache verstehen wir dabei eine Sprache, für die die Syntax exakt definiert ist (z. B. durch eine kontextfreie Grammatik) und deren Semantik auf Grund der syntaktischen Komponenten festgelegt wird und keine Zweideutigkeiten zuläßt. Dies steht im krassen Gegensatz zu natürlichen Sprachen, wo die Bedeutung eines Wortes oder Satzes oft von Gegebenheiten abhängt, die nicht von der Grammatik der Sprache erfaßt werden (z. B. Betonung, Ort oder Situation, in der eine Aussage gemacht wird, Rolle des Sprechers, usw.). Die Sprache unserer Wahl ist die Sprache der Terme erster Ordnung. Hierbei bedeutet „erster Ordnung", daß die in der Sprache vorkommenden Variablen Platzhalter für beliebige *einzelne* Terme sind.

2.1 Wohlgeformte Terme

Der Begriff *Term* existiert in verschiedenen Zusammenhängen und Gebieten wie z. B. der Mathematik, der Logik, bei Programmiersprachen, ... All diesen Termen ist gemeinsam, daß baumartig aus Teiltermen und Operatoren neue Terme gebildet werden können. Die Terme, die wir hier betrachten wollen, sind die aus der Logik bekannten strikt getypten Terme erster Ordnung[1]. Sie setzen sich zusammen aus Variablen, Konstanten und Operatoren bzw. Funktionssymbolen, wobei die Zusammensetzung der Terme durch Sortenangaben eingeschränkt werden kann, ähnlich wie in einer strikt getypten Programmiersprache (wie z. B. Pascal oder Modula 2) geschachtelte Funktionsaufrufe typgerecht sein müssen. Überladene Operatoren (wie in C++) oder polymorphe Typen (wie in ML oder Haskell) lassen wir der Einfachheit halber nicht zu.

Beispiel 2.1
Listen über Nullen und Einsen zusammen mit Operationen für elementweises Aufbauen (cons), das Verketten von Listen (app) und das Umkehren von Listen (rev) können mit Hilfe der Funktionssymbole in $\mathcal{F}$ beschrieben werden:

$$\begin{array}{llllllll}\mathcal{F} = \{ & 0: & \to & \text{Bin}, & \text{cons}: & \text{Bin} \times \text{Liste} & \to & \text{Liste},\\ & 1: & \to & \text{Bin}, & \text{app}: & \text{Liste} \times \text{Liste} & \to & \text{Liste},\\ & \text{nil}: & \to & \text{Liste}, & \text{rev}: & \text{Liste} & \to & \text{Liste}\}.\end{array}$$

[1] engl.: many sorted first order terms

Dabei beschreiben die Sorten Bin und Liste die Typen der erlaubten Argumente und der Ergebnisobjekte. Erwartungsgemäß sind dann 0, nil, $\text{rev}(\text{cons}(x, l))$ und $\text{cons}(1, \text{nil})$ zulässige Terme. Die noch unbestimmten Symbole x und l sind Variablen. □

Definition 2.1
Sei $\mathcal{S}$ eine endliche Menge, die Menge der Sorten. *Sei $\mathcal{F} = \bigcup_{i=0}^{\infty} \mathcal{F}_i$ eine endliche von $\mathcal{S}$ disjunkte Menge von* Operatoren *(oder* Funktionssymbolen*) mit fester Stelligkeit und Sortenzuordnung. Dabei sei $\mathcal{F}_i$ die Menge der i-stelligen Operatoren. Die Menge $\mathcal{F}_0 \subseteq \mathcal{F}$ der nullstelligen Funktionssymbole heißt auch die Menge der* Konstanten. *Sei $\mathcal{X}$ eine von $\mathcal{F}$ und $\mathcal{S}$ disjunkte Menge mit Sortenzuordnung, die Menge der* Variablen. *Ferner sei typ eine Funktion, die $x \in \mathcal{X}$ und $f \in \mathcal{F}$ Sorten wie folgt zuordnet:*

$typ(x) \in \mathcal{S}$ für $x \in \mathcal{X}$
$typ(c) \in \mathcal{S}$ für $c \in \mathcal{F}_0$
$typ(f)$ ist von der Form $s_1 \times \cdots \times s_n \to s_0$ für $f \in \mathcal{F}_n$ und $s_0, \ldots, s_n \in \mathcal{S}$. s_0 heißt dann Ergebnissorte *von f und die $s_1, \ldots s_n$ sind* Argumentsorten.

$\mathcal{F}$ (einschließlich der Sortenzuweisungsfunktion typ) heißt Signatur.

Von jetzt an nehmen wir an, daß zusammen mit $\mathcal{F}$ und $\mathcal{X}$ implizit die Funktion *typ* definiert ist. Wenn $\mathcal{S}$ nur eine einzige Sorte enthält, gibt es keine sortenbedingten Einschränkungen für den Termaufbau. Man spricht dann auch von einer ungetypten oder sortenfreien Signatur. Falls wir in unseren Beispielen keine Sorten angeben, gehen wir von einer sortenfreien Signatur aus.

Wir wollen nun die Sprache der Terme formal definieren. Dazu benötigen wir zuerst die Bausteine dieser Sprache.

Definition 2.2
Die Menge $T(\mathcal{F}, \mathcal{X})$ der von $\mathcal{F}$ und $\mathcal{X}$ generierten wohlgeformten Terme *(kurz* Terme*) ist wie folgt definiert:*

1. *Jede Variable $x \in \mathcal{X}$ ist ein Term der Sorte $typ(x)$.*
2. *Jede Konstante $c \in \mathcal{F}_0 \subseteq \mathcal{F}$ ist ein Term der Sorte $typ(c)$.*
3. *Sei $f \in \mathcal{F} \setminus \mathcal{F}_0$ mit $typ(f) = s_1 \times \cdots \times s_n \to s_0$ und $t_1, \ldots, t_n$ seien Terme der Sorten $s_1, \ldots, s_n$, dann ist $f(t_1, \ldots, t_n)$ ein Term der Sorte s_0.*
4. *Nichts sonst ist ein Term.*

Terme ohne Variable heißen Grundterme. *Somit ist $T(\mathcal{F}, \emptyset)$ die Menge der Grundterme oder geschlossenen Terme. Anstatt $T(\mathcal{F}, \emptyset)$ schreiben wir auch einfach $T(\mathcal{F})$.*

Man beachte, daß die Einklammerung der Argumentliste eines Operators und auch das Trennen der Argumente durch Kommata redundant ist, wenn die Stelligkeit der einzelnen Operatoren festliegt. Tatsächlich werden in vielen Logikbüchern Terme auch einfach als Zeichenketten über $\mathcal{F} \cup \mathcal{X}$ dargestellt. Wir ziehen jedoch die geklammerte Schreibweise vor, da sie (für den Menschen) einfacher zu lesen ist. In einigen Fällen werden wir uns auch erlauben, Terme in klammerloser Präfixnotation ($-x$ statt $-(x)$), Infixnotation ($t_1 + t_2$ statt $+(t_1, t_2)$) oder Postfixnotation ($n!$ statt $!(n)$) zu schreiben.

Beispiel 2.2
Gegeben sei die Signatur aus Beispiel 2.1. Ferner sei $x, y, z, l, l', l'' \in \mathcal{X}$ mit $typ(x) = typ(y) = typ(z) =$ Bin und $typ(l) = typ(l') = typ(l'') =$ Liste.

Dann sind 1, nil, rev(l), app(cons(x, nil), cons(x, l)) wohlgeformte Terme.

Aber app(rev(l)), rev(z), cons(0, 1, l''), rev), xy, und dfj(z) sind keine wohlgeformten Terme. □

2.2 Teilterme

Wenn wir über Terme reden und Operationen auf Termen beschreiben wollen, so benötigen wir Handwerkszeug, um auf einzelne Komponenten eines Terms zuzugreifen. Dazu wird jedem Vorkommen einer Konstante, eines Funktionssymbols oder einer Variable eine „Adresse" zugeordnet. Diese Adressen heißen *Positionen*, und jede dieser Positionen sei mit einem Symbol aus $\mathcal{F} \cup \mathcal{X}$ *markiert*.

Definition 2.3
Mit $(\mathbb{N}\backslash\{0\})^*$ *bezeichnen wir die Menge der Wörter über den positiven natürlichen Zahlen. Dabei bezeichne* λ *das leere Wort. Zwei aufeinanderfolgende Zahlen können durch einen Punkt getrennt werden, um eine Position eindeutig zu beschreiben.*

Der Teilterm *(oder* Subterm*) von* t *an Position* p *wird mit* $t|_p$ *und die* Markierung *von* t *an Position* p *wird mit* $t(p)$ *bezeichnet. Sei* $p \in (\mathbb{N}\backslash\{0\})^*$*, dann gilt:*

- λ *ist eine Position in* $t \in T(\mathcal{F}, \mathcal{X})$*, und* $t(\lambda) = t$*, falls* $t \in \mathcal{X}$ *oder* $t(\lambda) = f$*, falls* $t = f(t_1, \ldots, t_n)$*.* $t(\lambda)$ *heißt* Topsymbol *von* t*. Der Teilterm von* t *an der Position* λ *ist* $t|_\lambda = t$*.*

- $p = ip'$ *mit* $i \in \mathbb{N}\backslash\{0\}$ *und* $p' \in (\mathbb{N}\backslash\{0\})^*$ *ist eine Position in* t*, falls* $t = f(t_1, \ldots, t_n)$ *für* $f \in \mathcal{F}_n, 1 \leq i \leq n$ *und* p' *eine Position in* t_i *ist. Dann ist* $t(p) = t_i(p')$ *und* $t|_p = t_i|_{p'}$*.*

Die Menge aller Positionen von t *bezeichnen wir mit* $O(t)$*.*

Die Teiltermersetzung *des Teilterms von* t *an der Position* p *durch einen Term* s *wird mit* $t[s]_p$ *bezeichnet*[2]*:*

- *Für* $p = \lambda$ *ist* $t[s]_p = s$*.*

[2] In älterer Literatur wird die Teiltermersetzung auch oft mit $t[p \leftarrow s]$ bezeichnet.

- *Für* $p = ip' \in O(t)$ *mit* $i \in \mathbb{N}\backslash\{0\}$, $p' \in (\mathbb{N}\backslash\{0\})^*$ *und* $t = f(t_1, \ldots t_n)$ *ist* $t[s]_p = f(t'_1, \ldots, t'_n)$ *wobei für alle* $1 \leq j \leq n$ *gilt* $t'_j = t_i[s]_{p'}$ *falls* $j = i$ *und* $t'_j = t_j$ *sonst.*

Beispiel 2.3 Gegeben sei die Signatur aus Beispiel 2.1 und der Term

$$t = \text{app}(\text{cons}(1, \text{rev}(l')), \text{app}(\text{cons}(1, \text{nil}), \text{nil})).$$

Im folgenden Bild sind die Symbole von t im Exponent mit ihrer jeweiligen Position gekennzeichnet.

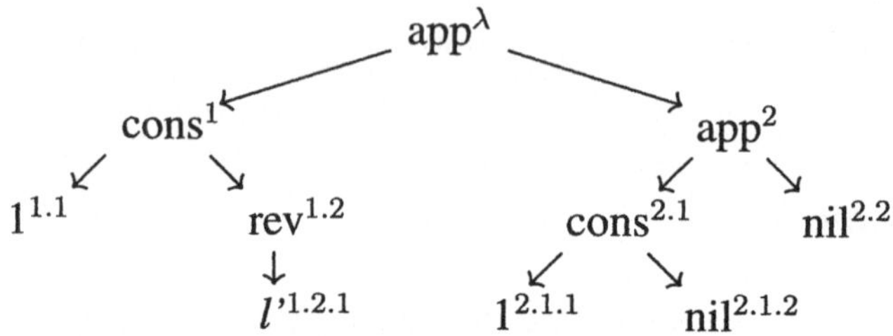

Dann gilt

$$\begin{aligned} O(t) &= \{\lambda, 1, 2, 1.1, 1.2, 2.1, 2.2, 1.2.1, 2.1.1, 2.1.2\}, \\ t(2.1) &= \text{cons}, \quad t|_{2.1} = \text{cons}(1, \text{nil}), \quad t|_{1.1} = t|_{2.1.1}, \\ t[\text{rev}(\text{nil})]_2 &= \text{app}(\text{cons}(1, \text{rev}(l')), \text{rev}(\text{nil})). \end{aligned}$$

□

Das folgende Lemma beschreibt das Verhältnis verschiedener Teiltermselektionen und Teiltermersetzungen. Zwei Positionen u und v heißen *disjunkt*, wenn es kein w gibt mit $u = vw$ oder $v = uw$. Das heißt, Teilterme an disjunkten Positionen überlappen sich nicht.

Lemma 2.1 (Huet, 1980)

1. *Für alle Terme* r, s, t *und Positionen* $u \in O(r), v \in O(s)$ *gilt*

   Einbettung $r[s]_u|_{uv} = s|_v$,
   Assoziativität $r[s]_u[t]_{uv} = r[s[t]_v]_u$.

2. *Für alle Terme* r, s, t *und disjunkte Positionen* $u, v \in O(r)$ *gilt*

   Persistenz $r[s]_u|_v = r|_v$,
   Kommutativität $r[s]_u[t]_v = r[t]_v[s]_u$.

3. *Für alle Terme* r, s, t *und Positionen* $u, v, w \in O(r)$ *mit* $vw = u$ *gilt*

   Distributivität $r[s]_u|_v = r|_v[s]_w$,
   Dominanz $r[s]_u[t]_v = r[t]_v$.

Beweis: Übung □

2.3 Substitutionen

Variablen zeichnen sich dadurch aus, daß sie durch andere Terme ersetzt werden können. Dabei bedeutet das mehrfache Vorkommen ein und derselben Variable in einem Term (z. B. kommt x dreimal in $f(x, g(f(x, 0, y)), x)$ vor), daß sie bei einer Ersetzung jedesmal durch den gleichen Term ersetzt werden muß.[3] Operationen, die die Variablen eines Terms in dieser Weise ersetzen, heißen Substitutionen.

Definition 2.4
Eine Substitution *ist eine Funktion*

$$\sigma : \mathcal{X} \to T(\mathcal{F}, \mathcal{X}),$$

wobei nur für eine endliche Zahl von Variablen $x \neq \sigma(x)$ gelten darf. Ferner muß für eine mehrsortige Signatur für alle $x \in \mathcal{X}$ gelten, daß x und $\sigma(x)$ die gleiche Sorte haben. Eine Substitution kann immer durch eine endliche Menge von Zuweisungen

$$\sigma = \{x_1 \mapsto t_1, \ldots, x_n \mapsto t_n\}$$

beschrieben werden. Dann ist $\sigma(x_i) = t_i$ für $1 \leq i \leq n$ und $\sigma(x) = x$ sonst.

Jede Substitution σ kann zu einer Funktion von $T(\mathcal{F}, \mathcal{X})$ nach $T(\mathcal{F}, \mathcal{X})$ fortgesetzt werden. Man schreibt dann $t\sigma$ und sagt σ angewendet auf t. *Es gilt*

$$t\sigma = \begin{cases} \sigma(t), & \text{falls } t \in \mathcal{X} \\ t, & \text{falls } t \in \mathcal{F}_0 \\ f(t_1\sigma, \ldots, t_n\sigma), & \text{falls } t = f(t_1, \ldots, t_n). \end{cases}$$

Man überlegt sich leicht, daß die Anwendung einer Substitution auf einen wohlgeformten Term wieder einen wohlgeformten Term ergibt. Terme, die sich durch Anwendung von Substitutionen ergeben, nennen wir *Instanzen* der ursprünglichen Terme.

Beispiel 2.4
Gegeben sei der Term $t = \text{app}(l, \text{cons}(x, l))$ und die Substitutionen $\sigma = \{l \mapsto \text{nil}, x \mapsto y\}$ und $\rho = \{x \mapsto 1, y \mapsto 0\}$. Dann ist

$$\begin{array}{lcl} t\sigma & = & \text{app}(\text{nil}, \text{cons}(y, \text{nil})) \\ t\rho & = & \text{app}(l, \text{cons}(1, l)) \\ (t\rho)\sigma & = & \text{app}(\text{nil}, \text{cons}(1, \text{nil})) \\ (t\sigma)\rho & = & \text{app}(\text{nil}, \text{cons}(0, \text{nil})). \end{array}$$

Die beiden letzten Zeilen zeigen, daß die Reihenfolge der Substitutionsanwendungen wichtig ist. □

[3] Dies steht im Gegensatz zu Nichtterminalen einer (kontextfreien) Grammatik, wo mehrfach vorkommende Nichtterminale jeweils durch verschiedene Zeichenketten ersetzt werden können.

2.4 Datenstrukturen für Terme

Wir wollen jetzt verschiedene Möglichkeiten betrachten, um Terme zu implementieren. Eine gute Datenstruktur für Terme zeichnet sich insbesondere dadurch aus, daß häufig wiederholte Basisoperationen besonders effizient implementiert werden können.

2.4.1 Zeichenkette und Wörterbuch für Symbole

Von der Intuition des Textes geprägt ist die Darstellung eines Terms als Zeichenkette zusammen mit einem (globalen) Wörterbuch, das die in den Zeichenketten vorkommenden Symbole erklärt. Das Symbolwörterbuch bestimmt u. a., ob ein Symbol eine Variable oder ein Operator ist, die Sortenzuordnung und die Stelligkeit von Funktionssymbolen.

Beispiel 2.5
Die beiden Zeichenketten „$c(e,n)$" und „$a(c(e,n),r(l))$" beschreiben zusammen mit dem Wörterbuch

$$\begin{array}{llllll}
\{a & = \mathrm{app} & : & \mathrm{Liste} \times \mathrm{Liste} & \rightarrow \mathrm{Liste} & \in \mathcal{F}, \\
c & = \mathrm{cons} & : & \mathrm{Bin} \times \mathrm{Liste} & \rightarrow \mathrm{Liste} & \in \mathcal{F}, \\
e & = 1 & : & & \rightarrow \mathrm{Bin} & \in \mathcal{F}, \\
n & = \mathrm{nil} & : & & \rightarrow \mathrm{Liste} & \in \mathcal{F}, \\
l & \multicolumn{5}{l}{= l \in \mathcal{X} \text{ mit } typ(l) = \mathrm{Liste},} \\
r & = \mathrm{rev} & : & \mathrm{Liste} & \rightarrow \mathrm{Liste} & \in \mathcal{F}\}
\end{array}$$

die Terme $\mathrm{cons}(1,\mathrm{nil})$ und $\mathrm{app}(\mathrm{cons}(1,\mathrm{nil}),\mathrm{rev}(l))$. □

Der größte Nachteil dieser Darstellung ist, daß der Zugriff auf einen beliebigen Teilterm sehr teuer ist, denn der textuell vorangehende Teil der Termdarstellung muß dazu vorher geparst werden. Ferner ist es nicht möglich, die Operationen der Teiltermersetzung und Substitutionsanwendung (bzw. der Rückgängigmachung der Substitutionsanwendung) effizient zu implementieren. Im allgemeinen muß der modifizierte Term vollständig neu generiert werden.

Ein Vorteil der Zeichenkettendarstellung ist, daß sie sehr kompakt ist und daß man, wie z. B. die Erfahrung von Buch, Hillebrand und Fettig (1996) zeigt, mit Hilfe von Automaten einen Term sehr effizient in einer großen Termmenge suchen kann.

2.4.2 Bäume

Eine zweite Darstellungsmöglichkeit für einen Term ist ein Baum. Dabei entspricht jede Position einem Knoten und die Kanten zu den Söhnen sind Zeiger auf die Argumentterme. Somit wird ein Term durch einen Zeiger auf die Wurzel seines Baumes repräsentiert. Die Blätter der Bäume sind entweder Konstanten oder Variablen. Jeder Knoten ist mit dem Symbol bezeichnet, das die entsprechende Position markiert. Zusätzliche Information über das Symbol kann wieder in einem Wörterbuch nachgeschlagen werden. Typischerweise wird das Symbol als Zeiger auf die es charakterisierende Signaturinformation implementiert.

Beispiel 2.6
Für $t = \mathrm{app}(\mathrm{app}(\mathrm{rev}(l), \mathrm{cons}(1, l')), \mathrm{app}(\mathrm{cons}(1, \mathrm{nil}), \mathrm{rev}(l)))$ ergibt sich die folgende Baumdarstellung:

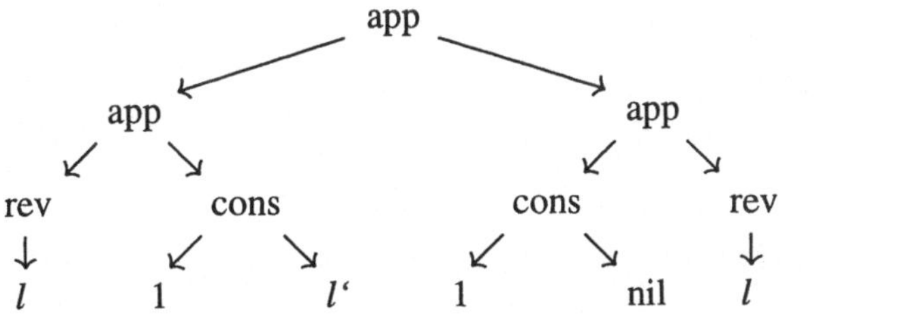

□

In Programmiersprachen wie Pascal oder C können Bäume mit Hilfe von Verbänden ('records' oder 'structs') und Zeigern implementiert werden. In Listenverarbeitungssprachen bietet sich die Darstellung als Liste an. Die Signaturinformation kann dann in der Symboltabelle gehalten werden.

Beispiel 2.7 (Fortsetzung)
Darstellung von t in LISP-Notation:

$$(\mathrm{app}\ (\mathrm{app}\ (\mathrm{rev}\ l)\ (\mathrm{cons}\ 1\ l'))\ (\mathrm{app}\ (\mathrm{cons}\ 1\ \mathrm{nil})\ (\mathrm{rev}\ l))).$$ □

Der Hauptnachteil der Baumrepräsentation besteht in möglicher Redundanz und der Tatsache, daß bei einer Substitutionsanwendung von jeder Variable alle Vorkommen gesucht werden müssen.

2.4.3 Gerichtete azyklische Graphen

Die dritte Darstellungmöglichkeit nutzt gerichtete azyklische Graphen (kurz DAGs[4]). Man kann sich verschieden strenge Ausprägungen der DAG-Darstellungen vorstellen:

1. nur Konstanten werden eindeutig repräsentiert,
2. nur Variablen werden eindeutig repräsentiert,
3. alle gleichen Teilterme werden eindeutig repräsentiert oder
4. Mischformen aus den oben genannten Möglichkeiten.

Die folgenden Graphen illustrieren die oben genannten Möglichkeiten:

[4] engl.: directed acyclic graph

ad 1.

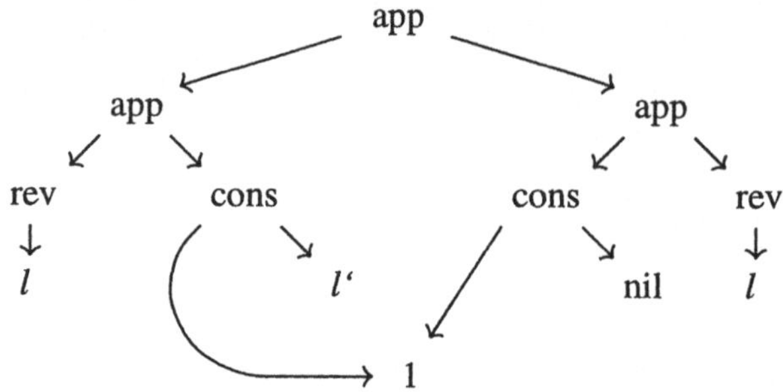

ad 3.

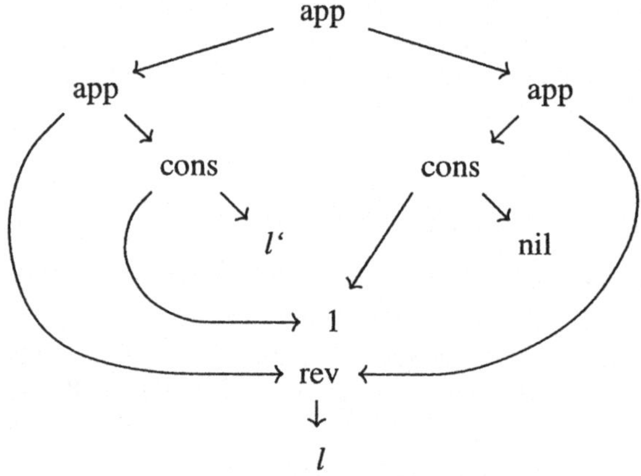

ad 4. (1. + 2.)

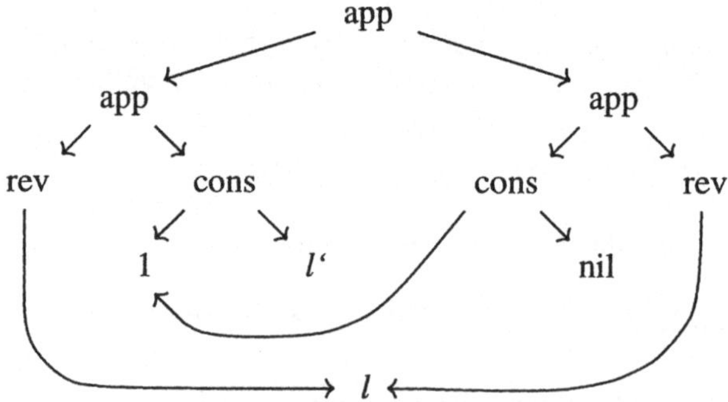

Neben dem Speicherplatzgewinn sprechen einige Gründe für die Darstellung als DAGs: Wie wir im nächsten Kapitel sehen werden, ist der Test auf gleiche Repräsentation (Zeigergleichheit) einfacher als der Test auf die strukturelle Gleichheit zweier Terme. Dies trifft selbst für

Konstanten zu. Ferner reicht es beim Anwenden einer Substitution aus, eine einzige Variable zu binden, um alle Vorkommen dieser Variablen zu verändern. Das gleiche gilt für das Rückgängigmachen einer Substitutionsanwendung. Wenn alle gleichen Teilterme eindeutig repräsentiert werden, so kann das auch zu unerwünschten Effekten führen. Denn dann wirken sich alle Änderungen eines Teilterms auf alle Vorkommen des Teilterms aus. Im allgemeinen gilt, daß sobald nicht-atomare Terme eindeutig repräsentiert werden, Positionen nicht mehr durch Zeiger auf Objekte des DAGs identifiziert werden können. Das kann aber notwendig sein, wie wir in Kapitel 9 sehen werden. Dies ist der Grund, warum Terme oft als DAGs repräsentiert werden, in denen nur Variable und Konstanten eindeutig repräsentiert werden. Für die in den folgenden Kapiteln vorgestellten Algorithmen werden wir diese Annahme machen, d. h. die Gleichheit von Variablen und Konstanten kann durch das in der Programmiersprache eingebaute Gleichheitsprädikat getestet werden.

2.5 Aufgaben

Aufgabe 2.1 Ein *Gebäude* besteht aus einer oder mehreren *Wohnungen*. Jede *Wohnung* besitzt ein *Bad*, eine *Küche* und ein oder mehrere *Zimmer*.

Geben Sie eine Signatur an, mit der die oben genannten Objekte und Zusammenhänge beschrieben werden können.

Wie beschreiben Sie das *Bad* in der zweiten Wohnung eines Gebäudes?

Aufgabe 2.2 Gegeben seien folgende Terme:

$$f(g(a,x),g(x,a)), \quad h(b,y,f(b,x)), \quad g(g(g(x,x),g(x,x)),x).$$

a) Wie sehen die Darstellungen dieser Terme (α) als Bäume, (β) als DAGs mit *sharing* von Variablen und (γ) als DAGs mit maximalem *sharing* aus?

b) Geben Sie für jeden dieser Terme t die Resultate folgender Ausdrücke an:

$$O(t), \quad t|_{1.2}, \quad t[f(x,y)]_{2.1}, \quad t\{x \mapsto a, y \mapsto b\}.$$

Welche Rolle spielt dabei die Darstellung des Terms?

b) Damit alle Terme, die in dieser Aufgabe vorkommen, wohlgeformt sind, muß eine geeignete Signatur vorausgesetzt werden. Was kann man über diese Signatur sagen?

Aufgabe 2.3 Definieren Sie den Effekt der Anwendung einer Substitution

$$\sigma = \{x_1 \mapsto t_1, \ldots, x_n \mapsto t_n\}$$

auf einen Term t mit Hilfe der Begriffe *Position*, *Markierung*, *Subterm* und *Subtermersetzung*.

Vergleichen Sie Ihre Definition mit der in der rekursiven aus Definition 2.4. Welche der beiden Definitionen würden Sie lieber implementieren?

Aufgabe 2.4 Beweisen Sie Lemma 2.1.

Aufgabe 2.5 Geben Sie in der Programmiersprache Ihrer Wahl verschiedene Typdeklarationen für Terme an, die in einer Baumdatenstruktur gespeichert werden sollen.

3 Termvergleiche

In diesem Kapitel wollen wir uns einigen Algorithmen für Termvergleiche zuwenden. Zuerst werden wir die Gleichheits- und die „allgemeiner-als"-Relation betrachten. Ein weiterer wichtiger Vergleich, die Unifizierbarkeit, wird erst in Kapitel 8 behandelt.

3.1 Termgleichheit

Betrachten wir den Term $t = \mathrm{app}(\mathrm{rev}(\mathrm{cons}(x, l)), \mathrm{rev}(\mathrm{cons}(x, l)))$, so stellen wir fest, daß zweimal ein Term $\mathrm{rev}(\mathrm{cons}(x, l))$ in t vorkommt. Beide Terme werden zwar gleich geschrieben, sind aber nicht derselbe Term. Dies macht man sich am besten mit Hilfe der Operation Teiltermersetzung deutlich:

$$t[\mathrm{nil}]_{2.1} = \mathrm{app}(\mathrm{rev}(\mathrm{cons}(x, l)), \mathrm{rev}(\mathrm{nil}))$$

modifiziert nur den zweiten der beiden „gleichen" Terme. Für die Implementierung heißt das, man muß unterscheiden zwischen der gleichen Repräsentierung eines Terms im Speicher (z. B. gleiche Zeiger) und der gleichen Form oder Struktur zweier Terme (z. B. zwei Terme, die gleich geschrieben werden, aber an verschiedenen Stellen des Speichers abgelegt sind).

Der Test auf gleiche Repräsentierung ist trivial. Somit bleibt uns die Frage, wann zwei Terme s und t *strukturell* (oder *syntaktisch*) *gleich* sind. Dies ist genau dann der Fall, wenn s und t die gleiche Baumstruktur (d. h. die gleiche Menge von Positionen) haben und sie positionsweise gleich markiert sind. Die Relation der strukturellen Gleichheit wird durch den Infixoperator $\doteq$ beschrieben.

Die folgende Funktion *TEQ* testet, ob zwei Terme strukturell gleich sind. Die in Schritt (1) abgefragte Relation $=$ bezieht sich auf die eingebaute Gleichheitsrelation. Dort wird also getestet, ob zwei Terme die gleiche Repräsentierung haben. *TEQ* benutzt die Funktion *OARGLST* aus Abbildung 3.1, die die Argumentliste des obersten Operators eines Terms zurückgibt. Auf eine mögliche Realisierung von *OARGLST* gehen wir in Abschnitt 3.3 ein. *TEQ* benutzt außerdem die SAC-2[1] Prozedur *ADV*[2], die das erste Element und den Rest einer Liste zurückgibt.

Der Aufwand von *TEQ* ist linear in $|O(s) \cap O(t)|$, wenn der Aufwand der Operationen Test

[1] SAC-2 ist ein von G. E. Collins entwickeltes Computeralgebrasystem. Es ist unter dem Namen saclib als C-Bibliothek verfügbar.

[2] ADV steht für „advance in list". Die dem Semikolon folgenden Parameter sind Ausgabeparameter.

$$A := \textbf{OARGLST}(t)$$

[Operator argument list.
$t = f(t_1, \ldots, t_n)$ is a non-variable term. Then $A = (t_1, \ldots, t_n)$.] □

Abbildung 3.1: Spezifikation des Algorithmus *OARGLST*

$$b := \textbf{TEQ}(s, t)$$

[Terms equality.
s and t are terms. Then b = TRUE if $s \doteq t$, else b = FALSE.]

(1) [Identical terms.] if $s = t$ **then** {b := TRUE; **return** }.

(2) [Different top operators.] if $s(\lambda) \neq t(\lambda)$ **then** {b := FALSE; **return** }.

(3) [Common top operators.]
S := *OARGLST*(s); T := *OARGLST*(t); b := FALSE;
while $S \neq ()$ **do**
{*ADV*($S; s', S$); *ADV*($T; t', T$); **if** $\neg TEQ(s', t')$ **then return** };
b := TRUE □

Abbildung 3.2: Algorithmus *TEQ*

auf Gleichheit bzw. Ungleichheit ($=, \neq$), Zuweisung, *ADV*, *OARGLST* und die Selektion der Markierung eines Terms an der Position λ jeweils konstant ist.

3.2 Termverallgemeinerung und Spezialisierung

Wir haben im letzten Kapitel gesehen, daß Variablen Platzhalter für beliebige Terme (der entsprechenden Sorte) sind. Dann kann ein Term t als eine Repräsentation einer Menge von Termen angesehen werden, d. h. jeder Term repräsentiert die Menge seiner Instanzen. Sind nun zwei Terme s und t gegeben, so kann man sich fragen, ob s „allgemeiner als“ t ist, insofern als s auch alle Instanzen von t repräsentiert.

Im Gegensatz zur strukturellen Gleichheit müssen wir dann verlangen, daß die Menge der Positionen von s eine Teilmenge der Menge der Positionen von t ist. Außerdem müssen wir der Bedingung Rechnung tragen, daß jedes Vorkommen ein und derselben Variable durch (strukturell) gleiche Terme substituiert wird.

Definition 3.1
Ein Term s subsumiert[3] *einen Term t, wenn es eine Substitution σ gibt mit*

$$s\sigma \doteq t.$$

Dann ist t eine Instanz *von s. Wir schreiben dann $s \lesssim t$ bzw. $t \gtrsim s$.*

Falls zwei Terme s und t gleich allgemein sind, gilt $s \gtrsim t$ und $t \gtrsim s$, d. h. es gibt Substitutionen σ und τ mit $s\sigma \doteq t$ und $s \doteq t\tau$. Die Substitutionen σ und τ werden *Variablenumbenennungen* genannt und s und t heißen *gleich modulo Variablenumbenennung* bzw. s und t sind *Varianten* voneinander.

Das folgende Lemma gibt eine äquivalente Charakterisierung der Subsumtion.

Lemma 3.1
Seien $s, t \in T(\mathcal{F}, \mathcal{X})$ von gleicher Sorte, dann gilt

$$t \gtrsim s \Leftrightarrow \begin{cases} O(t) \supseteq O(s) \wedge \forall p, q \in O(s) : \\ [(s(p) \notin \mathcal{X} \Rightarrow t(p) = s(p)) \ \wedge \ (s|_p \doteq s|_q \Rightarrow t|_p \doteq t|_q)]. \end{cases}$$

Beweis: Übung □

Beispiel 3.1
Es gilt:

1. $x \lesssim 1$ mit $\{x \mapsto 1\}$,
2. $l \lesssim \text{cons}(x, \text{app}(l', l'))$ mit $\{l \mapsto \text{cons}(x, \text{app}(l', l'))\}$,
3. $\text{cons}(x, l) \lesssim \text{cons}(y, \text{nil})$ mit $\{x \mapsto y, l \mapsto \text{nil}\}$, aber
4. $l \not\lesssim x$, (Sortenkonflikt),
5. $\text{cons}(x, \text{nil}) \not\lesssim \text{cons}(1, \text{cons}(1, l))$,
6. $\text{app}(l, l) \not\lesssim \text{app}(\text{nil}, \text{cons}(1, \text{nil}))$,
7. $l \lesssim \text{cons}(x, l)$ mit $\{l \mapsto \text{cons}(x, l)\}$. □

Die Funktion *TMATCH* aus Abbildung 3.3 berechnet die Substitution σ, so daß $s\sigma \doteq t$, falls t von s subsumiert wird. *TMATCH* ruft die Funktion *TBMATCH* aus Abbildung 3.4 aus. Wir verwenden dort und im folgenden die Schreibweise $\mathcal{X}(t)$, um die Menge der im Term t vorkommenden Variablen zu beschreiben. Die Operation $\uplus$ bezeichnet die disjunkte Vereinigung. Sie kann in diesem speziellen Fall als Konkatenation von Listen realisiert werden.

Der Aufwand von *TMATCH* hängt neben den in *TEQ* vorkommenden Operationen von folgenden Operationen ab:

[3] Im englischen wird in diesem Zusammenhang oft das Verb *to match* benutzt. Allerdings ist die Verwendung von *match* nicht einheitlich: s matches $s\sigma$ bzw. $s\sigma$ matches s.

$\sigma := \textbf{TMATCH}(s, t)$

[Terms, match.
s and t are terms of the same sort. If s subsumes t then σ is the substitution such that $s\sigma \doteq t$. Otherwise $\sigma =$ fail.]

(1) $\sigma := \mathit{TBMATCH}(s, t, \{\})$ □

Abbildung 3.3: Algorithmus *TMATCH*

$\sigma^* := \textbf{TBMATCH}(s, t, \sigma)$

[Bound term and term match.
s and t are terms of the same sort. σ is a substitution. If $s\sigma$ subsumes t then $\sigma^* = \sigma\sigma'$ where σ' is the substitution such that $s\sigma\sigma' \doteq t$, and for all $x \notin \mathcal{X}(s)$: $\sigma'(x) = x$. Otherwise $\sigma^* =$ fail.]

(1) [Initialize.] $\sigma^* :=$ fail.

(2) [Identical terms.] if $s = t$ **then** { $\sigma^* := \sigma$; **return** }.

(3) [s **variable.] if** $s \in \mathcal{X}$ **then**

> **if** $\exists s' : s \mapsto s' \in \sigma$
>
> > **then [**s **is bound.]** { **if** $\mathit{TEQ}(s', t)$ **then** $\sigma^* := \sigma$; **return** }
> > **else [**s **unbound.]** { $\sigma^* := \{s \mapsto t\} \uplus \sigma$; **return** }.

(4) [Different top operators.] if $s(\lambda) \neq t(\lambda)$ **then return.**

(5) [Common top operators.] $S := \mathit{OARGLST}(s); T := \mathit{OARGLST}(t); \sigma^* := \sigma$;
while $S \neq ()$ **do**
{ $\mathit{ADV}(S;\ s', S); \mathit{ADV}(T;\ t', T); \sigma^* := \mathit{TBMATCH}(s', t', \sigma^*)$;
if $\sigma^* =$ fail **then return**
} □

Abbildung 3.4: Algorithmus *TBMATCH*

1. Test ob $s \in \mathcal{X}$ gilt?
2. Test ob $\exists s' : s \mapsto s' \in \sigma$ gilt?
3. Berechnung von $\sigma(s)$ aus s und σ.
4. Berechnung von $\sigma \uplus \{s \mapsto t\}$.

Unter der Voraussetzung, daß die oben aufgeführten Operationen mit konstantem Aufwand berechnet werden können, ist der Aufwand von *TMATCH* linear in $|O(t)|$.

3.3 Darstellung von Termen in ReDuX

Wir wollen hier eine Implementation von Termen präsentieren, die die Anforderungen aus den obigen Komplexitätsbetrachtungen erfüllt. Die im folgenden beschriebene Termrepräsentation wird auch in dem Termersetzungslabor ReDuX verwendet und geht auf Arbeiten von Robinson (1971) und Küchlin (1982a) zurück.

Terme sollen generell auf Listen abgebildet werden. Ein Term t wird dann durch Zeiger auf die entsprechende Listenstruktur repräsentiert. Das erste Feld einer Liste, die einen Term repräsentiert (genannt *TCONT* für engl. term contents), enthält „lokale Information" über die leere Position (λ) des Terms. Der Rest der Liste beschreibt „globale Information" über diese Position. Die globalen Daten einer Position beschreiben das Symbol, das an der Position vorkommt: Symbolname, Symbolart (Variable, Konstante oder Operator), Ergebnissorte, eventuell die Liste der Argumentsorten, etc. Auf diese Weise muß bei einem mehrfachen Vorkommen eines Symbols dieses nur einmal repräsentiert (d. h. gespeichert) werden.

Die Art der lokalen Information einer Position hängt von der Art des Symbols ab, das die Position markiert. Jedes Vorkommen eines Funktionssymbols ist eindeutig durch seine Argumentliste bestimmt. Somit enthält in diesem Fall *TCONT* einen Zeiger auf die Argumentliste, die als Liste von Termen dargestellt wird. Variable werden durch ihre Bindungsinformation charakterisiert. Hierbei gilt eine Variable als *gebunden*, falls eine Substitution auf sie angewendet ist, die die Variable nicht auf sich selbst abbildet. Somit enthält *TCONT* einen Zeiger auf den substituierten Term, falls die Variable gebunden ist und den leeren Zeiger sonst. Jede Variable wird eindeutig repräsentiert, d. h. Terme werden als gerichtete azyklische Graphen gemäß Kapitel 2.4.3 dargestellt.

TCONT ist eine überladene Funktion. Da wir uns jedoch vor jedem sinnvollen Zugriff auf $TCONT(t)$ vergewissern müssen, ob $t(\lambda) \in \mathcal{F}$ oder $t(\lambda) \in \mathcal{X}$ ist, benutzen wir die Funktion $OARGLST(t) = TCONT(t)$, um auf Argumentlisten, und $VARBIND(t) = TCONT(t)$, um auf Variablenbindungen zuzugreifen. Abbildung 3.5 zeigt eine Übersicht der Selektoren für Termkomponenten.

Beispiel 3.2
Der Term $l = \text{cons}(1, \text{cons}(1, l))$ wird, wie in Abbildung 3.6 dargestellt, realisiert. Die Doppelkästchen bezeichnen Listenzellen, die aus einem *FIRST*-Feld (in LISP *car* genannt) und

Selektor	Alias	Beschreibung
OARGLST(t)	*TCONT*(t)	Argumentliste des Topoperators von $t \in T(\mathcal{F}, \mathcal{X}) \setminus \mathcal{X}$
VARBIND(t)	*TCONT*(t)	Variablenbindung von $t \in \mathcal{X}$
TSIGN(t)		„Signatur" des Topsymbols von t (enthält Sortenzuordnung, Symboltyp, Symbolname ...)
TKIND(t)	Teil von *TSIGN*(t)	Symboltyp des Topsymbols von t: Variable, Operator, (Konstante)

Abbildung 3.5: Selektoren für Termkomponenten

einem *RED*-Feld (*RED* steht für Reduktum, oft auch *next* bzw. in LISP *cdr* genannt) bestehen. Kästchen mit einer eingezeichneten Diagonale enthalten den leeren Zeiger, der mit der leeren Liste () identifiziert und meist *nil* oder *NULL* genannt wird. Pfeile, die in einem Kästchen beginnen, bezeichnen Zeiger, die in dem entsprechenden Speicherplatz stehen. Das Signaturwörterbuch ist eine globale Datenstruktur, das die *TSIGN*-Information aller zulässigen Terme enthält und deren weiterer interner Aufbau hier nicht weiter interessiert. Außerdem sind in der Abbildung noch die Ausdrücke t, *TSIGN*(t) und *OARGLST*(t) zusammen mit Verweisen auf entsprechende Datenstrukturen eingezeichnet. □

Eine „angewandte Substitution" wird in ReDuX durch einen Zeiger von dem *VARBIND*-Feld der Variable auf den zu substituierenden Term realisiert. Der Eintrag eines Zeigers in das *VARBIND*-Feld wird als *binden* der Variable bezeichnet. Alle Algorithmen, die gebundene Variable, und somit Terme mit angewandten Substitutionen zulassen, müssen demnach beim Untersuchen jeder Variablen testen, ob diese gebunden ist oder nicht. Wenn ja, muß als nächstes der gebundene Term untersucht werden. Daraus folgt, daß identische Substitutionen (z. B. $\{x \mapsto x\}$) nicht explizit dargestellt werden dürfen. Damit ergibt sich *VARBIND*$(x) = ()$, falls keine Substitution auf x oder die Substitution $\sigma(x) = x$ auf x angewendet wird und *VARBIND*$(x) = \sigma(x)$, falls die Substitution σ auf x angewendet wird und $\sigma(x) \neq x$. Um Zyklen zu vermeiden, muß sogar $x \notin \mathcal{X}(\sigma(x))$ gelten. Wie wir sehen werden, stellt die letzte Anforderung für die Termersetzung keine Einschränkung dar.

Diese Realisation hat mehrere Vorteile. Erstens werden auf Grund der eindeutigen Repräsentation der Variablen durch die Bindung eines Vorkommens einer Variablen gleichzeitig alle ihre Vorkommen gebunden. Zweitens läßt sich temporär ein gebundener Term herstellen, dessen Bindung sich relativ einfach (durch zu-()-setzen aller *VARBIND*-Felder) wieder rückgängig machen läßt. Ebenso einfach läßt sich eine Substitution von einem gebundenen

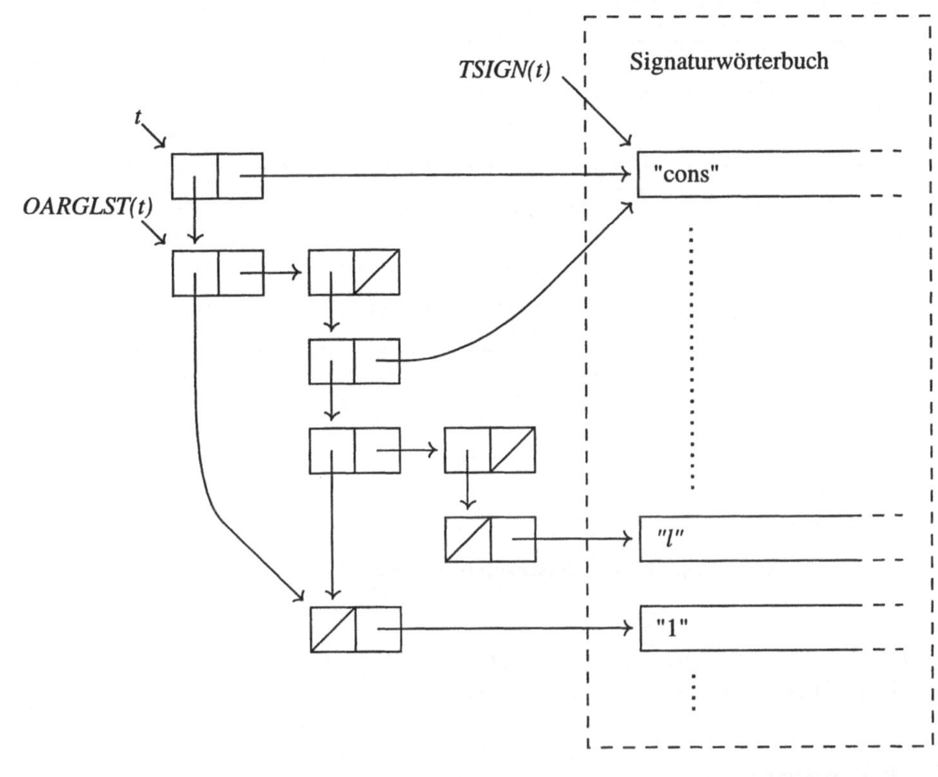

Abbildung 3.6: Realisierung des Terms $t = \text{cons}(1, \text{cons}(1, l))$

Term ablesen.

In der ReDuX-Realisation des Subsumtionsalgorithmus wird die Ergebnissubstitution nicht explizit konstruiert. Statt dessen werden die jeweiligen Substitutionswerte an die entsprechenden Variablen gebunden. So wird beim Erweitern der Ergebnissubstitution (Schritt (3) in *TBMATCH*) die entsprechende Variable sofort gebunden. Aufgrund dieses Seiteneffekts kann der Test $s \mapsto \sigma(s) \in \sigma$ aus Schritt (3) in *TBMATCH* in $O(1)$ durchgeführt werden. Das Programmieren mit Seiteneffekten ist effizient, kann aber leicht zu Fehlern führen. Deshalb sollten derartige Programmstücke immer so „verpackt" werden, daß die Seiteneffekte außerhalb der „Verpackung" nicht sichtbar sind und die „Verpackungsfunktionen" ein funktionales Verhalten aufweisen.

Beispiel 3.3
Abbildung 3.7 zeigt die Realisierung der Substitution $\{l \mapsto \text{nil}\}$. Der Bindungszeiger der

Substitution ist gestrichelt gezeichnet. □

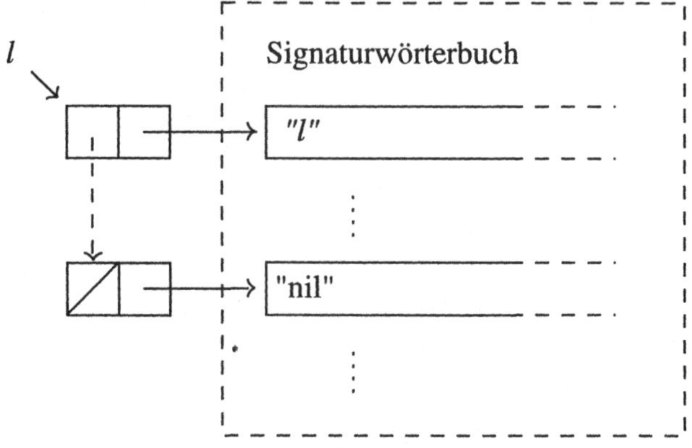

Abbildung 3.7: Realisierung der Substitution $\{l \mapsto \text{nil}\}$

Beispiel 3.4 Abbildung 3.8 zeigt die Realisierung des Terms $t = \text{app}(l, \text{cons}(x, l))$, der durch die Substitution $\sigma = \{l \mapsto \text{nil}, x \mapsto y\}$ gebunden ist. □

3.4 Aufgaben

Aufgabe 3.1 Beweisen Sie für den Algorithmus *TMATCH* aus Abbildung 3.3:

1. *TMATCH*(s, t) terminiert.
2. Wenn das Resultat von *TMATCH*(s, t) eine Substitution σ ist (und nicht gleich *fail*), dann gilt $s\sigma \doteq t$.
3. Wenn es eine Substitution σ gibt mit $s\sigma \doteq t$, dann wird σ von *TMATCH*(s, t) berechnet.

Aufgabe 3.2 Schreiben Sie eine ReDuX-Funktion, die als Eingabe einen Term t und eine Position p (am besten als Liste von ganzen Zahlen dargestellt) erwartet und, für $p \in O(t)$, den Subterm $t|_p$ und ansonsten die leere Liste ausgibt.

Aufgabe 3.3 Schreiben Sie ein ReDuX-Programm, das zwei Terme s und t mit disjunkten Variablenmengen ($\mathcal{X}(s) \cap \mathcal{X}(t) = \emptyset$) einliest und untersucht, ob s von t oder t von s subsumiert wird, ob s und t modulo Variablenumbenennung gleich sind, oder ob s und t bzgl. Termverallgemeinerung unvergleichbar sind.

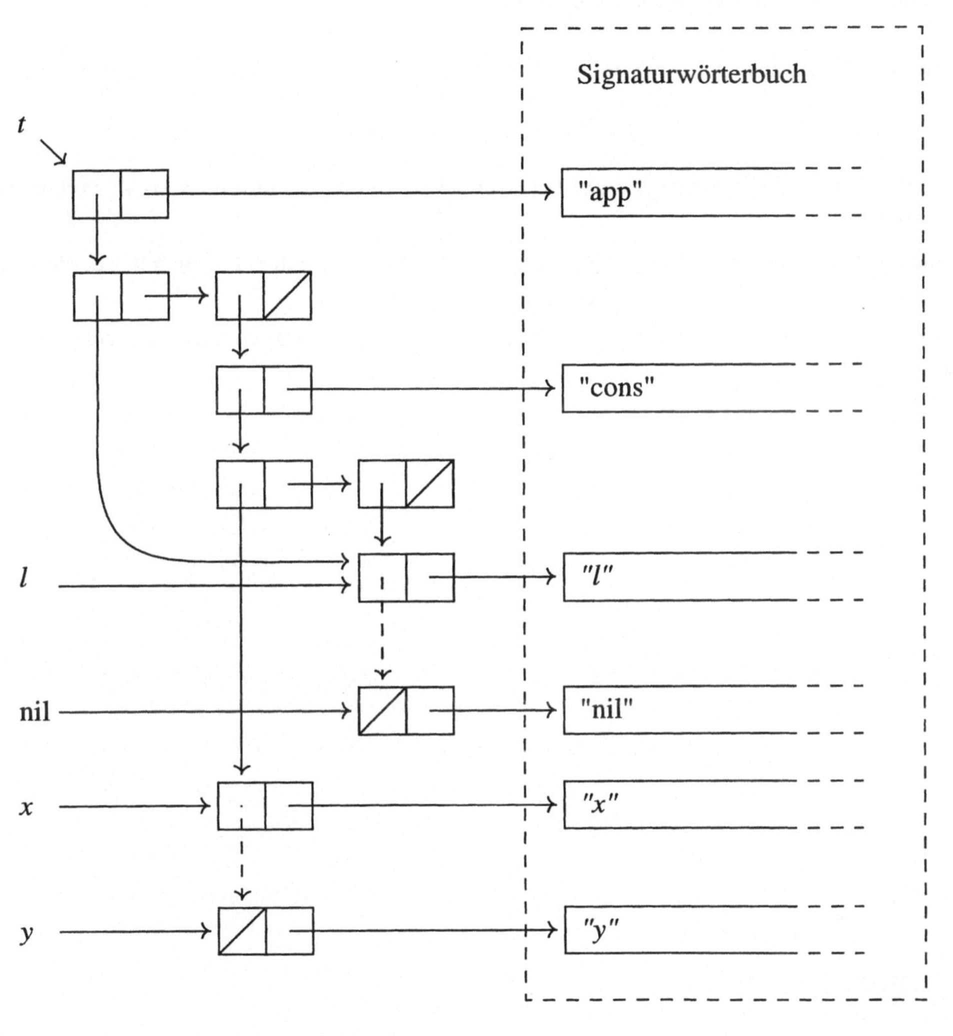

Abbildung 3.8: Realisierung eines gebundenen Terms

Aufgabe 3.4 Schreiben Sie ein ReDuX-Programm, das zu einer eingegebenen Variablen x und einem eingegebenen Term t testet, ob x in t enthalten ist!

Achtung: Was müssen Sie machen, um x und t so einzugeben, daß x und eine gleichnamige Variable in t dieselbe Repräsentierung haben?

Aufgabe 3.5 Die zweistellige Relation $\trianglerighteq$ ("ist Oberterm von") auf Termen sei definiert durch

$$s \trianglerighteq t \quad \equiv \quad \exists p \in O(s) : s|_p \doteq t$$

Schreiben Sie ein ReDuX-Programm, das zwei Terme s und t daraufhin testet, ob s Oberterm von t ist!

Achten Sie bitte darauf, daß zwei gleichnamige Variablen nur dann als gleich betrachtet werden, wenn sie dieselbe Adresse haben.

Hinweis: Es könnte sich lohnen, in der ReDuX-Datei `redux/src/tp/tpu.ald` zu stöbern.

4 Termersetzungssysteme

Um mit Termen rechnen zu können, benötigen wir einen Mechanismus, der beschreibt, wie man einen Eingabeterm so modifizieren kann, daß auch das Ergebnis in Form eines Terms entsteht. Zwei universelle Mechanismen zum Manipulieren von Termen sind Modifikationen durch Anwendung von Regeln oder Gleichungen.

4.1 Regeln und Gleichungen

Ein Termersetzungssystem ist zunächst eine Menge von Regeln für Terme. Mit dessen Hilfe kann, durch Ersetzen von Teiltermen, ein Term s zu einem Term t reduziert werden. Dabei bestimmen die Regeln des Termersetzungssystems, welche Terme ersetzbar sind und durch welche Terme die ersetzbaren Terme ersetzt werden können. Auf diese Weise bestimmt ein Termersetzungssystem eine Reduktionsrelation.

Definition 4.1
Eine (Term-)Regel *ist ein Paar von Termen* (l, r) *der gleichen Sorte. Die Regel* (l, r) *wird im allgemeinen* $l \to r$ *geschrieben. Ein* Termersetzungssystem *ist eine Menge von Regeln.*

Ein Termersetzungssystem $\mathcal{R}$ *induziert eine Reduktionsrelation* $\to_{\mathcal{R}} \subseteq T(\mathcal{F}, \mathcal{X}) \times T(\mathcal{F}, \mathcal{X})$ *wie folgt:* $s \to_{\mathcal{R}} t$*, falls es eine Regel* $l \to r \in \mathcal{R}$*, eine Position* $p \in O(s)$ *und eine Substitution* σ *gibt, so daß* $s|_p = l\sigma$ *und* $t = s[r\sigma]_p$.

Für eine von einer einzelnen Regel $l \to r$ *induzierte Termersetzungsrelation schreiben wir anstatt* $\to_{\{l \to r\}}$ *auch einfacher* $\to_{l \to r}$.

Wir nehmen immer an, daß die anzuwendenden Regeln eines Termersetzungssystems und der zu reduzierende Term keine gemeinsamen Variablen haben. Falls dies doch der Fall sein sollte, müssen vor der Regelanwendung die Variablen der Regel umbenannt werden. Die Regeln eines Termersetzungssystems sind also genau genommen Schablonen für die zur Verfügung stehenden Regeln.

Beispiel 4.1
Sei $\mathcal{R} = \{\mathrm{app}(l, \mathrm{nil}) \to l, \mathrm{app}(\mathrm{cons}(x, l), l') \to \mathrm{cons}(x, \mathrm{app}(l, l'))\}$.
Dann gilt $\mathrm{app}(\mathrm{cons}(x, l'), \mathrm{nil}) \to_{\mathcal{R}} \mathrm{cons}(x, l')$, aber $\mathrm{app}(\mathrm{app}(l_1, l_2), l_3)$ ist irreduzibel. □

Die Reduktionsrelation hat zwei indeterministische Komponenten:

1. Mit welcher Regel wird ein Term reduziert?

2. An welcher Position wird ein Term reduziert?

Eine Gleichung ist eine Regel, die sowohl von links nach rechts als auch gegen die Pfeilrichtung von rechts nach links angewendet werden kann. Andersherum ist eine Regel eine Gleichung, die nur in eine Richtung, von links nach rechts, gelesen werden kann. Deshalb kann man für jedes Termersetzungssystem $\mathcal{R}$ auch von der „dazugehörigen“ oder „assoziierten“ Gleichungsmenge bzw. Gleichheitsrelation sprechen.

Definition 4.2
Eine Termgleichung *ist ein Paar von Termen $s \leftrightarrow t$ der gleichen Sorte. Eine Termgleichungsmenge $\mathcal{E}$ induziert eine Gleichheitsrelation $\leftrightarrow_{\mathcal{E}} \subseteq T(\mathcal{F},\mathcal{X}) \times T(\mathcal{F},\mathcal{X})$ wie folgt:*
$s \leftrightarrow_{\mathcal{E}} t$, falls es eine Gleichung $a \leftrightarrow b \in \mathcal{E}$ gibt, so daß $s \rightarrow_{\{a \rightarrow b\}} t$ oder $s \rightarrow_{\{b \rightarrow a\}} t$.

Die Gleichheitsrelation hat drei indeterministische Komponenten:

1. Welche Gleichung wird auf einen Term angewendet?

2. An welcher Position eines Terms wird die Gleichung angewendet?

3. In welcher Richtung wird die ausgewählte Gleichung auf einen Term angewendet?

Der letzte Punkt ist besonders kritisch, da bei wiederholten Gleichungsanwendungen sehr leicht Schleifen auftreten können. Das heißt, die Terminierung der wiederholten Gleichungsanwendung ist nicht gewährleistet.

4.2 Algebraische Spezifikationen

Bis jetzt haben wir Termen, Regeln und Gleichungen keinerlei äußere Bedeutung gegeben, sondern sie nur als syntaktische Objekte betrachtet. Jetzt wollen wir Termen und Gleichungen zum ersten Mal eine Bedeutung (Semantik) zuordnen. Dies soll zuerst auf informelle und intuitive Weise geschehen. Ziel dieses Abschnitts ist es, ein wichtiges Resultat von Birkhoff vorzustellen. Eine formale Einführung der Semantik von Termen und Gleichungen findet sich in Kapitel 11.

Zuerst wollen wir feststellen, daß wir eine Gleichung $s \leftrightarrow t$ als *implizit allquantifiziert* verstehen. Das heißt, die Gleichung $s \leftrightarrow t$ ist eine verkürzte Schreibweise für die Formel $\forall x_1, \ldots, x_n : s \leftrightarrow t$ wobei $\{x_1, \ldots, x_n\} = \mathcal{X}(s) \cup \mathcal{X}(t)$. Spezifikationen, die nur durch eine Signatur und eine Menge von (implizit) allquantifizierten Termgleichungen festgelegt werden, heißen algebraische (Gleichungs-)Spezifikationen.

Definition 4.3
Sei $\mathcal{F}$ eine Signatur und $\mathcal{E}$ eine Termgleichungsmenge für Terme über $T(\mathcal{F}, \mathcal{X})$, dann ist das Paar $(\mathcal{F}, \mathcal{E})$ eine algebraische Spezifikation.

Soll einer algebraischen Spezifikation eine Bedeutung zugeordnet werden, so muß jedes n-stellige Funktionssymbol als eine n-stellige Funktion *interpretiert* werden. Das heißt, Konstanten werden als Objekte der zu modellierenden *Welt* interpretiert. Die Menge der Objekte einer solchen Welt wird im allgemeinen *Träger* oder *Universum* genannt. Somit kann jeder Grundterm t als auszuwertender Funktionsausdruck und damit als ein Objekt einer solchen Welt interpretiert werden. Das Gleichheitsprädikat $\leftrightarrow_{\mathcal{E}}^{*}$ muß als Gleichheit in der modellierten Welt interpretiert werden. Dann beschreiben (implizit) allquantifizierte Gleichungen alle Gleichheiten, die dadurch entstehen, daß die allquantifizierten Variablen als beliebige Objekte aus der modellierten Welt interpretiert werden. Man sagt, eine Gleichung $s \leftrightarrow t$ *ist wahr* in einer Welt, wenn alle durch $s \leftrightarrow t$ beschriebenen Gleichheiten in dieser Welt gelten. Ansonsten steht $s \leftrightarrow t$ im Widerspruch zu der modellierten Welt.

Beispiel 4.2

Gleichungen:	Interpretationsmöglichkeit	wahr?
$\forall x : g(x) \leftrightarrow v(v(x))$	g : Großvater väterlicherseits von v : Vater von	ja
	$g(x) : log(x)$ $v(x) : \sqrt{x}$	nein
$\forall x, y : f(x,y) = f(y,x)$	$f : +$ über $\mathbb{N}$	ja
	$f : \cdot$ über $\mathbb{R}$	ja
	$f : \cdot$ über Matrizen	nein
	f : Anzahl der gemeinsamen Kinder von x und y	ja
	f : x ist Bruder von y	nein

□

Wir sagen, eine Welt (d. h. Träger mit Interpretationen der Funktionssymbole) ist ein *Modell* einer algebraischen Spezifikation $(\mathcal{F}, \mathcal{E})$, wenn alle Gleichungen in $\mathcal{E}$ in dieser Welt wahr sind. Die Klasse aller Modelle einer algebraischen Spezifikation wird ihre *Varietät* genannt.

Wir wollen dieses Kapitel mit einem berühmten Satz von Birkhoff (1935) abschließen, der besagt, daß der durch Gleichungsanwendungen beschriebene Kalkül vollständig ist. Das heißt, wenn eine Gleichung in einer Varietät von $(\mathcal{F}, \mathcal{E})$ gilt, dann kann sie durch Gleichungsanwendungen der Gleichungen in $\mathcal{E}$ „bewiesen" werden.

Satz 4.1 (Satz von Birkhoff, 1935)
Die Gleichung $a \leftrightarrow b$ *ist genau dann in allen Modellen der algebraischen Spezifikation* $(\mathcal{F}, \mathcal{E})$ *wahr, wenn*

$$a \leftrightarrow_{\mathcal{E}} \cdots \leftrightarrow_{\mathcal{E}} b$$

gilt. □

4.3 Die Implementierung von Reduktionen in ReDuX

Eine Regel $l \rightarrow r$ wird in ReDuX als ein Termpaar (l, r) realisiert, bei dem jede Variable, egal ob sie in l oder in r vorkommt, in diesem Termpaar eindeutig repräsentiert ist. Das hat zur Folge, daß, wenn die Variablen in l durch Subsumtion gebunden sind, gleichzeitig auch die entsprechenden Vorkommen der Variablen in r richtig gebunden sind. Somit beschreibt die gebundene Version von r den Term, der den Redex ersetzt. Dieses gebundene r muß dann beim Ersetzungsvorgang mit einem speziellen Kopieralgorithmus kopiert werden. Anschließend müssen die Bindungen wieder rückgängig gemacht werden, damit die Regel für weitere Reduktionen zur Verfügung steht. Damit dieser letzte Schritt schnell ausgeführt werden kann, wird mit jeder Regel die Liste der in ihr vorkommenden Variablen gespeichert.

Für wiederholte Reduktionen benutzt ReDuX eine Strategie, die den innersten, am weitesten links liegenden Redex zuerst ersetzt (leftmost-innermost-first Strategie). Um unnötige Reduzibilitätstests zu vermeiden, werden Teilterme, die sich als irreduzibel erwiesen haben, markiert. Dieses Verfahren wurde von Küchlin (1982b) beschrieben.

4.4 Literaturhinweise

Das Gebiet der algebraischen Spezifikationen ist, obwohl in vieler Hinsicht verwandt mit Termersetzungssystemen, ein eigenständiges Forschungsgebiet, in dem in neuerer Zeit nicht mehr nur reine Gleichungsspezifikationen untersucht werden. Deutsche Lehrbücher zu dem Thema gibt es von Klaeren (1983) und Ehrich, Gogolla und Lipeck (1989). Eine sehr pragmatische und termersetzungsorientierte Behandlung der algebraischen Spezifikationen findet sich in dem Buch von van Horebeek und Lewi (1989). Einen Übersichtsartikel zu diesem Thema gibt es von Wirsing (1990).

4.5 Aufgaben

Aufgabe 4.1 Finden Sie heraus, ob es eine Substitution σ gibt, so daß

$$f(x, g(y, a))\sigma \doteq f(g(a, b), g(z, a))$$

gilt. Dabei seien a, b Konstante und x, y, z Variable. Angenommen, ein Termersetzungssystem bestehend aus der einzigen Regel

$$f(x, g(y, a)) \to g(f(x, x), y)$$

ist gegeben. Können Sie dann einen Termersetzungsschritt von $f(g(a, b), g(z, a))$ aus durchführen?

Aufgabe 4.2 Gegeben sei

$$\begin{array}{lll} \mathcal{F}_{CL} = \{\, K, S, I: & & \to So, \\ \quad Ap: & So \times So & \to So \,\}, \end{array}$$

$$\begin{array}{lll} \mathcal{R}_{CL} = \{\, Ap(Ap(Ap(S, x), y), z) & \to & Ap(Ap(x, z), Ap(y, z)), \\ \quad Ap(Ap(K, x), y) & \to & x, \\ \quad Ap(I, x) & \to & x \,\}, \end{array}$$

wobei $x, y, z \in \mathcal{X}$. Reduzieren Sie folgende Terme (so weit wie möglich):

1. $Ap(Ap(Ap(S, K), I), x)$,
2. $Ap(Ap(Ap(Ap(S, K), K), S), S)$ und
3. $Ap(Ap(Ap(Ap(S, Ap(I, K)), Ap(Ap(K, I), S)), S), x)$.

Beweisen Sie, daß

$$Ap(Ap(Ap(S, K), K), x) \to_{\mathcal{R}} \ldots \to_{\mathcal{R}} \ldots \leftarrow_{\mathcal{R}} \ldots \leftarrow_{\mathcal{R}} Ap(I, x).$$

Aufgabe 4.3 Geben Sie für die algebraische Spezifikation $(\mathcal{F}, \mathcal{E})$ drei Modelle und ein Nicht-Modell an, wobei $x, y \in \mathcal{X}$ und

$$\begin{array}{lll} \mathcal{F} = \{\, A: & & \to S, \\ \quad B: & S \times S & \to S \,\}, \end{array}$$

$$\begin{array}{lll} \mathcal{E} = \{\, B(x, y) & \leftrightarrow & B(y, x), \\ \quad B(x, A) & \leftrightarrow & x, \\ \quad B(x, x) & \leftrightarrow & x \,\}. \end{array}$$

Aufgabe 4.4 Beschreiben Sie, *was* der ReDuX Algorithmus TAPPLY tut und *wie* er funktioniert.

Aufgabe 4.5 Schreiben Sie ein ReDuX-Programm, das folgende Aufgabe löst:

Gegeben: Ein Term t, eine Position p, und eine Regelnummer i.

Gesucht: Der Term $t' = t[r_i\sigma]_p$, falls $t|_p \doteq l_i\sigma$ für eine Substitution σ und $l_i \to r_i$ ist die i-te Regel in $\mathcal{R}$, sonst Fehlermeldung.

Positionen können als Listen von natürlichen Zahlen repräsentiert werden. Zur Eingabe von Listen steht die SAC-2 Prozedur *LREAD* zur Verfügung. Sehen Sie außerdem in der Datei `redux/src/tc/tcr.ald` nach; insbesondere die Prozedur *TAPPLY* könnte nützlich sein.

5 Ordnungsrelationen und Vollständige Induktion

In diesem und dem nächsten Kapitel werden wir zunächst einmal das Gebiet der Terme und Termersetzungssysteme verlassen und uns abstrakten Relationen zuwenden.

Im Mittelpunkt dieses Kapitels stehen zwei wichtige Werkzeuge, auf die wir im folgenden immer wieder zurückgreifen werden: wohlfundierte Ordnungen und die vollständige Induktion. Beides sind äußerst wichtige Konzepte, die jeder Informatiker beherrschen sollte. Sie stellen das Instrumentarium bereit, um die grundlegenden Probleme des Algorithmenentwurfs zu lösen, nämlich

1. die Frage, ob ein Algorithmus terminiert und
2. welche Aussagen lassen sich über die Ergebnisse eines Algorithmus für beliebige Eingabedaten machen (partielle Korrektheit).

Es sei bemerkt, daß beide Probleme in aller Allgemeinheit nicht algorithmisch lösbar sind. Daher werden immer gute Heuristiken bzw. gute (menschliche?) Intuition gefragt sein, um die angesprochenen Probleme für wichtige Spezialfälle zu lösen.

Beweise, die auf wohlfundierten Ordnungen basieren, sind oft sehr einfach und elegant, sofern man eine geeignete Ordnung für den vorliegenden Problembereich gefunden hat. Deshalb untersuchen wir in den letzten beiden Abschnitten Methoden, um neue wohlfundierte Ordnungen aus bekannten Ordnungen zu konstruieren.

Im Rahmen dieses Buchs werden uns sowohl die Ordnungen als auch die Induktion auf zweierlei Ebenen beschäftigen. Erstens werden wir beide Konzepte benutzen, um die im folgenden vorgestellten Lemmata und Sätze zu beweisen. Des weiteren werden wir auch Verfahren kennenlernen, mit denen Terminations- und Induktionsbeweise für bestimmte Termersetzungsprobleme automatisch geführt werden können.

5.1 Wohlfundierte Ordnungen

Im folgenden werden wir (zweistellige) Relationen oft mit Mengen von Tupeln (Paaren) identifizieren. Dann können wir auf Relationen Mengenoperationen anwenden. So ist zum Beispiel für zweistellige Relationen R_1 und R_2 die Relation $R_1 \cup R_2$ so definiert, daß $a\ (R_1 \cup R_2)\ b$ genau dann gilt, wenn $a\ R_1\ b$ oder $a\ R_2\ b$ gilt. Ebenso heißt $R_1 \subseteq R_2$, daß R_1 eine Spezialisierung von R_2 ist, d. h. aus $a\ R_1\ b$ folgt $a\ R_2\ b$. Basierend auf dieser Notation definieren wir z. B. $\succ\ =\ (\succeq \setminus =)$ so, daß $a \succ b$, falls $a \neq b$ und $a \succeq b$. Die Verkettung zweier Relationen R_1 und R_2 wird $R_1 \circ R_2$ geschrieben. Dabei gilt $a \ (R_1 \circ R_2) \ b$, wenn es ein Element c gibt, so daß aR_1c und cR_2b gilt.

Definition 5.1
Eine zweistellige Relation $\succeq \ \subseteq \mathcal{D} \times \mathcal{D}$ über einer Menge $\mathcal{D}$ heißt (partielle) Ordnungsrelation, *wenn* $\succeq$

- *reflexiv (d. h. $a \succeq a$)*
- *transitiv (d. h. $a \succeq b \wedge b \succeq c \Rightarrow a \succeq c$) und*
- *antisymmetrisch (d. h. $a \succeq b \wedge b \succeq a \Rightarrow a = b$)*

ist. $(\mathcal{D}, \succeq)$ *heißt dann eine* (partiell) geordnete Menge.

Die zu $\succeq$ gehörige strikte Ordnung $\succ \ = \ (\succeq \setminus =)$ *ist irreflexiv, transitiv und antisymmetrisch und zu jeder strikten Ordnung $\succ$ ist $\succeq \ = (\succ \cup =)$ die zugehörige partielle Ordnung.*

Eine Ordnungsrelation $\succeq$ heißt total, *wenn für alle $a, b \in \mathcal{D}$ entweder $a \succeq b$ oder $b \succeq a$ gilt.*

Die folgende Definition beschreibt eine wichtige Eigenschaft von Ordnungen.

Definition 5.2
Eine partiell geordnete Menge $(\mathcal{D}, \succeq)$ ist wohlfundiert *(oder* noethersch *bzw.* artinsch*), wenn es keine unendliche absteigende Folge $(x_i)_{i \in \mathbb{N}}$ gibt, d. h. keine unendliche Folge*

$$x_1 \succ x_2 \succ x_3 \succ \ldots .$$

Falls $\mathcal{D}$ aus dem Zusammenhang hervorgeht, sagen wir verkürzt, $\succeq$ ist wohlfundiert oder $\succeq$ terminiert.

In der Mathematik wird oft zwischen noethersch[1] und artinsch[2] unterschieden. Dabei ist eine Ordnung artinsch, wenn es keine beliebig lange absteigende Folge von immer „kleiner" werdenden Objekten gibt, während eine Ordnung, die keine unendliche Folge von immer „größer" werdenden Objekten zuläßt, noethersch heißt.

Bei unserer Auffassung von Ordnungen sollte beachtet werden, daß wir nicht wirklich mit den Begriffen „größer" und „kleiner" arbeiten. Sowohl $\leq$ als auch $\geq$ sind Ordnungen auf den ganzen Zahlen. Auf den negativen ganzen Zahlen ist $\leq$ und auf den positiven ganzen Zahlen ist $\geq$ wohlfundiert. Wenn wir hier also von „kleiner" oder „größer" reden, meinen wir rechts oder links vom Relationszeichen. Aus dem oben bemerkten wird auch klar, daß die Eigenschaft, wohlfundiert zu sein, stark von der betrachteten Grundmenge abhängt. Daher muß, falls die Menge der Objekte nicht feststeht, diese immer mitangegeben werden.

[1] nach Emmy Noether, 1882–1935
[2] nach Emil Artin, 1898–1962

Beispiel 5.1

1. $(\mathbb{N}, \geq)$ ist wohlfundiert.
2. Sei $|^{-1} \subseteq \mathbb{N} \times \mathbb{N}$ die inverse Relation zu „ist-Teiler-von“ mit $a|^{-1}b$, falls a ein Vielfaches von b ist. Dann ist $(\mathbb{N}, |^{-1})$ wohlfundiert.
3. Sei $\trianglerighteq \subseteq \mathcal{T}(\mathcal{F}, \mathcal{X}) \times \mathcal{T}(\mathcal{F}, \mathcal{X})$ mit $s \trianglerighteq t$, falls t ein Teilterm von s ist, dann ist $(\mathcal{T}(\mathcal{F}, \mathcal{X}), \trianglerighteq)$ wohlfundiert.
4. $(2^{\mathcal{D}}, \supseteq)$ ist wohlfundiert, falls $|\mathcal{D}|$ endlich ist.
5. $(\mathbb{Q}_+, \geq)$ ist eine Ordnung, die nicht wohlfundiert ist.
6. $(\mathbb{N}, \leq)$ ist eine Ordnung, die nicht wohlfundiert ist.
7. (Menschen, ist_Kind_von) ist keine Ordnungsrelation.
8. (Menschen, ist_Nachkomme_oder_gleich) ist sowohl nach der Bibel als auch nach der Evolutionstheorie wohlfundiert.
9. (Prozeduren, ruft_auf_oder_ist_gleich) ist nur für Programmiersprachen, die keine Rekursion erlauben, wohlfundiert. □

Für partiell geordnete Mengen ist der Begriff des kleinsten beziehungsweise minimalen Elements nicht mehr eindeutig. Das widerspricht in gewissem Maße der Intuition, die meist von totalen wohlfundierten Ordnungen ausgeht.

Definition 5.3
Sei $(\mathcal{D}, \succeq)$ eine partiell geordnete Menge. Ein Element $m \in \mathcal{D}$ heißt minimal *(in $\mathcal{D}$), falls es kein $d \in \mathcal{D}$ gibt mit $m \succ d$.*

Lemma 5.1
Sei $(\mathcal{D}, \succeq)$ eine partiell geordnete Menge. $(\mathcal{D}, \succeq)$ ist genau dann wohlfundiert, wenn jede nicht leere Teilmenge von $\mathcal{D}$ (mindestens) ein minimales Element hat.

Beweis:

„$\Rightarrow$“ Angenommen $(\mathcal{D}, \succeq)$ ist wohlfundiert, $X \subseteq \mathcal{D}$ ist nicht leer und habe kein minimales Element. Dann gilt $\forall x \in X : \exists\, y \in X : x \succ y$. Nenne ein beliebiges $x_i \in X$. Da x_i nicht minimal ist, gibt es ein $x_{i+1} \in X$ mit $x_i \succ x_{i+1}$. Wählt man ein $x_0 \in X$ beliebig aber fest, so ergibt sich eine unendlich absteigende Folge $(x_i)_{i \in \mathbb{N}}$. Widerspruch!

„$\Leftarrow$“ Sei $(x_i)_{i \in \mathbb{N}}$ eine unendlich absteigende Folge in $\mathcal{D}$ und $X = \{x_i \mid i \in \mathbb{N}\}$ habe ein minimales Element x_k. So ist das ein Widerspruch zu $x_k \succ x_{k+1}$. □

5.2 Wohlfundierte Induktion

Induktion ist eine sehr wichtige Beweismethode, die auf einer ganz elementaren Idee beruht: man zeigt, daß wenn ein Sachverhalt für ein Objekt gilt, dann gilt er auch für das nächst größere Objekt. Damit eine solche Beweisführung nicht „in der Luft" hängt, muß man zuerst sicher stellen, daß der Sachverhalt für alle minimalen Objekte gilt. Daraus ergibt sich

Das Prinzip der vollständigen Induktion

Sei $(\mathcal{D}, \succeq)$ eine wohlfundierte Menge und $P \subseteq \mathcal{D}$ ein Prädikat.

Zeige für jedes $x \in \mathcal{D}$

entweder (1) x ist minimal und $P(x)$ gilt

oder (2) aus $\underbrace{(P(y) \text{ gilt für alle } y \text{ mit } x \succ y)}_{\text{Induktionshypothese}}$ folgt $P(x)$.

Dann gilt $P(x)$ für alle $x \in \mathcal{D}$.

Dabei heißt (1) Induktionsbasis (I.B.) und (2) Induktionsschritt (I.S.). Die Prämisse von (2) ist die Induktionshypothese (I.H.).

Als Formel läßt sich das Prinzip der vollständigen Induktion folgendermaßen formulieren:

$$\begin{array}{c} \forall x \in \mathcal{D} : [\langle \forall y \in \mathcal{D} : (x \succ y \Rightarrow P(y)) \rangle \Rightarrow P(x)] \\ \Downarrow \\ \forall z \in \mathcal{D} : P(z) \end{array} \tag{VI}$$

Diese allgemeine Formulierung der Induktion ist unter dem Begriff *noethersche Induktion* bzw. *wohlfundierte Induktion* bekannt. Eine bekannte Instanz der wohlfundierten Induktion ist zum Beispiel die vollständige Induktion über den natürlichen Zahlen. Die zugrundeliegende Ordnung ist $(\mathbb{N}, \geq)$. Bei Beweisen für abstrakte Datentypen kommt oft die strukturelle Induktion (Terminduktion) zum Einsatz. Hier liegt die Teiltermordnung $(\mathcal{T}(\mathcal{F}, \mathcal{X}), \trianglerighteq)$ zugrunde.

Satz 5.2
Das Prinzip der vollständigen Induktion gilt für jede wohlfundierte Menge $(\mathcal{D}, \succeq)$.

Beweis: Annahme: (VI) ist falsch. Dann ist

$$\forall x \in \mathcal{D} : \quad [\langle \forall y \in \mathcal{D} : (x \succ y \Rightarrow P(y)) \rangle \Rightarrow P(x)] \tag{5.1}$$

wahr und $\forall z \in \mathcal{D} : P(z)$ ist falsch. D. h., $\exists z \in \mathcal{D} : \neg P(z)$ ist wahr. Dann folgt die Menge $X := \{x | \neg P(x)\} \subseteq \mathcal{D}$ ist nicht leer. Da $(\mathcal{D}, \succeq)$ wohlfundiert ist, folgt nach Lemma 5.1 X hat ein minimales Element $\bar{x}$. Aus (5.1) folgt $\langle \forall y \in \mathcal{D} : (\bar{x} \succ y \Rightarrow P(y)) \rangle \Rightarrow P(\bar{x})$ ist wahr. Für $\bar{x} \in X$ folgt $P(\bar{x})$ ist falsch und deshalb $\langle \forall y \in \mathcal{D} : (\bar{x} \succ y \Rightarrow P(y)) \rangle$ muß falsch sein.

Fall 1: $\bar{x}$ minimal in $\mathcal{D}$. Dann ist $\langle \forall y \in \mathcal{D} : (\bar{x} \succ y \Rightarrow P(y)) \rangle$ wahr, Widerspruch!

Fall 2: $\bar{x}$ ist nicht minimal in $\mathcal{D}$, dann gibt es ein $y \in \mathcal{D}$ mit $\bar{x} \succ y$.

Wenn $P(y)$ für alle diese $y \prec \bar{x}$ gilt, dann ist $\langle \forall y \in \mathcal{D} : (\bar{x} \succ y \Rightarrow P(y)) \rangle$ wahr, Widerspruch! Sonst gilt $P(y)$ ist falsch für ein $y \prec \bar{x}$. Das ist ein Widerspruch, denn $\bar{x}$ ist minimal in X. □

5.3 Zusammengesetzte Ordnungen

Da wohlfundierte Ordnungen eine so große Rolle bei Korrektheitsbeweisen spielen, ist es wichtig, viele wohlfundierte Ordnungen zur Verfügung zu haben. In diesem Abschnitt werden wir zwei Konstruktionsprinzipien kennenlernen, die es erlauben, aus einigen Basisordnungen komplexere (zusammengesetzte) Ordnungen zu konstruieren.

Definition 5.4
Seien $(\mathcal{D}_1, \succeq_1), \ldots, (\mathcal{D}_n, \succeq_n)$ geordnete Mengen. Dann ist die lexikographische Ordnung $\succeq_{(1,\ldots,n)} \subseteq (\prod_{i=1}^n \mathcal{D}_i) \times (\prod_{i=1}^n \mathcal{D}_i)$ *wie folgt definiert:*

Für alle $x_1, y_1 \in \mathcal{D}_1, \ldots, x_n, y_n \in \mathcal{D}_n$ gilt $(x_1, \ldots, x_n) \succeq_{(1,\ldots,n)} (y_1, \ldots, y_n)$,

$$\textit{falls} \begin{cases} \textit{entweder} & x_i = y_i \textit{ für alle } 1 \leq i \leq n \\ \textit{oder} & \begin{cases} x_k \succ_k y_k & \textit{für ein} \quad k \in \{1, \ldots, n\} \\ \textit{und} \quad x_i = y_i & \textit{für alle} \quad 1 \leq i < k. \end{cases} \end{cases}$$

Falls $(\mathcal{D}_1, \succeq_1) = \ldots = (\mathcal{D}_n, \succeq_n)$, dann schreiben wir $\succeq_{lex}^n$ anstatt $\succeq_{(1,\ldots,1)}$.

Bemerkung: Es ist nicht sinnvoll, lexikographische Ordnungen aus strikten Ordnungen aufzubauen. Die zu einer lexikographischen Ordnung $\succeq_{(1,\ldots,n)}$ gehörige strikte Ordnung wird mit $(\succeq_{(1,\ldots,n)} \setminus =)$ bezeichnet.

Lemma 5.3
Falls $(\mathcal{D}_1, \succeq_1), \ldots, (\mathcal{D}_n, \succeq_n)$ jeweils wohlfundierte Mengen sind, dann ist auch $(\prod_{i=1}^n \mathcal{D}_i, \succeq_{(1,\ldots,n)})$ eine wohlfundierte Menge von n-Tupeln.

Beweis: (Skizze)

a) Zeige $\succeq_{(1,\ldots,n)}$ ist eine partielle Ordnung (Übung!).

b) Zeige Satz für $n = 2$.

Beweis durch Widerspruch: Wir nehmen an, es gibt eine unendlich absteigende Folge von Paaren $((a_i, b_i))_{i \in \mathbb{N}}$.

Fall 1: Es gibt unendlich viele unterschiedliche a_i. Widerspruch zu $(\mathcal{D}_1, \succ_1)$ ist wohlfundiert.

Fall 2: Es gibt endlich viele unterschiedliche a_i mit Minimum a_k, dann ist $(b_i)_{i>k}$ eine unendlich absteigende Folge. Widerspruch zu $(\mathcal{D}_2, \succeq_2)$ wohlfundiert.

c) Induktion über n mit
$(\prod_{i=1}^{n} \mathcal{D}_i, \succeq_{(1,\dots,n)}) = ((\prod_{i=1}^{n-1} \mathcal{D}_i) \times \mathcal{D}_n, \succeq_{((1,\dots,n-1),n)})$. □

Eine *Mehrfachmenge* (oder *Multimenge*) M über einer Menge $\mathcal{D}$ ist eine ungeordnete Sammlung von Elementen aus $\mathcal{D}$, wobei gleiche Elemente mehrfach vorkommen können.

Formal kann eine Mehrfachmenge als eine Funktion $M : \mathcal{D} \to \mathbb{N}$ beschrieben werden, wobei $M(a) = n$ bedeutet, a kommt n mal in M vor.

Wir schreiben $a \in M$ für $M(a) \geq 1$ und $a \notin M$ für $M(a) = 0$. Seien $M_1 : \mathcal{D} \to \mathbb{N}$ und $M_2 : \mathcal{D} \to \mathbb{N}$ Mehrfachmengen, dann ist ihre Vereinigung $M_1 + M_2 : \mathcal{D} \to \mathbb{N}$ mit $(M_1 + M_2)(a) = M_1(a) + M_2(a)$ und ihre Differenz $M_1 - M_2 : \mathcal{D} \to \mathbb{N}$ mit $(M_1 - M_2)(a) = M_1(a) \dot{-} M_2(a)$ (mit $n \dot{-} m$ ist $n - m$ für $n > m$ und 0 sonst). Wir schreiben $M_1 \subseteq M_2$, falls $\forall a \in \mathcal{D} : M_1(a) \leq M_2(a)$.

Eine Mehrfachmenge M heißt *endlich*, falls $\sum_{a \in M} M(a)$ endlich ist. Die Menge der endlichen Mehrfachmengen über $\mathcal{D}$ heißt $M(\mathcal{D})$.

Definition 5.5
Die von $(\mathcal{D}, \succeq)$ induzierte Mehrfachmengenordnung $\succeq_{mul} \subseteq M(\mathcal{D}) \times M(\mathcal{D})$ *ist wie folgt definiert:*

$M_1 \succ_{mul} M_2$, wenn es $X, Y \in M(\mathcal{D})$ gibt mit $X \subseteq M_1$, X nicht leer, so daß $M_2 = M_1 - X + Y$ und $\forall y \in Y \exists x \in X : x \succ y$.

Im folgenden werden wir „[“ und „]“ als Mehrfachmengenklammern verwenden.

Beispiel 5.2
Wir betrachten $(M(\mathbb{N}), \geq_{mul})$. Dann gilt

1. $[100, 5, 5, 5, 15, 20] \geq_{mul} [90, 90, 90]$,
2. $[5, 5, 5] \geq_{mul} [5, 5, 4, 4, 4, 4] \geq_{mul} [\,]$ und
3. $[100, 5, 5, 20] \geq_{mul} [100, 15, 15, 5]$. □

Satz 5.4 (Dershowitz und Manna, 1979)
Sei $(\mathcal{D}, \succeq)$ eine wohlfundierte Menge, dann ist die von $\succeq$ induzierte Mehrfachmengenordnung $\succeq_{mul}$ über $M(\mathcal{D})$ wohlfundiert.

Beweis:
Der Beweis der Reflexivität, Antisymmetrie und Transitivität sei dem Leser als Übung überlassen. Zum Beweis der Termination von $\succeq_{mul}$ betrachten wir

$$M_0 \succeq_{mul} M_1 \succeq_{mul} M_2 \succeq_{mul} \cdots$$

mit $M_{i+1} = (M_i - X_i) + Y_{i+1}$.

Sei $\bot \notin \mathcal{D}$ ein neues Symbol und T_0 ein Baum mit Elementen aus M_0 als Blättern. Dann sei T_{i+1} der Baum, der aus T_i entsteht, wenn $x \in X_i$ die Nachfolger $[y \in Y_{i+1} | x \succ y]$ erhält. Für den Fall, daß $[y \in Y_{i+1} | x \succ y]$ leer ist, erhält x den Nachfolger $\bot$.

Falls $(M_i)_{i \in \mathbb{N}}$ unendlich ist, folgt: die Folge $(T_i)_{i \in \mathbb{N}}$ ist unendlich und $T = \lim_{n \to \infty} T_i$ hat unendlich viele Knoten. Da der Verzweigungsgrad aller T_i endlich ist, folgt aus Königs Lemma[3], daß T_i einen unendlich langen Pfad hat. Das ist ein Widerspruch zur Wohlfundiertheit von $(\mathcal{D}, \succeq)$. □

Wohlfundierte lexikographische Ordnungen und Mehrfachmengenordnungen sind sehr starke Ordnungen. In gewisser Weise sind sie echt stärker als zum Beispiel $(\mathbb{N}, \geq)$. Um das zu sehen, betrachten wir zwei Elemente a und b der Grundmenge und zählen, wieviele Elemente „zwischen" a und b „passen". Für $a, b \in \mathbb{N}$ gilt: $\{c \mid b \geq c \wedge c \geq a\}$ ist immer endlich. Es gibt jedoch $a, b \in \mathbb{N} \times \mathbb{N}$, für die $\{c \mid b \geq c \wedge c \geq a\}$ unendlich ist. Dies gilt sogar für $a, b \in M(A)$, falls A eine endliche Teilmenge der natürlichen Zahlen ist.

5.4 Quasiordnungen

Oft möchte man verschiedene Elemente bezüglich bestimmter Eigenschaften ordnen. Zum Beispiel können Wörter der Länge nach geordnet werden oder Terme gemäß der Zahl ihrer Variablen. Dies führt zu einem schwächeren Ordnungsbegriff, bei dem unterschiedliche Elemente bezüglich der Ordnung äquivalent sind.

Definition 5.6
Sei $\approx\ \subseteq \mathcal{D} \times \mathcal{D}$ *eine Äquivalenzrelation (symmetrisch, reflexiv und transitiv), dann ist* $\succsim$ *eine* Quasiordnung, *falls:*

$\forall a \in \mathcal{D} : a \succsim a$ *(Reflexiv)*

$\forall a, b \in \mathcal{D} : a \succsim b \wedge b \succsim a \Leftrightarrow a \approx b$ *(Quasi–antisymmetrisch)*

$\forall a, b, c \in \mathcal{D} : a \succsim b \wedge b \succsim c \Rightarrow a \succsim c$ *(Transitiv)*

$\succ\ =\ \succsim \setminus \approx$ *ist dann eine strikte (Quasi)ordnung.*

Bemerkung:

1. Quasiordnungen werden oft so eingeführt, daß sie eine Äquivalenzrelation definieren.

[3] Königs Lemma besagt, daß jeder unendliche Baum mit endlichem Verzweigungsgrad einen unendlichen Pfad hat.

2. $\succsim \subseteq \mathcal{D} \times \mathcal{D}$ induziert eine partielle Ordnung auf der Menge der $\approx$-Äquivalenzklassen: $\succeq \subseteq \mathcal{D}/_{\approx} \times \mathcal{D}/_{\approx}$ mit $[a]_{\approx} \succeq [b]_{\approx}$, falls $a \succsim b$.

3. Eine Quasiordnung ist *wohlfundiert*, falls die von ihr induzierte partielle Ordnung wohlfundiert ist.

5.5 Aufgaben

Aufgabe 5.1 Zeigen Sie, daß die Obertermrelation aus Aufgabe 3.5 eine wohlfundierte Ordnung ist.

Aufgabe 5.2 Geben Sie zwei Beispiele für wohlfundierte Ordnungen an, die unendlich viele minimale Elemente haben.

Aufgabe 5.3 („Spiel des Teufels")
Der Teufel hat sich folgendes Spiel ausgedacht, um die armen Seelen von Termersetzern zu fangen:

In einer Urne befindet sich eine unbekannte Anzahl roter, grüner und blauer Kugeln. Wenn man eine rote Kugel entnimmt, muß man eine Anzahl grüne Kugeln aus einem Reservoir dafür in die Urne legen. Wenn man eine grüne Kugel aus der Urne zieht, dann muß man dafür blaue Kugeln in die Urne legen. Wenn man eine blaue Kugel zieht, braucht man nichts zurückzulegen.

Angenommen, Sie können nicht sehen, welche Kugel Sie gleich ziehen werden, und der Teufel darf bei jeder gezogenen roten oder grünen Kugel bestimmen, wieviele grünen bzw. blauen Kugeln dafür zum Austausch in die Urne zu legen sind. Welche Chance haben Sie dann, die Urne jemals leer zu bekommen, und damit Ihre Seele zu retten?

Aufgabe 5.4 Definieren Sie eine totale Ordnung $\succeq$ über den Grundtermen über einer beliebigen Signatur $\mathcal{F}$, so daß für alle Grundterme s und t gilt:

$$|O(t)| \geq |O(s)| \Rightarrow t \succeq s.$$

Implementieren Sie diese Ordnung: Schreiben Sie eine Funktion

$$b\text{:=}\mathbf{TGGE}(t, s)$$

[Ground terms, greater than or equal. s and t are ground terms.
Then $b = 1$ if $t \succeq s$. Otherwise $b = 0$.]

Aufgabe 5.5 Gegeben sei ein Alphabet Σ und eine totale Ordnung $\geq \subseteq \Sigma \times \Sigma$. Zeigen Sie, daß die lexikographische Ordnung $\geq_{lex}^{*} \subseteq \Sigma^* \times \Sigma^*$ über beliebig langen Wörtern, wie wir sie zum Beispiel aus dem Telefonbuch kennen, *nicht* wohlfundiert ist. Konstruieren Sie eine unendlich lange absteigende Folge.

Aufgabe 5.6 Zeigen Sie:

1. $(\mathcal{P}_{\text{fin}}(\mathcal{D}), \supseteq)$ ist eine wohlfundierte Ordnung für alle Mengen $\mathcal{D}$. Dabei sei $\mathcal{P}_{\text{fin}}(\mathcal{D})$ die Menge der *endlichen* Teilmengen von $\mathcal{D}$.
2. Falls $(\mathcal{D}, \succeq)$ eine total geordnete Menge ist, dann auch $(M(\mathcal{D}), \succeq_{mul})$.
3. Falls $(\mathcal{D}_1, \succeq_1)$ eine wohlfundierte Menge ist und $f : \mathcal{D}_2 \to \mathcal{D}_1$, dann ist $\succsim_2$ eine wohlfundierte Quasiordnung über $\mathcal{D}_2$, wobei $\succsim_2 \subseteq \mathcal{D}_2 \times \mathcal{D}_2$ definiert ist durch

$$x \succsim_2 y \;\Leftrightarrow\; f(x) \succeq_1 f(y).$$

Wann ist $\succsim_2$ eine Ordnung; wann eine totale Ordnung?

6 Abstrakte Reduktionsrelationen

Wir wollen nun wichtige Eigenschaften von Termersetzungssystemen und den von ihnen beschriebenen Reduktionsrelationen erarbeiten. Insbesondere stehen die Terminationseigenschaft und die Konfluenz im Mittelpunkt unseres Interesses. Wie der Name schon andeutet, besagt die Terminationseigenschaft etwas darüber, ob Berechnungen in endlicher Zeit durchgeführt werden können. Die zweite Eigenschaft, die Konfluenz, stellt sicher, daß nichtdeterministische Programmauswertungen immer zum gleichen Ergebnis führen.

Sowohl die Terminationseigenschaft als auch die Konfluenz spielen auch außerhalb der Termersetzungssysteme eine wichtige Rolle. Zum Beispiel beim λ-Kalkül, in der Idealtheorie bei Gröbnerbasenberechnungen und bei Ableitungsstrategien des automatischen Beweisens. Beide Eigenschaften leisten auch wertvolle Dienste bei Korrektheitsbeweisen von nicht-deterministischen Programmen. Deshalb werden wir in diesem Kapitel von Termersetzungssystemen abstrahieren und sogenannte abstrakte Reduktionssysteme betrachten.

6.1 Reduktions- und Gleichheitsrelationen

Sei eine Grundmenge $\mathcal{D}$ von Elementen gegeben. Eine *Reduktionsrelation* $\rightarrow_{\mathcal{A}} \subseteq \mathcal{D} \times \mathcal{D}$ ist eine zweistellige irreflexive Relation. Dann ist

- $\leftarrow_{\mathcal{A}}$ die zu $\rightarrow_{\mathcal{A}}$ inverse Relation, d. h. $a \rightarrow_{\mathcal{A}} b$ gilt genau dann, wenn $b \leftarrow_{\mathcal{A}} a$ gilt,
- $\rightarrow_{\mathcal{A}}^{+}$ die transitive Hülle von $\rightarrow_{\mathcal{A}}$, d. h. $a \rightarrow_{\mathcal{A}}^{+} b$, wenn b durch mehrere (jedoch mindestens einen) $\rightarrow_{\mathcal{A}}$-Ableitungsschritte aus a abgeleitet werden kann,
- $\rightarrow_{\mathcal{A}}^{*}$ die transitiv-reflexive Hülle von $\rightarrow_{\mathcal{A}}$, d. h. $a \rightarrow_{\mathcal{A}}^{*} a$ für jedes $a \in \mathcal{D}$ und aus $a \rightarrow_{\mathcal{A}}^{+} b$ folgt $a \rightarrow_{\mathcal{A}}^{*} b$,
- $\leftrightarrow_{\mathcal{A}}$ die symmetrische Hülle von $\rightarrow_{\mathcal{A}}$, d. h. $\leftrightarrow_{\mathcal{A}} = (\leftarrow_{\mathcal{A}} \cup \rightarrow_{\mathcal{A}})$.

Beispiel 6.1
Beispiele für Reduktionsrelationen sind

1. strikte Ordnungen,
2. (Einschritt-)Ableitungen von Wörtern gemäß eines Produktionssystems einer Grammatik,

3. Ableitungen von logischen Formeln, z. B. durch einmaliges Anwenden des Modus Ponens auf eine Formelmenge,
4. Ausmultiplizieren von mathematischen Formeln (Anwendung des Distributivgesetzes),
5. gültige Züge in einem Spiel wie Mühle oder Schach ($\mathcal{D}$ ist dann die Menge der Spielzustände oder Stellungen),
6. Einschrittreduktionen bei Termersetzungssystemen und
7. einzelne Schritte in Programmen. □

In Analogie zu Termgleichungen wollen wir auch abstrakte Gleichheitsrelationen definieren. Eine *Gleichheitsrelation* $\leftrightarrow_{\mathcal{A}}$ ist eine zweistellige symmetrische Relation. Dann ist

- $\leftrightarrow_{\mathcal{A}}^{+}$ die transitive Hülle von $\leftrightarrow_{\mathcal{A}}$ und
- $\leftrightarrow_{\mathcal{A}}^{*}$ ist die transitiv-reflexive Hülle von $\leftrightarrow_{\mathcal{A}}$.

Die symmetrische Hülle einer Reduktionsrelation $\rightarrow_{\mathcal{A}}$ ergibt die *zu* $\rightarrow_{\mathcal{A}}$ *gehörige* Gleichheitsrelation $\leftrightarrow_{\mathcal{A}}$. Aus der Definition von $\leftrightarrow_{\mathcal{A}}^{*}$ folgt, daß $\leftrightarrow_{\mathcal{A}}^{*}$ eine Äquivalenzrelation ist.

6.2 Eigenschaften von Reduktionsrelationen

In diesem Abschnitt untersuchen wir Eigenschaften von Reduktionsrelationen. Insbesondere interessieren uns solche Eigenschaften, die uns erlauben, eine Reduktionsrelation als Reduktionsfunktion zu betrachten, die zu jeder Eingabe ein eindeutiges „einfachstes“ Objekt berechnet. Die erste Voraussetzung für eine solche Funktionalität ist die Terminationseigenschaft.

Definition 6.1
Eine Reduktionsrelation $\rightarrow_{\mathcal{A}}$ terminiert *(oder hat die* Terminationseigenschaft *oder ist* stark normalisierend *oder* noethersch*), wenn es keine unendliche Kette* $a_0 \rightarrow_{\mathcal{A}} a_1 \rightarrow_{\mathcal{A}} a_2 \rightarrow_{\mathcal{A}} \ldots$ *gibt.* □

Definition 6.2
Ein Element $a \in \mathcal{D}$ *heißt* reduzibel *bezüglich* $\rightarrow_{\mathcal{A}}$*, falls es ein* $b \in \mathcal{D}$ *gibt, so daß* $a \rightarrow_{\mathcal{A}} b$*, ansonsten heißt* a irreduzibel.

Ein Element $b \in \mathcal{D}$ *heißt* Normalform *von* $a \in \mathcal{D}$ *(bezüglich* $\rightarrow_{\mathcal{A}}$*), falls* $a \rightarrow_{\mathcal{A}}^{*} b$ *und* b *ist irreduzibel. Man sagt dann auch:* b *ist* in Normalform.

Definition 6.3
Eine Reduktionsrelation $\rightarrow_{\mathcal{A}}$ *hat die* Church-Rosser-Eigenschaft *(oder ist* Church-Rosser*), falls für alle* $a, b \in \mathcal{D}$ *ein* $c \in \mathcal{D}$ *existiert, so daß*

$$a \leftrightarrow_{\mathcal{A}}^{*} b \Rightarrow a \rightarrow_{\mathcal{A}}^{*} c \leftarrow_{\mathcal{A}}^{*} b.$$

Definition 6.4
$\rightarrow_{\mathcal{A}}$ *ist* konfluent, *falls für alle* $a, b, c \in \mathcal{D}$ *ein* $d \in \mathcal{D}$ *existiert, so daß*

$$a \leftarrow^*_{\mathcal{A}} b \rightarrow^*_{\mathcal{A}} c \Rightarrow a \rightarrow^*_{\mathcal{A}} d \leftarrow^*_{\mathcal{A}} c.$$

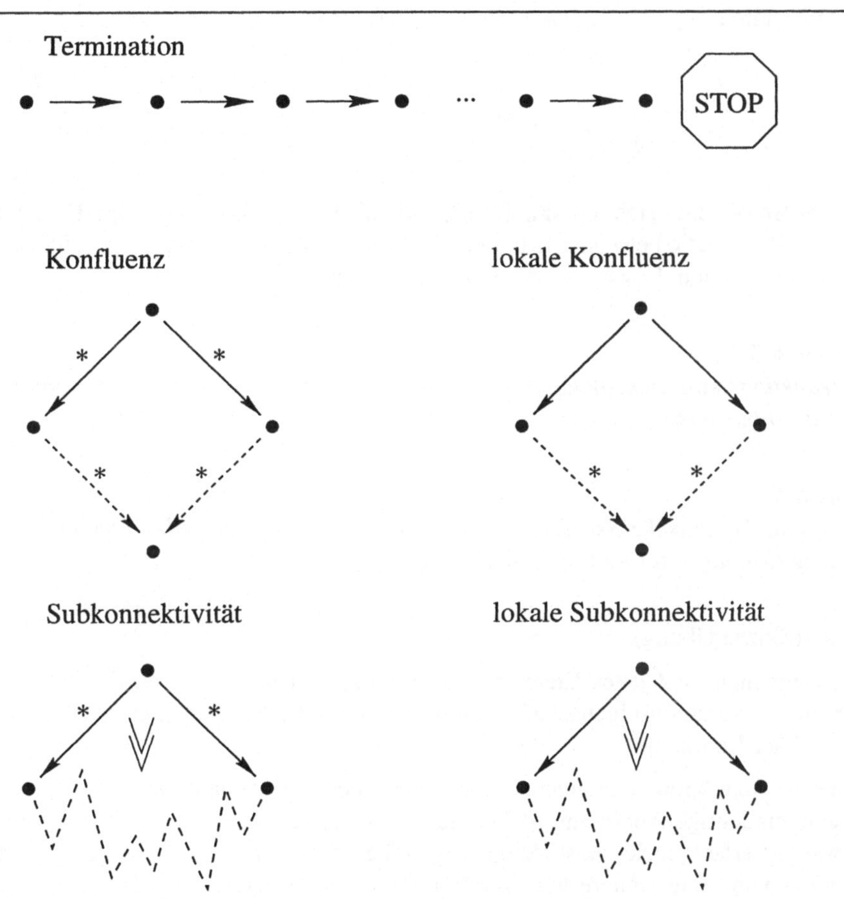

Abbildung 6.1: Eigenschaften von Reduktionsrelationen

Lemma 6.1
Eine Reduktionsrelation hat genau dann die Church–Rosser–Eigenschaft, wenn sie konfluent ist.

Beweis: (Skizze/Übung)

„$\Rightarrow$“ klar, da $\leftarrow^*_{\mathcal{A}} \circ \rightarrow^*_{\mathcal{A}} \subseteq \leftrightarrow^*_{\mathcal{A}}$.

„$\Leftarrow$“ $\rightarrow_{\mathcal{A}}$ sei konfluent und $a \leftrightarrow^*_{\mathcal{A}} b$.

Dann gibt es $c_1, \ldots, c_n, d_0, \ldots, d_n \in \mathcal{D}$, so daß

$$\begin{array}{ccccccccccccc} a & & & & c_1 & & & & c_2 & & c_n & & & & b \\ & \searrow^*_{\mathcal{A}} & & {}^*_{\mathcal{A}}\swarrow & & \searrow^*_{\mathcal{A}} & & {}^*_{\mathcal{A}}\swarrow & & \searrow^*_{\mathcal{A}} \quad {}^*_{\mathcal{A}}\swarrow & & \searrow^*_{\mathcal{A}} & & {}^*_{\mathcal{A}}\swarrow & \\ & & d_0 & & & & d_1 & & & \ldots & & & d_n & & \end{array}$$

Der Beweis läßt sich nun durch Induktion über die Anzahl der „Gipfel“ in der obigen Ableitungskette beweisen, d. h. über die Länge der Liste $(a, c_1, \ldots, c_n, b)$. Der genaue Beweis sei dem Leser bzw. der Leserin überlassen. □

Definition 6.5
Eine Reduktionsrelation heißt kanonisch *(oder* vollständig *oder* konvergent*), wenn sie terminiert und konfluent ist.*

Lemma 6.2
Sei $\rightarrow_{\mathcal{A}}$ eine kanonische Reduktionsrelation über $\mathcal{D}$. Dann hat jedes Element von $\mathcal{D}$ eine eindeutige Normalform (bezüglich $\rightarrow_{\mathcal{A}}$).

Beweis: (Skizze/Übung)

Zuerst zeigt man, daß jedes Element eine Normalform hat (sonst ergibt sich ein Widerspruch zur Terminationseigenschaft). Dann zeigt man die Eindeutigkeit der Normalformen auf Grund der Konfluenz. □

Kanonische Reduktionsrelationen sind also besonders interessant, denn sie beschreiben erstens eine eindeutige Abbildung (d. h. eine Funktion) von Elementen auf ihre Normalform und zweitens erlauben sie, diese Abbildung zu berechnen, wenn man Einschrittreduktionen berechnen kann. Eine weitere wichtige Eigenschaft von kanonischen Reduktionsrelationen ist die Tatsache, daß sie ein Entscheidungsverfahren für die Relation $\leftrightarrow^*$ liefern. Es folgt nämlich aus Lemmata 6.1 und 6.2, daß $a \leftrightarrow^* b$ genau dann gilt, wenn a und b die gleiche Normalform haben.

6.3 Kriterien für Konfluenz

Nun sollen einige Kriterien für die im allgemeinen unentscheidbare Konfluenzeigenschaft vorgestellt werden. Zunächst definieren wir einen Spezialfall der Konfluenz.

Definition 6.6
Die Reduktionsrelation $\rightarrow_{\mathcal{A}}$ *ist* lokal konfluent, *falls es für alle* $a, b, c \in \mathcal{D}$ *ein* $d \in \mathcal{D}$ *gibt, so daß*

$$a \leftarrow_{\mathcal{A}} b \rightarrow_{\mathcal{A}} c \Rightarrow a \rightarrow_{\mathcal{A}}^{*} d \leftarrow_{\mathcal{A}}^{*} c.$$

Werden zwei Elemente durch Reduktionspfeile beliebiger Orientierung verbunden, so sprechen wir von einer *Ableitung*. Auf Grund ihrer graphischen Darstellung (siehe z. B. Abbildung 6.1) werden Ableitungen der Form $\langle a \rightarrow_{\mathcal{A}} \ldots \rightarrow_{\mathcal{A}} b \leftarrow_{\mathcal{A}} \ldots \leftarrow_{\mathcal{A}} c\rangle$ als Ableitungen in *V-* oder *Talform* bezeichnet. Ableitungen der Form $\langle a \leftarrow_{\mathcal{A}} \ldots \leftarrow_{\mathcal{A}} b \rightarrow_{\mathcal{A}} \ldots \rightarrow_{\mathcal{A}} c\rangle$ sind demnach in *Bergform* (mit *Gipfel b*) und Ableitungen mit beliebigen Orientierungen der Pfeile sind „Gebirge" in *Berg- und Talform.*

Hätte man einen Maßstab für die Höhe der Gipfel (Talfußpunkte und Talränder), so könnte man Ableitungen bzgl. ihrer jeweiligen höchsten Erhebungen vergleichen. Dies ist die Idee, die hinter dem Begriff der Subkonnektivität steht. Anstatt wie bei der Konfluenz zu verlangen, daß zwei Objekte (a und c), die durch einen Berg (mit Gipfel b) verbunden sind, auch durch ein Tal verbunden sein müssen, begnügt man sich damit, daß a und c durch ein Gebirge verbunden sind, dessen höchste Erhebung kleiner als der Gipfel b ist. Jedes Tal, das a und c verbindet, ist natürlich ein Spezialfall eines solchen Gebirges.

Definition 6.7
Sei $\succeq\ \supseteq\ \rightarrow_{\mathcal{A}}$ *eine wohlfundierte Ordnung. Die Reduktionsrelation* $\rightarrow_{\mathcal{A}}$ *ist* subkonnektiv (bezüglich $\succ$)*, falls für alle* $a, b, c \in \mathcal{D}$ *Elemente* $d_1, \ldots, d_n \in \mathcal{D}$ *existieren mit* $b \succ d_i$ *für alle* $1 \leq i \leq n$ *und*

$$a \leftarrow_{\mathcal{A}}^{*} b \rightarrow_{\mathcal{A}}^{*} c \Rightarrow a \leftrightarrow_{\mathcal{A}} d_1 \leftrightarrow_{\mathcal{A}} \ldots \leftrightarrow_{\mathcal{A}} d_n \leftrightarrow_{\mathcal{A}} c.$$

Analog zur lokalen Konfluenz definiert man auch die lokale Subkonnektivität.

Definition 6.8
Sei $\succeq\ \supseteq\ \rightarrow_{\mathcal{A}}$ *eine wohlfundierte Ordnung. Die Reduktionsrelation* $\rightarrow_{\mathcal{A}}$ *ist* lokal subkonnektiv (bezüglich $\succ$)*, falls für alle* $a, b, c \in \mathcal{D}$ *Elemente* $d_1, \ldots, d_n \in \mathcal{D}$ *existieren mit* $b \succ d_i$ *für alle* $1 \leq i \leq n$ *und*

$$a \leftarrow_{\mathcal{A}} b \rightarrow_{\mathcal{A}} c \Rightarrow a \leftrightarrow_{\mathcal{A}} d_1 \leftrightarrow_{\mathcal{A}} \ldots \leftrightarrow_{\mathcal{A}} d_n \leftrightarrow_{\mathcal{A}} c.$$

Das folgende Lemma gibt ein hinreichendes Kriterium für die Konfluenz einer Reduktionsrelation.

Lemma 6.3 (Winkler und Buchberger, 1985)
Sei $\succ\ \supseteq\ \rightarrow_{\mathcal{A}}$ *wohlfundiert. Dann ist* $\rightarrow_{\mathcal{A}}$ *Church–Rosser, falls* $\rightarrow_{\mathcal{A}}$ *lokal subkonnektiv bezüglich* $\succ$ *ist.*

Beweis:
Wir definieren eine Ordnung $\gg$ über Ableitungsketten:

$$\langle a_0 \leftrightarrow_{\mathcal{A}} a_1 \leftrightarrow_{\mathcal{A}} \ldots \leftrightarrow_{\mathcal{A}} a_n \rangle \gg \langle b_0 \leftrightarrow_{\mathcal{A}} b_1 \leftrightarrow_{\mathcal{A}} \ldots \leftrightarrow_{\mathcal{A}} b_m \rangle$$

genau dann, wenn $[a_0, \ldots, a_n] \succeq_{mul} [b_0, \ldots, b_m]$. Die so definierte Ordnung $\gg$ ist wohlfundiert.

Behauptung: Für jede Ableitungskette $\langle a_0 \leftrightarrow_{\mathcal{A}} \ldots \leftrightarrow_{\mathcal{A}} a_n \rangle$ gibt es eine Ableitungskette $\langle a_0 \rightarrow_{\mathcal{A}} \ldots \rightarrow_{\mathcal{A}} c \leftarrow_{\mathcal{A}} \ldots \leftarrow_{\mathcal{A}} a_n \rangle$ in V-Form.

Wir beweisen die Behauptung durch vollständige Induktion über $\gg$.

1. Die Behauptung gilt für alle minimalen Ableitungsketten $A = \langle d \rangle$ für $d \in \mathcal{D}$.

2. Sei $A = \langle a_0 \leftrightarrow_{\mathcal{A}} \ldots \leftrightarrow_{\mathcal{A}} a_n \rangle$ eine Ableitungskette und die Behauptung gelte für alle Ableitungsketten A' mit $A \gg A'$.

   Fall 1: A ist in V-Form. Dann sind wir fertig.

   Fall 2: A ist nicht in V-Form. Dann gibt es ein $j \in \{1, \ldots, n-1\}$, so daß $A = \langle a_0 \leftrightarrow \ldots \leftrightarrow a_{j-1} \leftarrow a_j \rightarrow a_{j+1} \leftrightarrow \ldots \leftrightarrow a_n \rangle$.
   Da $\rightarrow_{\mathcal{A}}$ lokal subkonnektiv ist, gibt es $d_1, \ldots, d_n$ mit $a_j \succ d$ für $1 \leq i \leq n$ und $A' = \langle a_0 \leftrightarrow_{\mathcal{A}} \ldots \leftrightarrow_{\mathcal{A}} a_{j-1} \leftrightarrow_{\mathcal{A}} d_1 \leftrightarrow_{\mathcal{A}} \ldots \leftrightarrow_{\mathcal{A}} d_n \leftrightarrow a_{j+1} \leftrightarrow \ldots \leftrightarrow a_n \rangle$ und $A \gg A'$. Nach der Induktionshypothese gilt, es gibt einen Beweis in V-Form für $a_0 \leftrightarrow^* a_n$. □

Satz 6.4 (Diamond-Lemma, Newman, 1942)
Für jede terminierende Reduktionsrelation $\rightarrow_{\mathcal{A}}$ gilt: $\rightarrow_{\mathcal{A}}$ ist genau dann konfluent, wenn $\rightarrow_{\mathcal{A}}$ lokal konfluent ist.

Beweis:

„$\Rightarrow$“ trivial

„$\Leftarrow$“ nach Lemma 6.1 und 6.3 (mit $\succ = \rightarrow_{\mathcal{A}}^{+}$). □

Ein alternativer Beweis für Satz 6.4 ist in Abbildung 6.2 skizziert. Aufgrund dieser Beweisskizze ist Satz 6.4 auch unter dem Namen „diamond lemma“ bekannt.

Beispiel 6.2
Die folgenden Beispiele belegen, daß es ohne die Terminationseigenschaft tatsächlich nicht konfluente, lokal konfluente Reduktionsrelationen gibt.

a)

$$A \longleftarrow B \rightleftarrows C \longrightarrow D$$

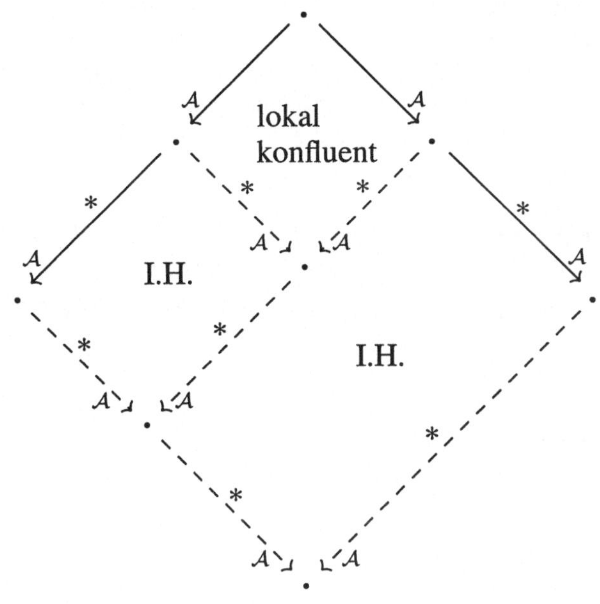

Abbildung 6.2: Der Beweis des Diamond-Lemmas

b)

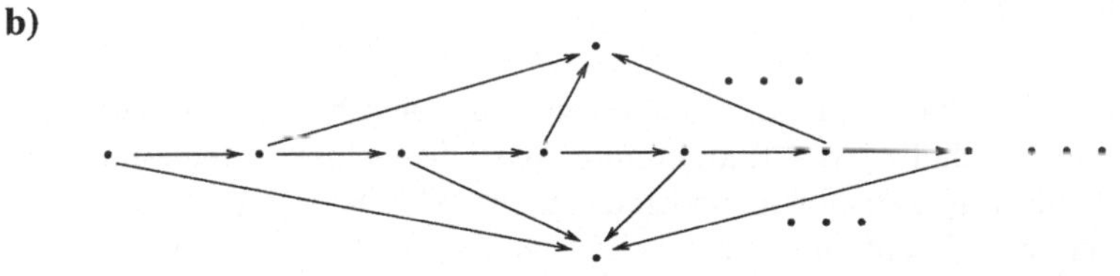

□

Gemäß Satz 6.4 kann der Nachweis der Konfluenz einer terminierenden Reduktionsrelation vereinfacht werden. Die Vereinfachung liegt zum ersten darin, daß es „viel weniger" Ableitungsketten der Form $\langle a \leftarrow_{\mathcal{A}} b \rightarrow_{\mathcal{A}} c \rangle$ als Ableitungsketten der Form $\langle a \overset{*}{\leftarrow}_{\mathcal{A}} b \overset{*}{\rightarrow}_{\mathcal{A}} c \rangle$ gibt. Dennoch wird es i. a. immer unendlich viele Ableitungsketten der Form $\langle a \leftarrow_{\mathcal{A}} b \rightarrow_{\mathcal{A}} c \rangle$ geben, und somit wird eine weitere Einschränkung der zu betrachtenden Bergableitungen nötig sein. Derartige Einschränkungen werden wir im Kapitel 9 untersuchen. Die Eigenschaft der Subkonnektivität wirkt sich vor allem in der Vereinfachung (manche sagen auch Eleganz) einiger Beweise aus. Sie kann jedoch auch ausgenutzt werden, um die Existenz von Talableitungen zwischen zwei Objekten zu prognostizieren, ohne daß eine solche Ableitung gefunden werden muß. Solche Techniken führen zu Konfluenzkriterien für Vervollständigungsverfahren (vgl. Kapitel 10.4).

Es sollte bemerkt werden, daß es durchaus sinnvolle nicht-terminierende Reduktionsrelationen gibt. Auch in diesem Fall ist die Konfluenz eine sehr wünschenswerte Eigenschaft. Die α- und β–Reduktionen des λ-Kalküls bilden wohl die prominenteste derartige Reduktionsrelation. Die in der folgenden Definition vorgestellten Eigenschaften können benutzt werden, um die Konfluenz nicht-terminierender Reduktionsrelationen zu zeigen.

Definition 6.9
Eine Reduktionsrelation $\rightarrow_{\mathcal{A}} \subseteq \mathcal{D} \times \mathcal{D}$ ist eindeutig normalisierend, *falls für alle $c \in \mathcal{D}$ und alle Normalformen $a, b \in \mathcal{D}$ mit $c \rightarrow^*_{\mathcal{A}} a$ und $c \rightarrow^*_{\mathcal{A}} b$ folgt: $a = b$.*

Eine Reduktionsrelation $\rightarrow_{\mathcal{A}} \subseteq \mathcal{D} \times \mathcal{D}$ ist schwach normalisierend, *falls jedes $a \in \mathcal{D}$ eine Normalform hat.*

Man beachte, daß weder die schwache noch die eindeutige Normalisierungseigenschaft die Terminationseigenschaft oder Konfluenz impliziert. Genausowenig lassen sich die entgegengesetzten Implikationen beweisen. Es sei den Lesern als Übung überlassen, entsprechende Gegenbeispiele zu konstruieren.

Satz 6.5
Jede eindeutig und schwach normalisierende Reduktionsrelation ist konfluent.

Beweis: (Übung) □

6.4 Literaturhinweise

Eine erste Untersuchung abstrakter Reduktionsrelationen findet sich bei Huet (1980) und ist seitdem immer wieder Bestandteil von Einführungs- und Übersichtsarbeiten zum Thema Termersetzungssysteme (z. B. Dershowitz und Jouannaud, 1990, Klop, 1992, Avenhaus 1995). Das Diamond-Lemma geht auf eine Arbeit von Newman (1942) zurück. Subkonnektivität wurde von Winkler und Buchberger (1985) untersucht, um Konfluenzbeweise für Reduktionsrelationen über Polynomen (Gröbnerbasen) zu studieren. Im speziellen Kontext von k-Algebren finden sich diese Ergebnisse schon bei Bergman (1978). Kanonische Simplifikatoren (Buchberger und Loos, 1982) sind ein alternativer Zugang zu abstrakten Reduktionsrelationen.

6.5 Aufgaben

Aufgabe 6.1 Eine Reduktionsrelation $\rightarrow_{\mathcal{A}}$ heißt *stark konfluent*, wenn für alle $a, b, c \in \mathcal{D}$ aus $a \leftarrow_{\mathcal{A}} b \rightarrow_{\mathcal{A}} c$ folgt: es gibt ein $d \in \mathcal{D}$ mit $a \rightarrow^*_{\mathcal{A}} d \leftarrow^{\leq 1}_{\mathcal{A}} c$. Dabei sei

$$\rightarrow^{\leq 1}_{\mathcal{A}} \;=\; (= \cup \rightarrow_{\mathcal{A}}).$$

- Beweisen Sie, daß $\rightarrow_{\mathcal{A}}$ genau dann konfluent ist, wenn gilt, daß aus für alle $a, b, c \in \mathcal{D}$ mit $a \leftarrow^*_{\mathcal{A}} b \rightarrow_{\mathcal{A}} c$ folgt, es gibt ein $d \in \mathcal{D}$ mit $a \rightarrow^*_{\mathcal{A}} d \leftarrow^*_{\mathcal{A}} c$.

- Zeigen Sie, daß aus starker Konfluenz von $\rightarrow_{\mathcal{A}}$ die Konfluenz von $\rightarrow_{\mathcal{A}}$ folgt.

Aufgabe 6.2 Geben Sie Beispiele (z. B. in Form eines Graphen) für Reduktionsrelationen mit folgenden Eigenschaften an:

1. eindeutig normalisierend, aber nicht konfluent
2. eindeutig normalisierend, aber nicht terminierend
3. schwach normalisierend, aber nicht konfluent
4. schwach normalisierend, aber nicht terminierend.

Aufgabe 6.3 Sei $G = (N, T, \Pi, Z)$ eine kontextfreie Grammatik mit Nichtterminalen N, Terminalen T, einem Produktionssystem Π und einem Startsymbol Z. Die *Bottom-up-Reduktionsrelation* $\rightarrow_{BU}$ und die *Top-down-Reduktionsrelation* $\rightarrow_{TD}$ seien wie folgt definiert:

$$uvw \rightarrow_{BU} uv'w, \quad uv'w \rightarrow_{TD} uvw, \text{ falls } v' \rightarrow v \in \Pi$$

mit $u, v, w \in (N \cup T)^*$ und $v' \in N$. Zeigen Sie

1. wenn $\rightarrow_{BU}$ terminierend ist, dann ist G ϵ-frei;
2. wenn $\rightarrow_{TD}$ terminierend ist, dann ist $L(G)$ endlich;
3. wenn $\rightarrow_{BU}$ konfluent ist, dann kann man jedes Wort in $L(G)$ auf beliebige Weise nach Z ableiten;
4. wenn $\rightarrow_{TD}$ konfluent ist, dann ist $|L(G)| = 1$;
5. wenn $\rightarrow_{BU}$ konvergent ist und $w \rightarrow^*_{BU} n$ mit $w \in T^*, n \in N$, dann folgt $n \rightarrow^*_{BU} Z$ oder für alle $w' \in T^*$ mit $n \rightarrow^*_{TD} w'$ gilt $w' \notin L(G)$.

Was sagen Sie auf Grund der obigen Aussagen zu der Bedeutung der Begriffe Termination und Konfluenz im Bezug auf $\rightarrow_{BU}$ und $\rightarrow_{TD}$?

7 Termination von Termersetzungssystemen

Wir wollen nun damit beginnen, die im letzten Kapitel vorgestellten Eigenschaften von Reduktionsrelationen speziell für Termersetzungssysteme zu untersuchen. In diesem Kapitel geht es um die Terminationseigenschaft von Termersetzungsrelationen. Das heißt, es geht um die Frage, ob es zu einem gegebenen Termersetzungssystem $\mathcal{R}$ einen Term t gibt, der der Anfang einer unendlich langen Kette von $\to_{\mathcal{R}}$- Reduktionen sein kann. Die folgende Definition soll unsere Sprechweise vereinfachen.

Definition 7.1
Ein Termersetzungssystem $\mathcal{R}$ terminiert *(oder hat die* Terminationseigenschaft*), falls* $\to_{\mathcal{R}}$ *terminiert.*

Wie wir schon in der Einleitung angedeutet haben, können Termersetzungssysteme eingesetzt werden, um Programme zu beschreiben. Das heißt aber auch, daß Aussagen über die Termination von Termersetzungssystemen als Aussagen über die Termination von Programmen interpretiert werden können. Damit geht einher, daß derartige Aussagen etwas über die Ausdrucksstärke von Termersetzungssystemen als Programmiersprache bzw. als Maschinenmodell mitteilen. Ein Reduktionsformalismus, der immer terminiert, kann nicht turingvollständig sein und ist somit schwächer als die meisten gängigen Programmiersprachen.

Im ersten Abschnitt dieses Kapitels werden wir jedoch zeigen, daß derartige Befürchtungen unbegründet sind. Zuallererst eine schlechte Nachricht: die Termination von Termersetzungssystemen ist im allgemeinen unentscheidbar. Die gute Nachricht hingegen besagt, daß Termersetzungssysteme die Mächtigkeit von Turingmaschinen haben und nach der These von Church zu den stärksten Rechenmodellen gehören.

Im verbleibenden Teil des Kapitels suchen wir dann nach hinreichenden Kriterien für die Termination eines Termersetzungssystems. Die Basis solcher Kriterien ist die Konstruktion wohlfundierter Ordnungen, in die die Termersetzungsrelation eingebettet werden kann. Ziel ist es, von anfänglich abstrakten Kriterien zu immer konkreteren Ordnungskonstruktionen zu kommen bis hin zu vollständig automatisierbaren Ordnungen.

7.1 Unentscheidbarkeit der Terminationseigenschaft

Wie die folgenden Beispiele belegen, gibt es sowohl terminierende als auch nichtterminierende Termersetzungssysteme. Die Leser mögen selbst herausfinden, zu welcher Kategorie die folgenden Termersetzungssysteme gehören und sich überlegen, welche Terme zu unendlichen Reduktionen führen bzw. wie man die Terminationseigenschaft zeigen kann.

Beispiel 7.1
Welche der folgenden Termersetzungssysteme terminieren?

$$\begin{array}{lll}
\mathcal{R}_1 = \{S(0) & \to & 1\} \\
\mathcal{R}_2 = \{1 & \to & S(0)\} \\
\mathcal{R}_3 = \{+(x,y) & \to & +(y,x), \\
\quad\quad +(x,0) & \to & x\} \\
\mathcal{R}_4 = \{*(2,x) & \to & *(x,x)\} \\
\mathcal{R}_5 = \{*(x,x) & \to & *(2,x)\} \\
\mathcal{R}_6 = \{-(x) & \to & f(f(x)), \\
\quad\quad f(f(f(x))) & \to & f(-(x))\} \\
\mathcal{R}_7 = \{+(x,+(y,z)) & \to & +(+(x,y),z), \\
\quad\quad *(x,+(y,z)) & \to & +(*(x,y),*(x,z))\} \\
\mathcal{R}_8 = \{f(g(x)) & \to & g(g(f(f(x))))\} \\
\mathcal{R}_9 = \{f(f(g(g(x)))) & \to & g(g(g(f(f(f(x))))))\}
\end{array}$$

Hierbei sind x, y und z jeweils Variablen und 0, 1 und 2 Konstanten. □

Herauszufinden, ob ein Termersetzungssystem terminiert, kann trivial bis schwierig sein. Wie schwierig dieses Problem sein kann, zeigt der folgende Satz.

Satz 7.1
Das Problem, festzustellen, ob ein beliebiges Termersetzungssystem terminiert, ist nicht entscheidbar. □

Bevor wir auf den Beweis des Satzes eingehen, wollen wir hier kurz den Begriff und die Funktion einer *Turingmaschine* erläutern. Eine Turingmaschine wird beschrieben durch ein Alphabet Σ mit ausgezeichnetem Symbol # („Leerzeichen"), eine von Σ disjunkte Zustandsmenge $Q = \{q_1, \ldots, q_n\}$, ein Band $\Box a_1 \ldots a_m q_i b_1 \ldots b_n \Box$ mit $a_i, b_i \in \Sigma$, $\Box \notin \Sigma$ und $q_i \in Q$ und einer Übergangsfunktion T, auch Turingtafel oder Turingprogramm genannt. Die Bandnotation $\Box a_1 \ldots a_m q_i b_1 \ldots b_n \Box$ bezeichnet eine Turingmaschine im Zustand q_i, die gerade das Zeichen b_1 liest, links vom Lesekopf stehen die Zeichen $a_m, \ldots, a_1$, gefolgt von unendlich vielen Leerzeichen und rechts stehen $b_2 \ldots, b_n$ ebenfalls gefolgt von unendlich vielen Leerzeichen. Die Übergangsfunktion T beschreibt drei Operationen in Abhängigkeit vom augenblicklichen Zustand der Maschine und dem gerade gelesenen Zeichen:

„links"	$T(q,b_1) = (L,q')$:	$\ldots a_{m-1}a_m q b_1 b_2 \ldots$	$\to$	$\ldots a_{m-1} q' a_m b_1 b_2 \ldots$
„rechts"	$T(q,b_1) = (R,q')$:	$\ldots a_{m-1}a_m q b_1 b_2 \ldots$	$\to$	$\ldots a_{m-1} a_m b_1 q' b_2 \ldots$
„schreibe x"	$T(q,b_1) = (x,q')$:	$\ldots a_{m-1}a_m q b_1 b_2 \ldots$	$\to$	$\ldots a_{m-1} a_m q' x b_2 \ldots$

für $a_i, b_j, x \in \Sigma$, und $q, q' \in Q$.

Der folgende Satz ist ein zentrales Ergebnis der Berechenbarkeitstheorie.

Satz 7.2
Das Problem, ob eine beliebige Turingmaschine mit beliebiger Eingabe hält oder nicht, ist nicht entscheidbar. □

Die Menge der für alle Eingaben haltenden Turingmaschinen ist nicht einmal rekursiv aufzählbar.

Beweis: (von Satz 7.1 nach Dershowitz, 1987)
Wir werden Satz 7.1 beweisen, indem wir ein Termersetzungssystem angeben, das eine Turingmaschine simuliert. Damit schlagen wir zwei Fliegen mit einer Klappe. Erstens beweisen wir den Satz und zweitens zeigen wir, daß alles, was mit einer Turingmaschine berechnet werden kann, auch mit einem Termersetzungssystem berechnet werden kann, also die Turingvollständigkeit von Termersetzungssystemen. Für die Simulation wählen wir eine (sortenfreie) Signatur $\mathcal{F}$ wie folgt. $\mathcal{F}$ enthält

- für jedes Zeichen aus Σ eine neue Konstante,
- für jeden Zustand in Q eine neue Konstante,
- eine neue Konstante $\Box$,
- eine einstellige Funktion δ,
- eine zweistellige Funktion f und
- eine dreistellige Funktion M.

Das Funktionssymbol δ soll optionale Teilterme bezeichnen. Ein String „$a_1a_2a_3 \ldots a_n$“ wird als Term $f(a_1, f(a_2, f(a_3, \ldots f(a_{n-1}, a_n) \ldots)))$ dargestellt.

Jede der Operationen *links*, *rechts* oder *schreibe* x wird durch eine Menge von Elementaroperationen beschrieben. Eine Elementaroperation beschreibt den Spezialfall einer Operation in Abhängigkeit des gelesenen Zeichens, des Zeichens links des gelesenen Zeichens und des momentanen Zustands. Nun wird jede Elementaroperation als String der Länge acht kodiert. Die einzelnen Kodierungen sind in der Abbildung 7.1 angegeben. Die Kodierung „$sqac_1c_2q'c_3c_4$“ einer Elementaroperation beschreibt die Transformation einer Bandbeschreibung „$\ldots sqa \ldots$“ in eine Bandbeschreibung „$\ldots c_1c_2q'c_3c_4 \ldots$“, wobei die Zeichen $c_i = \delta(\#)$ weggelassen werden können. Somit wird jeder Eintrag in die Turingtafel, der den Lesekopf bewegt, durch $|\Sigma| + 1$ Elementaroperationen beschrieben, und jede Schreiboperation durch $|\Sigma|$ Elementaroperationen. Für die Bewegungsoperationen wird jeweils eine zusätzliche Elementaroperation benötigt, um eine mögliche „Randüberschreitung“ der Bandbeschreibung abzudecken.

Die Turingtafel T wird durch einen String

$$„\delta(op_1)\delta(op_2)\delta(op_3) \ldots \delta(op_n)“$$

El.-Operation	Turingfunktion	Kodierung
Rechts(a, s, q)	$T(a, q) = (R, q')$	„$sqasaq'\delta(\#)\delta(\#)$“
Rechts$(\Box, s, q)$	$T(\#, q) = (R, q')$	„$sq\Box s\#q'\Box\delta(\#)$“
Links(a, s, q)	$T(a, q) = (L, q')$	„$sqa\delta(\#)\delta(\#)q'sa$“
Links$(a, \Box, q)$	$T(a, q) = (L, q')$	„$\Box qa\Box\delta(\#)q'\#a$“
Schreibe(a, s, q)	$T(a, q) = (x, q')$	„$sqa\delta(\#)sq'x\delta(\#)$“

für alle $s \in \Sigma$

Abbildung 7.1: Kodierung der Elementaroperationen

dargestellt, wobei die $op_1, \ldots, op_n$ die Kodierungen aller Elementaroperationen sind, die T beschreiben. Somit ist eine Turingtafel ein String, dessen Zeichen optionale durch Strings kodierte Elementaroperationen sind.

Eine Turingmaschine mit Band $\Box a_1 \ldots a_m q b_1 \ldots b_n \Box$ wird als Term

$$M(„a_m \ldots a_1\Box“, „qb_1 \ldots b_n\Box“, \Pi)$$

dargestellt, wobei der Term Π eine Turingtafel beschreibt. Die Operationen einer Turingmaschine werden dann durch das folgende 2-Regel-Termersetzungssystem beschrieben:

$$\begin{array}{lcl} „\delta(\alpha)\beta“ & \rightarrow & „\beta“, \\ M(„\alpha\lambda“, „\sigma\beta\rho“, „\delta(„\alpha\sigma\beta\alpha''\alpha'\sigma'\beta'\beta''“)\tau“) & \rightarrow & M(„\alpha'\alpha''\lambda“, „\sigma'\beta'\beta''\rho“, \Pi), \end{array}$$

wobei $\alpha, \beta, \alpha', \beta', \alpha'', \beta'', \lambda, \rho, \tau, \sigma, \sigma' \in \mathcal{X}$ und Π ein Grundterm ist, der die Turingtafel T der Turingmaschine beschreibt. □

Man beachte, daß auch Ableitungen möglich sind, die keine Turingoperation simulieren. Andererseits ist sichergestellt, daß jede Turingmaschine simuliert werden kann.

Wie das folgende Resultat zeigt, führt der Verzicht auf Variablen zu einer wesentlichen Einschränkung der Rechenmöglichkeiten von Termersetzungssystemen.

Satz 7.3
Es ist entscheidbar, ob ein Termersetzungssystem ohne Variable (Grundtermersetzungssystem) terminiert. □

7.2 Termordnungen

Wie wir im letzten Abschnitt erfahren haben, ist es hoffnungslos, nach einem Verfahren zu suchen, das entscheidet, ob für ein beliebiges Termersetzungssystem alle Reduktionen abbrechen. Es bleibt uns also nur, hinreichende Kriterien zu suchen, die die Termination oder Nicht-Termination eines Termersetzungssystems garantieren.

Ein einfaches Kriterium für die Nicht-Termination eines Termersetzungssystems $\mathcal{R}$ ist die Existenz eines *Zyklus*. D. h. es gibt einen Term t, so daß

$$t \to_{\mathcal{R}} t_1 \to_{\mathcal{R}} \cdots \to_{\mathcal{R}} t_n \to_{\mathcal{R}} t \text{ für } n > 0.$$

Diese Situation kann sehr leicht verallgemeinert werden. Es genügt nämlich zu zeigen, daß von t ein Term s erreicht werden kann, der t als Subterm erhält, also

$$t \to_{\mathcal{R}} t_1 \to_{\mathcal{R}} \cdots \to_{\mathcal{R}} t_n \to_{\mathcal{R}} s \text{ für } n > 0$$

mit $s|_p = t$ für $p \in O(s)$. Ein Zyklus ist ein Spezialfall dieser Situation mit $p = \lambda$.

Satz 7.4
Sei $\mathcal{R}$ ein Termersetzungssystem, so daß es Terme s und t gibt mit $t \to_{\mathcal{R}}^{+} s[t]_p$ für $p \in O(s)$. Dann terminiert $\mathcal{R}$ nicht.

Beweis:
$t \to_{\mathcal{R}}^{+} s[t]_p \to_{\mathcal{R}}^{+} s[s[t]_p]_p \to_{\mathcal{R}}^{+} \ldots$ ist eine unendliche Kette von Reduktionen. □

Im Rest dieses Kapitels werden wir nach Kriterien für die Termination von Termersetzungssystemen suchen. Sicherlich gilt, daß $\mathcal{R}$ terminiert, falls durch Reduktionen immer „kleinere" Terme erzeugt werden, wobei „kleiner" eine wohlfundierte Ordnung ist. Wir sagen dann: $\to_{\mathcal{R}}$ ist in eine strikte wohlfundierte Ordnung eingebettet: $\to_{\mathcal{R}} \subseteq \succ$. Ein Terminationsbeweis für $\mathcal{R}$ besteht dann in der Konstruktion einer wohlfundierten strikten Ordnung $\succ$ mit $\to_{\mathcal{R}} \subseteq \succ$. Eine solche Ordnung sollte die gleichen Abschlußeigenschaften wie die Termersetzungsrelation haben. Folglich: wenn aus $s_1 \to_{\mathcal{R}} t_1$ folgt $s_2 \to_{\mathcal{R}} t_2$, dann muß gelten: aus $s_1 \succ t_1$ folgt $s_2 \succ t_2$.

Definition 7.2
Eine einstellige Funktion $c : T(\mathcal{F}, \mathcal{X}) \to T(\mathcal{F}, \mathcal{X})$ heißt Kontext.

Beispiel 7.2

1. Die Identitätsfunktion ist ein Kontext.
2. Jede Substitution σ beschreibt einen Kontext.
3. Jede Teiltermersetzungsfunktion $u[\_]_p : T(\mathcal{F}, \mathcal{X}) \to T(\mathcal{F}, \mathcal{X})$ mit $u[\_]_p(t) = u[t]_p$ für $u \in T(\mathcal{F}, \mathcal{X}), p \in O(u)$ ist ein Kontext. $u[\_]_p$ heißt auch *Umgebung*.
4. Die Komposition zweier Kontexte ist wieder ein Kontext. □

Aus der Definition der Termersetzungsrelation folgt für $s \to_{\{l \to r\}} t$: es gibt Kontexte $s[\_]_p$ und σ, so daß $s \doteq s[l]_p\sigma$ und $t \doteq s[r]_p\sigma$. Mit anderen Worten, falls $s_2 \to_{\mathcal{R}} t_2$ aus $s_1 \to_{\mathcal{R}} t_1$ folgt, dann gibt es Kontexte $u[\_]_p$ und σ, so daß $s_2 \doteq u[s_1]_p\sigma$ und $t_2 \doteq u[t_1]_p\sigma$.

Wir charakterisieren jetzt Abschlußeigenschaften für bestimmte Klassen von Kontexten.

Definition 7.3
Eine zweistellige Relation $\rho \subseteq T(\mathcal{F},\mathcal{X}) \times T(\mathcal{F},\mathcal{X})$ heißt abgeschlossen *unter einer Klasse von Kontexten C (oder* kompatibel *bzgl. C), falls für alle $c \in C$ und alle $s,t \in T(\mathcal{F},\mathcal{X})$ gilt:*

$$s\, \rho\, t \;\Rightarrow\; c(s)\, \rho\, c(t).$$

Aus der Definition der Termersetzungsrelation folgt, $\rightarrow_{\mathcal{R}}$ ist abgeschlossen unter der Menge der Substitutionen und Teiltermersetzungen. Die Abgeschlossenheit unter Substitutionen wird oft *Stabilität* genannt. Die Abgeschlossenheit unter Teiltermersetzung wird auch *Kompatibilität* oder *Monotonie* genannt. Jetzt können wir Ordnungen definieren, die die Termination eines Termersetzungssystems beweisen können.

Definition 7.4
Eine strikte wohlfundierte Ordnung, die abgeschlossen unter Substitution und Teiltermersetzung ist, heißt Termordnung.

Satz 7.5 (Manna und Ness, 1970)
Ein Termersetzungssystem $\mathcal{R}$ terminiert genau dann, wenn es eine Termordnung $\succ$ gibt, so daß für alle Regeln $l \succ r$ gilt.

Beweis:

„$\Leftarrow$" Angenommen $\mathcal{R}$ terminiert nicht. Dann gibt es eine unendliche Reduktionskette

$$t_1 \rightarrow_{\mathcal{R}} t_2 \rightarrow_{\mathcal{R}} t_3 \rightarrow_{\mathcal{R}} \dots.$$

Sei $t_i \rightarrow_{\{l \rightarrow r\}} t_{i+1}$ für eine Regel $l \rightarrow r \in \mathcal{R}$. Dann gibt es eine Umgebung $u[\_]_p$ und eine Substitution σ, so daß $t_i = u[l\sigma]_p$ und $t_{i+1} = u[r\sigma]_p$. Da $\succ$ stabil ist, folgt $l\sigma \succ r\sigma$ und da $\succ$ ferner kompatibel ist, folgt $t_i \succ t_{i+1}$ für alle i. Damit führt

$$t_1 \succ t_2 \succ t_3 \succ \dots$$

zu einem Widerspruch.

„$\Rightarrow$" Die transitive Hülle $\rightarrow_{\mathcal{R}}^{+}$ der Reduktionsrelation ist eine solche Termordnung. □

7.3 Simplifikationsordnungen

Das Terminationskriterium, das auf Termordnungen beruht, ist scharf. Wir könnten die Termination eines Termersetzungssystems $\mathcal{R}$ entscheiden, falls wir wüßten, ob eine Termordnung $\succ$ mit $\succ \supseteq \rightarrow_{\mathcal{R}}$ existiert. Leider ist die Suche nach solchen Ordnungen ähnlich schwer wie das Terminationsproblem selbst. Deshalb versucht man Klassen von Ordnungen zu beschreiben, die sich einfach als Termordnungen charakterisieren lassen und die für viele praktische Beispiele einsetzbar sind. Eine derartige Klasse von Termordnungen stellen die Simplifikationsordnungen dar.

7.3.1 Der Satz von Kruskal

In diesem Abschnitt wollen wir einen Satz vorstellen, der besagt, daß sich in jeder unendlichen Folge von Termen gewisse strukturelle Merkmale wiederholen müssen. Die Beziehung zweier Terme bezüglich dieser strukturellen Merkmale wird in der folgenden Definition beschrieben.

Definition 7.5
Eine zweistellige Relation $\leq_{em} \subseteq T(\mathcal{F}) \times T(\mathcal{F})$ *heißt* (homöomorphe) Einbettungsrelation, *wenn für* $s = f(s_1, \ldots, s_m)$ *und* $t = g(t_1, \ldots, t_n)$ *gilt:* $s \leq_{em} t$, *falls*

a) $f = g \wedge s_i \leq_{em} t_i$ *für alle* $1 \leq i \leq m = n$ *oder*

b) $s \leq_{em} t_i$ *für ein* t_i $(1 \leq i \leq n)$.

Will man die homöomorphe Einbettung auch für Terme mit Variablen definieren, so werden die Variablen wie Konstante behandelt.

Beispiel 7.3
Wir betrachten die Terme t_1 bis t_7, die im folgenden als Bäume dargestellt sind.

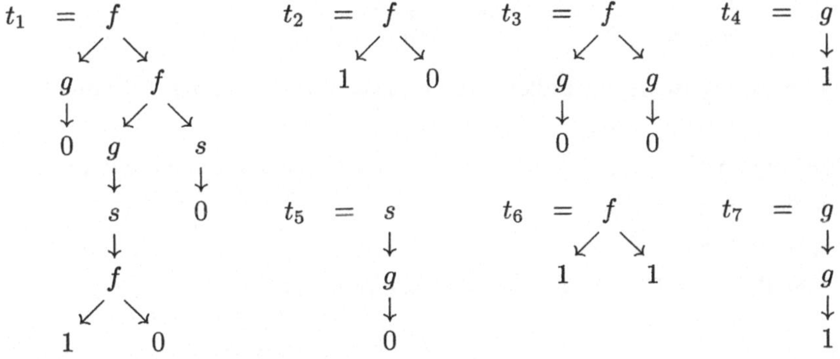

Es gelten die folgenden Relationen:

$t_1 \leq_{em} t_1$, $t_2 \leq_{em} t_1$, $t_3 \leq_{em} t_1$, $t_4 \leq_{em} t_1$, und

$t_5 \not\leq_{em} t_1$, $t_6 \not\leq_{em} t_1$, $t_7 \not\leq_{em} t_1$, $t_4 \leq_{em} t_7$. □

Es gilt insbesondere, daß jeder Teilterm $s|_p$ in seinen Oberterm s eingebettet ist. Damit folgt

Lemma 7.6
Seien $s, t, t' \in T(\mathcal{F})$, *dann gilt*

$$s \leq_{em} t \;\Rightarrow\; \forall t', p \in O(t') : s \leq_{em} t'[t]_p.$$

Beweis: Übung □

Wir wissen bereits aus Satz 7.4, daß das Auftreten spezieller Einbettungen in einer Reduktionskette die Existenz einer unendlich langen Reduktionskette impliziert. Jetzt wollen wir zeigen, daß jede unendlich lange (Reduktions-)Kette von Termen die Existenz von homöomorphen Einbettungen in der Kette impliziert.

Satz 7.7 (Baumsatz, Kruskal, 1960)
Sei $|\mathcal{F}|$ endlich und $(t_i)_{i\in\mathbb{N}}$ eine unendliche Folge von Grundtermen, dann gibt es $i < j$, so daß $t_i \leq_{em} t_j$.

Beweis:
Wir beweisen den Satz durch Widerspruch. Angenommen, das Theorem sei falsch. Dann gibt es unendliche *Gegenbeispielfolgen*, in denen kein Element in ein nachfolgendes eingebettet ist.

Sei $T^* = t_1^*, t_2^*, \ldots$ eine minimale Gegenbeispielfolge, das heißt, wenn $T^{**} = t_1^{**}, t_2^{**}, \ldots$ auch eine Gegenbeispielfolge ist, dann gibt es ein k, so daß $t_i^* = t_i^{**}$ für $i < k$ und $t_k^* < t_k^{**}$ (mit $\leq\ \supseteq\ \trianglelefteq$ ist eine totale Ordnungsrelation, vgl. Aufgabe 5.4).

Sei $S = s_1, s_2, \ldots$ eine *Folge von echten Teiltermen* (FTT) von voneinander nicht unbedingt direkt folgenden Elementen in T^*:

$$\begin{array}{rcl} T^* & = & t_1^*, t_2^*, \ldots, t_k^*, \ldots, t_j^*, \ldots \\ S & = & \qquad\quad s_1, \quad s_2, \quad s_3, \ldots, \end{array}$$

wobei s_1 ein Teilterm von t_k^* ist, s_2 ein Teilterm von t_j^*, usw. Wir sagen kurz, S ist eine FTT von T^*.

Behauptung: Jede Folge $S = s_1, s_2, \ldots$ von Teiltermen von T^* hat eine unendliche Teilfolge $(s_{i_j})_j$ mit $s_{i_1} \leq_{em} s_{i_2} \leq_{em} \ldots$.

Diese Behauptung werden wir später beweisen.

Da die Signatur $\mathcal{F}$ endlich und T^* unendlich ist, gibt es eine unendliche Teilfolge

$$T_1^* = f(s_1^1, \ldots, s_m^1), f(s_1^2, \ldots, s_m^2), \ldots = (\bar{t}_i)_{i\in\mathbb{N}}$$

von T^*, bei der alle Elemente das Topsymbol f haben (Schubfachprinzip). Aufgrund der Behauptung gibt es

1. $I^1 = i_1^1, i_2^1, \ldots$, eine unendliche Teilfolge von $1, 2, \ldots$ mit $s_1^{i_1^1} \leq_{em} s_1^{i_2^1} \leq_{em} \ldots$
2. $I^2 = i_1^2, i_2^2, \ldots$, eine unendliche Teilfolge von I^1 mit $s_k^{i_1^2} \leq_{em} s_k^{i_2^2} \leq_{em} \ldots$, $k \in \{1, 2\}$

$\vdots$

m. $I^m = i_1^m, i_2^m, \ldots$, eine unendliche Teilfolge von I^{m-1} mit $s_k^{i_1^m} \leq_{em} s_k^{i_2^m} \leq_{em} \ldots$ für $k \in \{1, \ldots, m\}$, dann gilt

$$f(s_1^{i_1^{m}},\dots,s_m^{i_1^{m}}) \leq_{em} f(s_1^{i_2^{m}},\dots,s_m^{i_2^{m}})$$

im Widerspruch zu der Behauptung, daß T^* Gegenbeispielfolge ist.

Es fehlt noch der Beweis der obigen Behauptung. S und T^* sind wie oben beschrieben. Setze

$$T_k = t_1^*,\dots,t_{k-1}^*,s_1,s_2,s_3,\dots .$$

Dann gilt:

1. Es gibt $i < j$ mit $s_i \leq_{em} s_j$ wegen der Minimalität von T^*.
2. Es gibt unendlich viele Paare $i_k < j_k$ mit $s_{i_k} \leq_{em} s_{j_k}$, ebenfalls wegen Minimalität von T^*. Sonst sei $l = max\{j_k\}$ und s_l ein Teilterm von t_n^*. Dann ist

   $$t_1^*,\dots,t_{n-1}^*,s_l,s_{l+1},\dots$$

   eine kleinere Gegenbeispielfolge als T^*. Das ist ein Widerspruch.
3. Dann gibt es eine unendliche Folge $i_1 < i_2 < \dots$ mit $s_{i_1} \leq_{em} s_{i_2} \leq_{em} s_{i_3} \leq_{em} \dots$, also folgt die Behauptung. Annahme, es gäbe keine solche unendliche Folge. Dann gäbe es unendlich viele endliche Folgen, deren Schlußelemente an einen geeigneten Präfix von T^* gehängt eine kleinere Gegenbeispielfolge als T^* ergäben. Auch das wäre ein Widerspruch. □

7.3.2 Der Terminationssatz von Dershowitz

Wir wollen jetzt den Baumsatz von Kruskal benutzen, um eine wichtige Klasse von Reduktionsordnungen zu charakterisieren.

Definition 7.6
Eine strikte Ordnung $\succ \subseteq T(\mathcal{F},\mathcal{X}) \times T(\mathcal{F},\mathcal{X})$ heißt Simplifikationsordnung, *wenn $\succ$ abgeschlossen unter Substitutionen (stabil), abgeschlossen unter Teiltermersetzung (monoton) und für alle $f \in \mathcal{F}$ und alle $t \in T(\mathcal{F},\mathcal{X})$ gilt, daß $f(\dots,t,\dots) \succ t$. Die letzte Bedingung heißt* Teiltermeigenschaft.

Dershowitz (1979) hat Simplifikationsordnungen nur auf Grundtermen definiert. In diesem Fall ist die Forderung der Stabilität überflüssig. Im folgenden werden wir zeigen, daß jede Simplifikationsordnung wohlfundiert und somit eine Termordnung ist. Zunächst zeigen wir, daß die inverse Einbettungsrelation in jeder Simplifikationsordnung enthalten ist.

Lemma 7.8
Seien s und t Terme und $\succ$ eine Simplifikationsordnung. Dann gilt $s \leq_{em} t \Rightarrow t \succeq s$.

Beweis: durch Induktion über $(T(\mathcal{F},\mathcal{X}),\trianglerighteq)$.

(I.B.) Das Lemma gilt für $t \in T(\mathcal{F}_0,\mathcal{X})$.

(I.H.) Die Annahme $(s' \leq_{em} t' \Rightarrow t' \succeq s')$ gilt für alle $t' \lhd t$. Nach Definition von $\leq_{em}$ gilt $s = f(s_1,\dots,s_m) \leq_{em} g(t_1,\dots,t_n)$, falls

- entweder $f = g$ und $m = n$ und $\forall 1 \leq i \leq m : s_i \leq_{em} t_i$. Aus der Induktionshypothese folgt dann $\forall 1 \leq i \leq m : t_i \succeq s_i$ und wegen der Monotonie von $\succ$ folgt $t \succeq s$.
- oder $s \leq_{em} t_i$ für ein $i \in \{1,\dots,n\}$. Dann ist $t = g(\dots,t_i,\dots) \succeq t_i \succeq s$. Die erste Ungleichung gilt wegen der Teiltermeigenschaft, die zweite auf Grund der Induktionshypothese. □

Satz 7.9 (Terminationssatz, Dershowitz, 1979)
Sei $\mathcal{R}$ ein Termersetzungssystem und $\succ$ eine Simplifikationsordnung über $T(\mathcal{F},\mathcal{X})$, so daß für alle Regeln $l \to r \in \mathcal{R}$ die Relation $l \succ r$ gilt. Dann terminiert $\mathcal{R}$.

Beweis:
Annahme: $\mathcal{R}$ terminiert nicht. Dann gibt es eine unendliche Folge $t_1 \to_{\mathcal{R}} t_2 \to_{\mathcal{R}} t_3 \to_{\mathcal{R}} \dots$. Nun gilt $l\sigma \succ r\sigma$ für alle σ und alle $l \to r \in \mathcal{R}$.

Mit der Monotonie folgt $t_1 \succ t_2 \succ t_3 \succ \dots$ und aus der Transitivität folgt $t_i \succ t_j$ für $i < j$.

Nach dem Baumtheorem gibt es dann $i < j$ mit $t_j \geq_{em} t_i$ und nach Lemma 7.8 gilt $t_j \succeq t_i$. Widerspruch zur Irreflexivität und Transitivität von $\succ$. □

Auch für den Terminationssatz gilt, daß er ursprünglich für Simplifikationsordnungen eingeschränkt auf Grundterme (also ohne Stabilitätsanforderung) formuliert wurde. Geht man so vor, so muß die Stabilität explizit gefordert werden, indem man verlangt, daß für alle Regeln $l \to r \in \mathcal{R}$ und alle Substitutionen σ mit $l\sigma$ und $r\sigma$ sind Grundterme, $l\sigma \succ r\sigma$ gilt.

Wir wollen nun drei spezielle Simplifikationsordnungen kennenlernen.

7.4 Implementierbare Termordnungen

In diesem Abschnitt sollen einige leicht zu implementierende Termordnungen vorgestellt werden. Genauer gesagt handelt es sich um Klassen von Ordnungen, die jeweils auf bestimmte Weise parametrisiert werden können. Wie fast alle in der Praxis benutzten Termordnungen gehören sie zu den Simplifikationsordnungen.

7.4.1 Knuth-Bendix-Ordnungen

Die Klasse der Knuth-Bendix-Ordnungen wurde von Knuth und Bendix (1970) vorgeschlagen. Eine Knuth-Bendix-Ordnung setzt sich zusammen aus einer Ordnung über der Signatur und einer Quasiordnung, die über eine Gewichtsfunktion für Terme definiert ist.

Definition 7.7

- *Sei* $\geq_{\mathcal{F}}$ *eine totale Ordnung über* $\mathcal{F}$.
- *Sei* $w : \mathcal{F} \cup \mathcal{X} \rightarrow \mathbb{N}$ *eine Funktion, die die folgenden Bedingungen erfüllt:*
  1. $\forall f \in \mathcal{F}_0 \Rightarrow w(f) > 0$
  2. $\forall x \in \mathcal{X} \Rightarrow w(x) = min\{w(f) \mid f \in \mathcal{F}_0\}$
  3. $f \in \mathcal{F}_1 \wedge w(f) = 0 \Rightarrow f$ *ist maximal bezüglich* $\geq_{\mathcal{F}}$.
- *Sei* $n : T(\mathcal{F}, \mathcal{X}) \times (\mathcal{F} \cup \mathcal{X}) \rightarrow \mathbb{N}$ *eine Funktion mit* $n(t, o) \mapsto |\{p \mid t(p) = o\}|$.
- *Dann ist die Funktion* $W : T(\mathcal{F}, \mathcal{X}) \rightarrow \mathbb{N}$ *mit*

$$W(t) = \sum_{f \in \mathcal{F} \cup \mathcal{X}} w(f)n(t, f) = \sum_{p \in O(t)} w(t(p))$$

die Gewichtsfunktion *der Terme.*

Beispiel 7.4
Gegeben sei die Signatur

$$\begin{aligned} \mathcal{F} = \{\, & 0 : & & \rightarrow & s, \\ & 1 : & & \rightarrow & s, \\ & g : & s & \rightarrow & s, \\ & f : & s \times s & \rightarrow & s\,\}. \end{aligned}$$

Ferner gelte

$$g >_{\mathcal{F}} 0 >_{\mathcal{F}} f >_{\mathcal{F}} 1$$

und

$$\begin{gathered} w(0) = 1, w(1) = 2, w(g) = 0, w(f) = 5 \\ \forall x \in \mathcal{X} : w(x) = 1 = min\{w(0), w(1)\}. \end{gathered}$$

Für $t = f(1,1)$ ist $n(t, 0) = 0$, $n(t, f) = 1$, $n(t, 1) = 2$ und $w(t) = 1 \cdot 5 + 2 \cdot 2 = 9$. □

Definition 7.8
Sei $\geq_{\mathcal{F}}$ *und* $W : T(\mathcal{F}, \mathcal{X}) \rightarrow \mathbb{N}$ *wie in Definition 7.7. Dann ist eine* Knuth-Bendix-Ordnung $>_{KB} \subseteq T(\mathcal{F}, \mathcal{X}) \times T(\mathcal{F}, \mathcal{X})$ *wie folgt definiert: Für* $s, t \in T(\mathcal{F}, \mathcal{X})$ *gilt* $s >_{KB} t$ *genau dann, wenn*

1. $\forall x \in \mathcal{X} : n(s, x) \geq n(t, x)$ *und*
2. *entweder* $W(s) > W(t)$
   oder
   - $W(s) = W(t)$ *und*

- *entweder*
  - $s = f(\dots f(x) \dots), t = x$ *und*
  - $f \in \mathcal{F}_1$ *maximal bezüglich* $>_F$

  oder
  - $s = f(s_1, \dots, s_m), t = g(t_1, \dots, t_n)$ *und*
  - *entweder* $f >_F g$
    oder $f = g$ *und* $(s_1, \dots, s_m) \ ((\geq_{KB})^m_{lex} \setminus =) \ (t_1, \dots, t_m)$

Beispiel 7.5 (Fortsetzung)

1. $g(g(x)) >_{KB} x$
2. $g(f(x,y)) >_{KB} f(x,0)$, da $W(g(f(x,y))) = W(f(x,0)) = 7$ und $g >_{\mathcal{F}} f$
3. $f(1,0) >_{KB} f(0,1)$, da $W(f(1,0)) = W(f(0,1)) = 8$ und $(1,0) \ ((\geq_{KB})^2_{lex} \setminus =) \ (0,1)$
4. $g(f(1,1)) \not>_{KB} f(x,y)$, da $n(g(f(1,1)),x) < n(f(x,y),x)$
5. $f(x,y) \not>_{KB} g(f(1,1))$, da $W(f(x,y)) = 7 < W(g(f(1,1))) = 9$ □

Satz 7.10 (Knuth und Bendix, 1970)
Jede Knuth-Bendix-Ordnung $>_{KB}$ ist eine Simplifikationsordnung und für alle Substitutionen σ und Terme s, t folgt $s\sigma >_{KB} t\sigma$ aus $s >_{KB} t$. □

Korollar 7.11
Sei $\mathcal{R}$ Termersetzungssystem und $>_{KB}$ eine Knuth-Bendix-Ordnung, so daß für alle Regeln $l \to r \in \mathcal{R}$ die Relation $l >_{KB} r$ gilt. Dann terminiert $\mathcal{R}$.

Beweis: Folgt aus Satz 7.10 und dem Terminationssatz 7.9. □

7.4.2 Rekursive Pfadordnungen

Die Klasse der rekursiven Pfadordnungen eignet sich oft dazu, die Termination von solchen Termersetzungssystemen zu beweisen, die (primitiv) rekursive funktionale Programme beschreiben. Dabei benutzt man eine Ordnung auf der Signatur, in der ein Operator größer ist als die Operatoren, die zu seiner Definition benutzt werden.

Definition 7.9
Sei $\succsim_{\mathcal{F}} \subseteq \mathcal{F} \times \mathcal{F}$ eine Quasiordnung. Dann ist $\succsim_{rpo} \subseteq T(\mathcal{F}) \times T(\mathcal{F})$ wie folgt definiert:

$s = f(s_1, \dots, s_m) \succsim_{rpo} g(t_1, \dots, t_n) = t$, *falls*

- $s_i \succsim_{rpo} t$ *für ein* $i \in \{1, \ldots, m\}$ *oder*
- $f \succ_{\mathcal{F}} g \ \wedge \ s \succ_{rpo} t_j$ *für alle* $j \in \{1, \ldots, n\}$ *oder*
- $f \approx_{\mathcal{F}} g \ \wedge \ [s_1, \ldots, s_m] \ (\succsim_{rpo})_{mul} \ [t_1, \ldots, t_n]$.

$\succ_{rpo}$ *heißt dann* rekursive Pfadordnung.

Satz 7.12 (Dershowitz, 1982)
Sei $\succ_{rpo}$ eine rekursive Pfadordnung und $\mathcal{R}$ ein Termersetzungssystem, so daß für alle Regeln $l \to r \in \mathcal{R}$ und Grundsubstitutionen σ die Relation $l\sigma \succ_{rpo} r\sigma$ gilt. Dann terminiert $\mathcal{R}$. □

7.4.3 Polynomordnungen

Eine wichtige Klasse von Termordnungen bildet Terme auf multivariate Polynome[1] ab und führt dann den Vergleich zweier Terme auf den Vergleich zweier Polynome zurück.

Definition 7.10
Sei die Signatur $\mathcal{F} = \bigcup_i \mathcal{F}_i$ gegeben, wobei die $\mathcal{F}_i$ die i-stelligen Operatoren enthalten. Eine Abbildung $\varphi = \bigcup_i \varphi_i$ mit $\varphi_i : \mathcal{F}_i \to \mathbb{Z}[x_1, \ldots, x_i]$ heißt Polynominterpretation von Operatoren.

Wir identifizieren hier Polynome und die durch Polynome definierten Funktionen. Sei $p \in \mathbb{Z}[x_1, \ldots, x_i]$ ein Polynom über i Unbestimmten und $p_1, \ldots, p_i$ seien i Polynome. Dann bezeichnet $p(p_1, \ldots, p_i)$ das Polynom, daß durch simultanes Ersetzen der x_i durch p_i entsteht. Eine Polynominterpretation für Terme kann dann als homomorphe Erweiterung von φ beschrieben werden.

Definition 7.11
Sei $\mathcal{X} = \{x_1, x_2, x_3, \ldots\}$ und φ eine Polynominterpretation von Operatoren, so daß für alle $c \in \mathcal{F}_0$, die Ungleichung $\varphi(c) > 1$ gilt, und für alle $f \in \bigcup_{i>=1} \mathcal{F}_i$ ist $\varphi(f)$ eine in jedem Argument streng monotone Funktion mit $\varphi(f)(1, \ldots, 1) \geq 1$. Dann ist die Abbildung $I_\varphi : T(\mathcal{F}, \mathcal{X}) \to \mathbb{Z}[x_1, x_2, x_3, \ldots]$ eine Polynominterpretation für Terme[2] *in $T(\mathcal{F}, \mathcal{X})$, falls*

$$\begin{array}{lll} I_\varphi(x) & = x & \textit{für alle } x \in \mathcal{X} \textit{ und} \\ I_\varphi(f(t_1, \ldots, t_n)) & = \varphi(f)(I_\varphi(t_1), \ldots, I_\varphi(t_n)) & \textit{für } t_1, \ldots, t_n \in T(\mathcal{F}, \mathcal{X}) \textit{ und } f \in \mathcal{F}_n. \end{array}$$

Jetzt können wir die Polynomordnung definieren.

Definition 7.12
Sei I eine Polynominterpretation für Terme. Die Quasiordnung $\succsim_I \subseteq T(\mathcal{F}, \mathcal{X}) \times T(\mathcal{F}, \mathcal{X})$

[1] d. h. Polynome in mehreren Unbekannten
[2] Wir benutzen hier dieselben Namen für Variablen und Unbestimmte.

ist wie folgt definiert: für alle $s, t \in T(\mathcal{F}, \mathcal{X})$ *gilt* $s \succsim_I t$, *falls* $\mathcal{X}(s) \cup \mathcal{X}(t) = \{x_1, \ldots, x_n\}$ *und*

$$\forall k_1, \ldots, k_n \in \mathbb{Z} : (k_1 > 1 \wedge \ldots \wedge k_n > 1) \Rightarrow I(s)(k_1, \ldots, k_n) \geq I(t)(k_1, \ldots, k_n).$$

Die zu $\succsim_I$ *gehörige strikte Ordnung heißt* Polynomordnung.

Satz 7.13 (Lankford, 1979)
Sei $\succ_I$ *eine Polynomordnung und* $\mathcal{R}$ *ein Termersetzungssystem, so daß für alle* $l \to r \in \mathcal{R}$ *die Relation* $l \succ_I r$ *gilt. Dann terminiert* $\mathcal{R}$. □

Im allgemeinen ist es unentscheidbar, ob für zwei Polynome $p_1, p_2 \in \mathbb{Z}[x_1, \ldots, x_n]$ und $k_1, \ldots, k_n$ die Formel

$$\forall k_1 > 1, \ldots, k_n > 1 : p_1(k_1, \ldots, k_n) \geq p_2(k_1, \ldots, k_n)$$

gilt. Bekannterweise folgt dies aus Hilberts zehntem Problem.[3] Aber es gibt relativ gute Kriterien, um zu testen, ob diese Formel gilt. So kann man zum Beispiel die Beschränkung $k_i \in \mathbb{Z}$ lockern und die Formel für $k_i \in \mathbb{R}$ testen. Eine andere Implementierung eines solchen Kriteriums ist bei Ben Cherifa und Lescanne (1987) beschrieben.

7.5 Literaturhinweise

In der Literatur sind noch weitere implementierbare Klassen von Terminationsordnungen vorgeschlagen worden. So z. B. die *lexikographische Pfadordnung* von Kamin und Lévy (1980) und die *rekursive Zerlegungsordnung* von Jouannaud, Lescanne und Reinig (1982). Eine verallgemeinerte Pfadordnung wird bei Geser (1996) beschrieben. Dershowitz (1987) gibt einen Überblick über die verschiedenen Ansätze zum Beweis der Termination von Termersetzungssystemen.

Für jede Klasse von Terminationsordnungen ist es eine wichtige Frage, ob es eine Instanz dieser Klasse gibt, mit der sich die Termination eines gegebenen Termersetzungssystems beweisen läßt. Für die Knuth-Bendix-Ordnung schlägt Martin (1987) dazu ein auf dem Simplexalgorithmus basierendes Verfahren vor. Laut Dershowitz (1987) haben Krishnamoorthy und Narendran gezeigt, daß dieses Problem für rekursive Pfadordnungen NP-vollständig ist. Eine von Giesel (1995) vorgeschlagene Variante der Quantorenelimination kann angewendet werden, um diese Frage für Polynomordnungen zu lösen.

Neuere Arbeiten zur Termination befassen sich mit Modularitätseigenschaften der Termination. Es geht dabei um die Frage, unter welchen Umständen die Vereinigung zweier terminierender Termersetzungssysteme wieder ein terminierendes Termersetzungssystem ergibt. Letzte Resultate zu diesem Thema finden sich in den Dissertationen von Ohlebusch (1994) und Gramlich (1996).

[3] Hilberts zehntes Problem beschäftigt sich mit der Frage, ob ein multivariates ganzzahliges Polynom eine ganzzahlige Nullstelle hat. Dieses Problem ist unentscheidbar.

7.6 Aufgaben

Aufgabe 7.1 Sei $t = +(S(S(S(x))), +(0, S(0)))$.

1. Geben Sie alle Terme t' an mit $t' \leq_{em} t$.

2. Geben Sie die drei Terme in $T(\{+, S, 0\}, \{x\})$ mit den wenigsten Positionen an, die nicht homöomorph in t eingebettet sind.

Aufgabe 7.2 Zeigen Sie, daß das folgende Lemma eine Spezialisierung des kruskalschen Baumtheorems ist:

> **Lemma 7.14 (Dicksons Lemma, 1913)**
> *Sei $A_1, A_2, A_3, \ldots$ eine unendliche Folge von n-Tupeln über den natürlichen Zahlen. Dann gibt es Indizes $i < j$, so daß A_i komponentenweise kleiner gleich A_j ist.*

Aufgabe 7.3 Zeigen Sie, daß

1. jede Knuth-Bendix-Ordnung und

2. jede Polynomordnung

jeweils die Teiltermeigenschaft haben.

Aufgabe 7.4 Terminiert das folgende Termersetzungssystem?

$$\begin{aligned} \{\, x \wedge (y \vee z) &\rightarrow (x \wedge y) \vee (x \wedge z), \\ x \vee (y \wedge z) &\rightarrow (x \vee y) \wedge (x \vee z) \,\} \end{aligned}$$

Geben Sie einen Beweis oder ein Gegenbeispiel an!

Aufgabe 7.5 Oft ist die in der Literatur angegebene Definition von Termregeln stärker als die in Definition 4.1 angegebene:

Eine Regel *ist ein Paar von Termen $l \rightarrow r$ der gleichen Sorte mit $\mathcal{X}(l) \supseteq \mathcal{X}(r)$.*

1. Wie ist die Einschränkung $\mathcal{X}(l) \supseteq \mathcal{X}(r)$ motiviert?

2. Wie verhält sich das ReDuX-System beim Einlesen von Gleichungen oder Regeln (siehe Algorithmus *AXPRS*), deren rechte Seiten Variable enthalten, die links nicht vorkommen?

Aufgabe 7.6 Zeigen Sie mit einer Knuth-Bendix-Ordnung, daß das Termersetzungssystem

$$\begin{array}{lll}\mathcal{R}_\neg = \{ \neg\neg x & \rightarrow & x, \\ \quad\neg(x \wedge y) & \rightarrow & \neg\neg\neg x \vee \neg\neg\neg y, \\ \quad\neg(x \vee y) & \rightarrow & \neg\neg\neg x \wedge \neg\neg\neg y \}\end{array}$$

terminiert. Zur Erinnerung: Der einstellige Operator $\neg$ bindet per Konvention stärker als jeder zweistellige Operator.

Aufgabe 7.7 Gegeben sei folgendes Termersetzungssystem („Assoziativität und Endomorphismus")

$$\begin{array}{lll}\mathcal{R}_{AE} = \{ x + (y + z) & \rightarrow & (x + y) + z, \\ \quad f(x) + f(y) & \rightarrow & f(x + y), \\ \quad (x + f(y)) + f(z) & \rightarrow & x + f(y + z) \}\end{array}$$

über der Signatur $\mathcal{F}_{AE} = \{f, +\}$. Weisen Sie die Termination der beiden ersten Regeln von $\mathcal{R}_{AE}$ nach, indem Sie eine monotone Interpretation für $\mathcal{F}_{AE}$ angeben, die beide Regeln ordnet.

Können Sie alle drei Regeln ordnen?

Aufgabe 7.8 Sei $\succ_\mathcal{F} \subseteq \mathcal{F} \times \mathcal{F}$ eine strikte Ordnung. Die davon induzierte *lexikographische Pfadordnung* $>_{lpo} \subseteq T(\mathcal{F}) \times T(\mathcal{F})$ ist rekursiv definiert wie folgt:

$s = f(s_1, \dots, s_m) >_{lpo} t = g(t_1, \dots, t_n)$ genau dann wenn

1. $\exists 1 \leq i \leq m : \; s_i \geq_{lpo} t$, oder
2. $f \succ_\mathcal{F} g$ und $\forall 1 \leq i \leq n : \; s >_{lpo} t_i$, oder
3. $f = g$ und $\forall 1 \leq i \leq n : \; s >_{lpo} t_i$, und $(s_1, \dots, s_m) \; ((\geq_{lpo})^m_{lex} \setminus =) \; (t_1, \dots, t_m)$.

Es gilt folgender Satz:

Satz 7.15 (Kamin und Lévy, 1980)
Sei $\mathcal{F}$ endlich, und $\succ_\mathcal{F} \subseteq \mathcal{F} \times \mathcal{F}$ eine beliebige strikte Ordnung. Dann ist die lexikographische Pfadordnung $>_{lpo}$ eine Simplifikationsordnung.

1. Zeigen Sie mit einer lexikographischen Pfadordnung, daß das Termersetzungssystem $\mathcal{R}_{Ack}$ für die Ackermann-Funktion

$$\begin{array}{lll}\mathcal{R}_{Ack} = \{ Ack(0, y) & \rightarrow & S(y), \\ \quad Ack(S(x), 0) & \rightarrow & Ack(x, S(0)), \\ \quad Ack(S(x), S(y)) & \rightarrow & Ack(x, Ack(S(x), y)) \}\end{array}$$

terminiert.

2. Beweisen Sie die Teiltermeigenschaft von $>_{lpo}$. Hinweis: Zeigen Sie zuerst, daß für alle $1 \leq i \leq n$ mit $s >_{lpo} t = g(t_1, \ldots, t_n)$ folgt: $s >_{lpo} t_i$.

3. Zeigen Sie, daß $\mathcal{R}_{Ack}$ konfluent ist.

Aufgabe 7.9 Zeigen Sie, daß das Termersetzungssystem in der Datei

```
redux/spec/fpgroups/S3Ck.rdx
```

terminiert, indem Sie eine geeignete Gewichtsfunktion $w : \mathcal{F} \cup \mathcal{X} \to \mathbb{N}$ und eine geeignete totale Ordnung $>_{\mathcal{F}} \subseteq \mathcal{F} \times \mathcal{F}$ wählen (d. h., ordnen Sie jedem Funktionssymbol einen eindeutigen Index zu, und die Funktionssymbole werden gemäß ihrer Indizes geordnet), so daß die linken Terme der Regeln bzgl. der von w und $>_{\mathcal{F}}$ induzierten Knuth-Bendix-Ordnung größer sind als die entsprechenden rechten Terme.

Benutzen Sie für diese Aufgabe das Programm `redux/demo/to`.

Aufgabe 7.10 Folgendes noch offene Problem geht angeblich auf Collatz zurück:

Man bilde eine Folge $(a_i)_{i \in \mathbf{N}}$ von natürlichen Zahlen größer 0, wobei

$$a_{i+1} = \begin{cases} a_i/2 & \text{falls } a_i \text{ gerade} \\ 3a_i + 1 & \text{sonst.} \end{cases}$$

Endet diese Folge für jeden Startwert $a_0 > 0$ in der unendlichen Folge

$$1, 4, 2, 1, 4, 2, 1, 4, 2, 1, 4, \ldots ?$$

Dieses Problem läßt sich wie folgt in ein Terminationsproblem für Termersetzungssysteme übersetzen. Gegeben sei folgende Signatur und folgendes Termersetzungssystem:

$$\begin{array}{llllllll} \mathcal{F} = \{ 0 : & & \to & Nat, & s : & Nat & \to & Nat, \\ \quad half : & Nat & \to & Nat, & + : & Nat \times Nat & \to & Nat, \\ \quad T : & & \to & Bool, & F : & & \to & Bool, \\ \quad odd : & Nat & \to & Bool, & even : & Nat & \to & Bool, \\ \quad C : & Nat & \to & Nat, & if : & Bool \times Nat \times Nat & \to & Nat \}, \end{array}$$

$$
\begin{array}{lll}
\mathcal{R} = \{ +(0,0) & \to & 0, \\
\quad +(0,s(x)) & \to & s(x), \\
\quad +(s(x),0) & \to & +(x,s(0)), \\
\quad +(s(x),s(y)) & \to & +(x,s(s(y))), \\
\quad if(T,x,y) & \to & x, \\
\quad if(F,x,y) & \to & y, \\
\quad even(0) & \to & T, \\
\quad odd(0) & \to & F, \\
\quad even(s(x)) & \to & odd(x), \\
\quad odd(s(x)) & \to & even(x), \\
\quad half(0) & \to & 0, \\
\quad half(s(0)) & \to & 0, \\
\quad half(s(s(x))) & \to & +(half(x),s(0)), \\
\quad C(0) & \to & s(0), \\
\quad C(s(0)) & \to & s(0), \\
\quad C(s(s(x))) & \to & C(if(even(x),half(s(s(x))))), \\
 & & +(s(s(x)),+(s(s(x)),s(s(s(x)))))) \}
\end{array}
$$

mit $x, y \in \mathcal{X}_{Nat}$. Terminiert $\mathcal{R}$?

8 Unifikation

In diesem Kapitel wollen wir mit der Unifikation die wohl berühmteste Vergleichsoperation zwischen zwei Termen kennenlernen. Unifikationsalgorithmen bilden *das* zentrale Verfahren in allen Varianten des maschinellen Schließens: beim automatischen Beweisen (z. B. im Resolutionsverfahren), bei logischen Programmiersprachen wie z. B. Prolog, bei der Typinferenz in (funktionalen) Programmiersprachen mit polymorphem Typsystem[1] und auch bei den Vervollständigungsverfahren, die wir später noch kennenlernen werden.

In Kapitel 3 haben wir mit der Subsumtion einen Termvergleich kennengelernt, der beschreibt, ob ein Term allgemeiner als ein anderer Term ist. Die Relation des Allgemeinerseins ist eine Quasiordnung. Das heißt, ein Term ist entweder echt allgemeiner als ein anderer Term, oder zwei Terme sind gleich allgemein oder unvergleichlich. Auch wenn zwei Terme bezüglich der Subsumtion unvergleichlich sind, müssen sie nicht vollkommen unabhängig voneinander sein. Eine interessante – und wie wir sehen werden auch wichtige – Frage ist, ob es zu zwei Termen s und t einen Term v gibt, der sowohl ein Spezialfall von s als auch von t ist.

Eine alternative Formulierung rührt von der Betrachtungsweise her, die jeden Term mit der Menge seiner Instanzen identifiziert. Dann lautet die Frage, ob die Mengen der Instanzen von s und t einen nichtleeren Schnitt haben. Im positiven Fall interessiert man sich natürlich für die Menge der gemeinsamen Instanzen.

Die dritte Formulierung präsentiert das Unifikationsproblem als eine Termgleichung $s = t$, zu der eine Lösung in Form einer Substitution σ gesucht wird, so daß gilt $s\sigma \doteq t\sigma$.

Wir werden im folgenden Lösungen für das Unifikationsproblem vorstellen. Dabei werden wir die für die Korrektheit des Verfahrens wesentlichen Schritte in Form von Inferenzregeln beschreiben. Das führt zu einem indeterministischen Unifikationsalgorithmus. Eine mehr oder weniger geschickte Steuerung der Regelanwendung resultiert dann in mehr oder weniger effizienten Unifikationsalgorithmen.

Komplexitätstheoretisch ist das Unifikationsproblem sehr bemerkenswert. Einerseits haben alle naiven Ansätze zur Lösung dieses Problems einen im schlimmsten Fall exponentiellen Aufwand. Dennoch ist für dieses Problem ein Algorithmus bekannt, dessen asymptotischer Aufwand linear ist.

[1] In polymorphen Typsystemen gibt es Sortenvariablen und Sortenkonstruktoren (z. B. *Liste* oder *Paar*). So lassen sich für Sortenvariablen α und β die parametrisierten Sorten $\mathit{Liste}(\alpha)$ und $\mathit{Paar}(\alpha, \beta)$ erzeugen.

8.1 Das Lösen von Termgleichungen

Ziel dieses Kapitels ist die konstruktive Beantwortung der folgenden zwei Fragen:

1. Gibt es Instanzen s' von s und t' von t, so daß $s' \doteq t'$?
2. Wie beschreibt man *alle* gemeinsamen Instanzen zweier Terme s und t?

Dazu wollen wir solche s' (bzw. t') konstruieren, indem wir geeignete Substitutionen auf s und t anwenden.

Definition 8.1
Sei σ eine Substitution und s, t Terme, so daß $s\sigma \doteq t\sigma$. Dann heißt σ ein Unifikator *von s und t. Wir sagen auch, die Gleichung $s = t$ hat die* Lösung *σ.*

Wenn die Gleichung $s = t$ eine Lösung hat, dann sind s und t unifizierbar.

Die Darstellung der Lösungen einer Termgleichung durch Substitutionen führt zu einer Reformulierung der beiden obigen Fragen:

1. $\exists \sigma : s\sigma \doteq t\sigma$?
2. Berechne $S = \{\sigma \mid s\sigma \doteq t\sigma\}$!

Um die Menge S der Unifikatoren zweier Terme möglichst kompakt darstellen zu können, müssen wir zunächst die Komposition von Substitutionen betrachten.

Definition 8.2
Seien σ_1 und σ_2 Substitutionen, dann ist die Komposition $\sigma_1\sigma_2$ von σ_1 und σ_2 wie folgt definiert:

$$\forall x \in \mathcal{X} : (\sigma_1\sigma_2)(x) = (\sigma_1(x))\sigma_2.$$

Beispiel 8.1
Wir betrachten die beiden Substitutionen σ_1 und σ_2 mit

$$\sigma_1 = \{x_1 \mapsto f(y,z), x_2 \mapsto 0\} \text{ und } \sigma_2 = \{x \mapsto y, z \mapsto 0, x_1 \mapsto 1\},$$

dann ist

$$\sigma_1\sigma_2 = \{x \mapsto y, x_1 \mapsto f(y,0), x_2 \mapsto 0, z \mapsto 0\}$$

und

$$\sigma_2\sigma_1 = \{x \mapsto y, z \mapsto 0, x_1 \mapsto 1, x_2 \mapsto 0\}.$$

Daraus folgt, daß die Komposition von Substitutionen nicht kommutativ ist. Jedoch gilt $t(\sigma_1\sigma_2) = (t\sigma_1)\sigma_2$. Die letzte Eigenschaft ist unabhängig von der Wahl von t, σ_1 und σ_2. □

Die Menge aller Unifikatoren zweier Terme kann immer durch eine einzige Substitution charakterisiert werden.

Definition 8.3
Eine Substitution μ heißt allgemeinster Unifikator *(engl.* most general unifier*) von s und t (wir schreiben $\mu = \mathrm{mgu}(s,t)$), wenn gilt*

1. *μ ist ein Unifikator von s und t und*

2. *sei σ ebenfalls ein Unifikator von s und t, dann gibt es eine Substitution σ', so daß $\mu\sigma' = \sigma$.*

Beispiel 8.2
Wir betrachten die Gleichung

$$h(x, g(y)) = h(h(0), z).$$

Dann folgt

$$\sigma = \{x \mapsto h(0), z \mapsto g(0), y \mapsto 0\}$$

ist eine Lösung, aber

$$\mu = \{x \mapsto h(0), z \mapsto g(y)\}$$

ist eine allgemeinere Lösung als σ und

$$\bar{\mu} = \{x \mapsto h(0), z \mapsto g(w), y \mapsto w\}$$

ist eine Lösung, die „genauso allgemein" wie μ ist.

Begründung:

$$\mu\{y \mapsto 0\} = \sigma,\ \mu\{y \mapsto w\} = \bar{\mu},\ \bar{\mu}\{w \mapsto 0\} = \sigma \text{ und } \bar{\mu}\{w \mapsto y\} = \mu.$$ □

Aus dem obigen Beispiel folgt, daß allgemeinste Unifikatoren nicht eindeutig bestimmt sind. Man kann jedoch zeigen, daß alle allgemeinsten Unifikatoren zweier Terme bis auf (modulo) Variablenumbenennung gleich sind.

Das folgende Beispiel zeigt zwei unlösbare Termgleichungen.

Beispiel 8.3

1. Die Gleichung $h(\boxed{g(x)}, 0) = h(\boxed{0}, z)$ ist nicht lösbar, denn es gibt keine Substitution, die $g(x)$ und 0 gleichmacht.

2. Die Gleichung $\boxed{x} = h(\boxed{x}, y)$ ist nicht lösbar, denn für alle Substitutionen σ ist

$$|O(x\sigma)| < |O(h(x,y)\sigma)|.$$ □

Aus dem letzten Beispiel ergeben sich zwei Arten trivialerweise unlösbarer Gleichungen:

(a) $f(s_1, \ldots, s_m) = g(t_1, \ldots, t_n)$, falls $f \neq g$ und

(b) $x = t$ mit $x \in \mathcal{X}$, $x \neq t$ und $x \in \mathcal{X}(t)$.

Ferner ist die Gleichung

(c) $x = t$ mit $x \in \mathcal{X}$ und $x \notin \mathcal{X}(t)$

trivialerweise lösbar. Ihre allgemeinste Lösung ist $\mu = \{x \mapsto t\}$.

Wir wollen versuchen, das Unifikationsproblem mit einem „divide & conquer"-Verfahren auf trivialerweise lösbare oder unlösbare Teilprobleme zurückzuführen. Dazu erweitern wir die Definition von Unifikatoren von Termgleichungen zu Unifikatoren von Termgleichungsmengen:

Definition 8.4
Sei $S = \{s_1 = t_1, \ldots, s_n = t_n\}$ eine Menge von Gleichungen, dann heißt eine Substitution σ mit $s_i\sigma = t_i\sigma$ für alle $i \in \{1, \ldots, n\}$ ein Unifikator *(oder* eine Lösung*) von S.*

Analog läßt sich die Definition des allgemeinsten Unifikators erweitern.

Eine Menge von Gleichungen ist *unlösbar*, falls eine Gleichung der Menge unlösbar ist oder die Lösungen verschiedener Gleichungen nicht verträglich sind.

Definition 8.5
Eine Gleichungsmenge $S = \{s_1 = t_1, \ldots, s_n = t_n\}$ ist in gelöster Form, *falls*

1. $s_1, \ldots, s_n \in \mathcal{X}$

2. $s_i \neq s_j$ *für* $i \neq j$ *und*

3. $\forall i, j : s_i \notin \mathcal{X}(t_j)$.

Lemma 8.1
Sei $S = \{x_1 = t_1, \ldots, x_n = t_n\}$ eine Gleichungsmenge in gelöster Form. Dann ist $\mu = \{x_1 \mapsto t_1, \ldots, x_n \mapsto t_n\}$ eine allgemeinste Lösung von S.

Beweis: trivial. □

Wir wollen nun eine Gleichungsmenge M schrittweise in eine Gleichungsmenge M^* transformieren, so daß

1. M und M^* die gleiche Lösung haben und
2. entweder M lösbar ist und M^* in gelöster Form ist
   oder M unlösbar ist und M^* eine trivialerweise unlösbare Gleichung enthält.

8.2 Ein Unifikationskalkül

Diese Transformation der Termgleichungen wird in Form von Inferenzregeln beschrieben. Eine derartige Darstellung des Unifikationsalgorithmus geht auf eine Arbeit von Martelli und Montanari (1982) zurück.

MM1 Termzerlegung

$$\frac{\{f(s_1,\dots,s_n)=f(t_1,\dots,t_n)\}\cup S}{\{s_1=t_1,\dots,s_n=t_n\}\cup S}$$

MM2 Löschen trivialer Gleichungen

$$\frac{\{x=x\}\cup S}{S}; \qquad \text{falls } x \in \mathcal{X}$$

MM3 Swap

$$\frac{\{t=x\}\cup S}{\{x=t\}\cup S}; \qquad \text{falls } t \notin \mathcal{X}$$

MM4 Variablenelimination

$$\frac{\{x=t\}\cup S}{\{x=t\}\cup S\{x\mapsto t\}}; \qquad \text{falls } x \notin \mathcal{X}(t) \text{ und } x \text{ kommt in } S \text{ vor}$$

MM5 Clash

$$\frac{\{f(s_1,\dots,s_n)=g(t_1,\dots,t_m)\}\cup S}{\text{failure}}; \qquad \text{falls } f \neq g$$

MM6 Occur Check

$$\frac{\{x=t\}\cup S}{\text{failure}}; \qquad \text{falls } x \neq t \text{ und } x \in \mathcal{X}(t)$$

Wir bezeichnen die Reduktionsrelation, die eine Gleichungsmenge S in eine Gleichungsmenge S' durch Anwendung einer der Inferenzregeln MM1, ... ,MM6 transformiert, mit $S \vdash_{MM} S'$ bzw. $S \vdash_{MMi} S'$, falls wir wissen, daß S' aus S durch Anwendung der Regel MMi hervorgeht. Die MM-Transformationsregeln führen zu dem in Abbildung 8.1 beschriebenen indeterministischen Unifikationsalgorithmus *ESS*.

$$S^* := \mathbf{ESS}(S)$$

[Equation set, solve.
S is a set of equations. If S is unifiable, then S^* is a set of equations in solved form such that S and S^* have the same unifiers. Otherwise S^* = failure.]

(1) [Initialize.] $S^* := S$.

(2) [Apply MM rules.] **while** there is a MM-rule which applies to S^* **do**
$\{$Let $\bar{S}$ be such that $S^* \vdash_{MM} \bar{S}$; $S^* := \bar{S}\}$ □

Abbildung 8.1: Algorithmus *ESS*

Beispiel 8.4

$$S = \{h(g(x), f(w, h(w, x), x)) = h(w, f(g(y), z, y))\}$$
$$\top_{MM1}$$
$$\{g(x) = w, f(w, h(w, x), x) = f(g(y), z, y)\}$$
$$\top_{MM1} \qquad\qquad \top_{MM3}$$

$$\{g(x) = w, w = g(y), h(w, x) = z, x = y\} \qquad \{w = g(x), f(w, h(w, x), x) = f(g(y), z, y)\}$$

$$\top_{MM4}(x = y) \qquad\qquad \top_{MM4}(w = g(x))$$

$$\{x = y, g(y) = w, w = g(y), h(w, y) = z\} \qquad \{w = g(x), f(g(x), h(g(x), x), x) = f(g(y), z, y)\}$$

$$\top_{MM3} \qquad\qquad \top_{MM1}$$

$$\{x = y, g(y) = w, w = g(y), z = h(w, y)\} \qquad \{w = g(x), g(x) = g(y), h(g(x), x) = z, x = y\}$$

$$\top_{MM3} \qquad\qquad \top_{MM1}$$

$$\{x = y, w = g(y), z = h(w, y)\} \qquad \{w = g(x), x = y, h(g(x), x) = z\}$$

$$\top_{MM4}(w = g(y)) \qquad\qquad \top_{MM3}$$

$$\{x = y, w = g(y), z = h(g(y), y)\} \qquad \{w = g(x), x = y, z = h(g(x), x)\}$$

$$\top_{MM4}(x = y)$$

$$\{x = y, w = g(y), x = y, z = h(g(y), y)\}$$

Daraus folgt: $\mathrm{mgu}(h(g(x), f(w, h(w, x), x)), h(w, f(g(y), z, y))) =$
$\{x \mapsto y, w \mapsto g(y), z \mapsto h(g(y), y)\}$. □

Beispiel 8.4 verdeutlicht zweierlei. Erstens kann es verschiedene Wege geben, einen allgemeinsten Unifikator zu berechnen, und zweitens können verschiedene Wege unterschiedlich aufwendig sein (im Beispiel sechs bzw. sieben Schritte). Bevor wir uns allerdings Gedanken darüber machen, wie man die MM-Regeln möglichst effizient anwendet, sollte zunächst bewiesen werden, daß der Algorithmus *ESS* korrekt ist.

Lemma 8.2
Sei S eine Gleichungsmenge in nicht gelöster Form, dann ist eine MM-Regel auf S anwendbar.

Beweis: Übung. □

Lemma 8.3
Sei S eine Gleichungsmenge und S' sei aus S durch Anwendung einer Regel aus $\{MM1, \ldots, MM6\}$ hervorgegangen. Dann haben S und S' die gleiche Lösung.

Beweis:
Wir definieren, daß die Pseudogleichungsmenge „failure" keine Lösung hat. Die Korrektheit des Lemmas ergibt sich je nach angewendeter MM-Regel:

MM1: nach rekursiver Definition von Substitutionsanwendung und struktureller Gleichheit.

MM2: trivial.

MM3: trivial.

MM4: Die Gleichung $x = t$ gehört sowohl zu S als auch zu S'. Somit muß jede Lösung von S beziehungsweise S' x und t unifizieren und damit ist $\sigma = \{x \mapsto t\}\bar{\sigma}$. Für alle anderen Gleichungen $s_i = t_i \in S$ gibt es eine Gleichung $s_i\{x \mapsto t\} = t_i\{x \mapsto t\} \in S'$. Somit ist jeder Unifikator $\sigma = \{x \mapsto t\}\bar{\sigma}$ von S ein Unifikator von S' und umgekehrt.

MM5: Vgl. Bemerkung über trivialerweise unlösbare Gleichungen (a).

MM6: Vgl. Bemerkung über trivialerweise unlösbare Gleichungen (b). □

Lemma 8.4
Die Reduktionsrelation $\vdash_{\mathrm{MM}}$ terminiert.

Beweis:
Sei F eine Funktion von der Menge der Gleichungsmengen nach $\mathbb{N}^3$, so daß

$$F(S) \mapsto (n_1, n_2, n_3)$$

mit

n_1 ist die Anzahl der Variablen in S, die *nicht* nur einmal als linke Seite von S vorkommen,

n_2 ist die Anzahl der mit Funktionssymbolen markierten Positionen in S,

n_3 ist die Anzahl der Gleichungen der Form $x = x$ in S plus der Anzahl der Gleichungen der Form $t = x$ in S mit $x \in \mathcal{X}$ und $t \notin \mathcal{X}$.

Nach Lemma 5.3 ist $(\mathbb{N}^3, \geq^3_{lex})$ wohlfundiert. Wir zeigen jetzt, aus $S \vdash_{\text{MM}} S'$ folgt $F(S) \ (\geq^3_{lex} \setminus =) \ F(S')$. Dann folgt, daß nur endlich viele $\vdash_{\text{MM}}$-Ableitungen möglich sind. Sei $F(S) = (n_1, n_2, n_3)$ und $F(S') = (n'_1, n'_2, n'_3)$:

$$\begin{array}{lcl} S \vdash_{\text{MM1}} S' & \Rightarrow & n_1 \geq n'_1, n_2 > n'_2, n_3 \leq n'_3, \\ S \vdash_{\text{MM2}} S' & \Rightarrow & n_1 \geq n'_1, n_2 = n'_2, n_3 > n'_3, \\ S \vdash_{\text{MM3}} S' & \Rightarrow & n_1 \geq n'_1, n_2 = n'_2, n_3 > n'_3, \\ S \vdash_{\text{MM4}} S' & \Rightarrow & n_1 > n'_1, n_2 < n'_2, \\ S \vdash_{\text{MM5}} S' & \Rightarrow & n'_1 = n'_2 = n'_3 = 0, \\ S \vdash_{\text{MM6}} S' & \Rightarrow & n'_1 = n'_2 = n'_3 = 0. \end{array}$$

Somit folgt $F(S) \ (\geq^3_{lex} \setminus =) \ F(S')$. □

Satz 8.5
Der Algorithmus ESS ist korrekt.

Beweis:
Aus Lemma 8.2 folgt, daß das Ergebnis entweder „failure“ oder eine Gleichungsmenge in gelöster Form ist. Aus Lemma 8.3 folgt die partielle Korrektheit und aus Lemma 8.4 folgt, daß ESS terminiert. Damit folgt die Korrektheit von ESS. □

Ein bekanntes Paradigma des logischen Programmierens wird durch die Gleichung

$$\text{Program} = \text{Logic} + \text{Control}$$

beschrieben. Diese Gleichung geht auf Kowalski zurück. Sie besagt, daß ein (logisches) Programm[2] aus zwei unabhängigen Komponenten besteht:

1. einer funktionalen Spezifikation, die beschreibt, *was* das Programm leisten soll. Im Fall des logischen Programmierens besteht diese Spezifikation aus einer Menge von Regeln.

2. einer Steuerung, die angibt, *wie und wann* die einzelnen Bestandteile der Spezifikation ausgeführt werden. Im Falle des logischen Programmierens beschreibt die Steuerung eine *Strategie*, die bestimmt, wann welche Regel angewendet wird.

[2]Logische Programme im engeren sind Prologprogramme oder Programme, die auf einer Variante des Hornklausel-Kalküls beruhen. Im weiteren Sinn können auch Programme in jeder auf einer formalen Logik basierenden Sprache darunter verstanden werden.

Gemäß diesem Paradigma wollen wir jetzt einen deterministischen Unifikationsalgorithmus vorstellen, der aus den MM-Regeln durch Anwendung einer bestimmten Strategie entsteht. Betrachtet man Terme als Bäume, so traversiert der Algorithmus *TUNIFY* in Abbildung 8.2 die Eingabeterme von der Wurzel zu den Blättern (depth first) und von links nach rechts. Jedes Paar von Knoten mit der jeweils gleichen Position wird als Termgleichung aufgefaßt.

μ :=**TUNIFY**(s,t)

[Terms, unify.
s and t are terms of the same sort. If s and t unify, then $\mu = \text{mgu}(s,t)$ else $\mu = \text{fail}$.]

(1) [Initialize.] $\mu := \mathit{fail}$.

(2) [Trivial case.] **if** $s = t$ **then** $\{\mu := \{\}$;**return**$\}$.

(3) [s is a variable.] **if** $s \in \mathcal{X}$ **then**
if $s \notin \mathcal{X}(t)$ **then** $\mu := \{s \mapsto t\}$; **return.**

(4) [t is a variable: swap.] **if** $t \in \mathcal{X}$ **then**
if $t \notin \mathcal{X}(s)$ **then** $\mu := \{t \mapsto s\}$; **return.**

(5) [Clash.] **if** $s(\lambda) \neq t(\lambda)$ **then return.**

(6) [Term decomposition.] $\mu := \{\}; S := \mathit{OARGLST}(s); T := \mathit{OARGLST}(t)$;
while $S \neq ()$ **do**
$\{\mathit{ADV}(S; s', S); \mathit{ADV}(T; t', T);\ \mu' := \mathit{TUNIFY}(s'\mu, t'\mu)$;
if $\mu' \neq \mathit{fail}$ **then** $\mu := \mu\mu'$ **else** $\{\mu := \mathit{fail}$; **return.**$\}$
$\}$ □

Abbildung 8.2: Algorithmus *TUNIFY*

An jedem Knoten wird entschieden, welche der MM-Regeln anzuwenden ist.

Will man die Korrektheit von *TUNIFY* direkt beweisen, so steht man vor einer sehr komplizierten Aufgabe. Alleine die Tatsache, daß die rekursiven Aufrufe von *TUNIFY* durch Substitutionen modifizierte, d. h. die eventuell vergrößerten Teilterme $s'\mu$ und $t'\mu$ der ursprünglichen Eingaben s und t als Argumente haben, führt zu einem nichttrivialen Terminationsbeweis. Da aber jeder Schritt von *TUNIFY* auf eine MM-Transformation zurückgeführt werden kann und *TUNIFY* erst abbricht, wenn keine solchen Transformationen mehr möglich sind, überträgt sich die Korrektheit von *ESS* auf *TUNIFY*.

Werden in *TUNIFY* die Datenstrukturen für Terme und Substitutionen ähnlich wie in ReDuX gewählt, so sind die Substitutionsanwendungen und -kompositionen in Schritt (6) implizit durch die Realisierung der Elementarsubstitutionen in den Schritten (3) und (4) als Seiteneffekt ausgeführt. Das heißt, die Substitutionsanwendung und -komposition benötigt keine Zeit. Ebenso wird während der Unifikation kein zusätzlicher Platz benötigt, sieht man einmal von dem Systemstack zur Verwaltung der Rekursion ab.

Diese Optimierungen machen *TUNIFY* zu einem effizienten Algorithmus für die meisten praktischen Einsätze. Wie wir jedoch im folgenden Kapitel sehen werden, zählt *TUNIFY* aus Sicht der Komplexitätstheorie nicht zu den schnellen Algorithmen.

Beispiel 8.5
Wie sich *TUNIFY* im Zusammenspiel mit DAG-Datenstrukturen verhält, wollen wir am Beispiel der Unifikation der Gleichung

$$f(x, g(x, y)) = f(g(y, z), g(g(h(u), y), h(u)))$$

für $u, x, y, z \in \mathcal{X}$ untersuchen. Die DAGs der beiden Terme sind in Abbildung 8.3 durch den

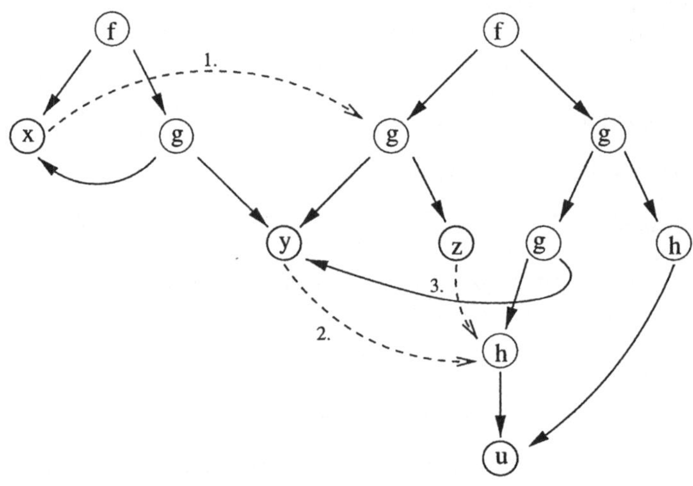

Abbildung 8.3: Unifikation in DAGs

Graph, bestehend aus Kreisen (als Knoten) und durchgezogenen Pfeilen (als Kanten) dargestellt. Variablensymbole wurden fett eingekreist. Wie man sieht, werden die Variablen x, y und u mehrfach referenziert (ge-„shared“). Um *TUNIFY* nun nachzuvollziehen, müssen die Knoten der DAGs wie Knoten in Bäumen geordnet werden, wobei mehrfach referenzierte Knoten entsprechend viele Vorkommen haben. Dann müssen die Knoten der beiden (gedachten) Bäume gemäß der durch Tiefensuche bestimmten Reihenfolge verglichen werden. Ist einer von zwei untersuchten Knoten eine Variable und der Occur-Check schlägt fehl, dann muß eine Substitution etabliert werden. Das heißt, eine Variable wird gebunden. Im DAG bedeutet dies, eine neue Kante wird eingefügt, und die gebundene Variable wird in Zukunft übersprungen. Durch eine derartige Variablenbindung vergrößert sich im allgemeinen der zu bearbeitende Graph. Falls die neu gebundene Variable mehrfach referenziert wird, so vergrößert sich auch der dazu gehörige gedachte Baum um ein Vielfaches.

In der Abbildung 8.3 sind die Substitutionskanten (Variablenbindungen) als gestrichelte Pfeile eingezeichnet. Sie sind in der Reihenfolge numeriert, in der die zugehörigen Substitutionen etabliert werden. Die Leser mögen sich vergewissern, daß dies an den folgenden Positionen geschieht: 1, 2.1.1 und 2.1.2. Man beachte, daß der erste Term erst *nach* Anwendung der ersten Substitution die Positionen 2.1.1 und 2.1.2 „enthält". Die gefundene allgemeinste gemeinsame Instanz ist $f(g(h(u),h(u)),g(g(h(u),h(u)),h(u)))$. □

8.3 Die Komplexität des Unifikationsproblems

Anhand eines zugegebenermaßen ausgefallenen Beispiels wollen wir zeigen, wir teuer die Unifikation im ungünstigsten Fall sein kann.

Beispiel 8.6

$$\begin{aligned}\text{Sei } t_1 = f(&g(h(a,a)),x_1),\\ &f(g(x_1,x_2),\\ &\quad f(g(x_2,x_3),\\ &\qquad \ddots\\ &\qquad\quad f(g(x_{n-2},x_{n-1}),g(x_{n-1},x_n))\dots)\end{aligned}$$

$$\begin{aligned}\text{und } t_2 = f(&g(y_1,h(y_1,y_1)),\\ &f(g(y_2,h(y_2,y_2)),\\ &\quad f(g(y_3,h(y_3,y_3)),\\ &\qquad \ddots\\ &\qquad\quad f(g(y_{n-1},h(y_{n-1},y_{n-1})),g(y_n,h(y_n,y_n)))\dots).\end{aligned}$$

Mißt man die Größe der beiden Terme, so folgt mit $|O(t_1)| = 4n+1$ und $|O(t_2)| = 6n-1$, daß sie in beiden Fällen linear von n abhängt.

Der allgemeinste gemeinsame Unifikator von t_1 und t_2 läßt sich wie folgt beschreiben:

$$\begin{array}{lllll} \mu(y_1) & = & & & h(a,a)\\ \mu(y_2) & = & \mu(x_1) & = & h(h(a,a),h(a,a))\\ \mu(y_3) & = & \mu(x_2) & = & h(\mu(x_1),\mu(x_1))\\ \dots & & & & \\ \mu(y_n) & = & \mu(x_{n-1}) & = & h(\mu(x_{n-2}),\mu(x_{n-2}))\\ & & \mu(x_n) & = & h(\mu(x_{n-1}),\mu(x_{n-1})) \end{array}$$

Untersucht man die Größe von μ, so stellt man fest:

$$\begin{array}{lclcl}
|O(\mu(y_1))| & = & 3 & = & 2^1+2^0 \\
|O(\mu(y_2))| & = & 2\cdot 3+1 & = & 2^2+2^1+2^0 \\
|O(\mu(y_3))| & = & 2\cdot(3\cdot 2+1)+1 & = & 2^3+2^2+2^1+2^0 \\
\ldots & & & & \\
|O(\mu(y_n))| & = & 2\cdot|O(\mu(y_{n-1}))|+1 & = & \sum_{i=0}^{n} 2^i \\
|O(\mu(x_n))| & = & 2\cdot|O(\mu(y_n))|+1 & = & \sum_{i=0}^{n+1} 2^i
\end{array}$$

Der größte Term hat also die Größe $\sum_{i=0}^{n+1} 2^i = 2^{n+2}-1$. Daraus folgt, daß die Berechnung der allgemeinsten Instanz zweier Terme ein exponentielles Problem ist, wenn diese Instanz als Baum oder Zeichenkette konstruiert werden soll. □

Beispiel 8.7
Weitere harte Nüsse für Unifikationsalgorithmen sind die Unifikationsprobleme $t_1 = t_2$ mit

$$\begin{array}{lcl}
t_1 & = & f(x_1,\ldots,x_n) \\
t_2 & = & f(g(x_0,x_0),g(x_1,x_1),\ldots,g(x_{n-1},x_{n-1})) \\ \hline
t_1 & = & f(h(x_1,x_1),\ldots,h(x_{n-1},x_{n-1}),y_2,y_3,\ldots,y_n,y_n) \\
t_2 & = & f(x_2,\ldots,x_n,h(y_1,y_1,),\ldots,h(y_{n-1},y_{n-1}),x_n) \\ \hline
t_1 & = & f(f(\ldots f(f(a,x_1),x_2),\ldots),x_n) \\
t_2 & = & f(x_n,f(\ldots,f(x_1,a)\ldots)) \\ \hline
t_1 & = & f(f(\ldots f(f(a,x_1),x_2),\ldots),x_n) \\
t_2 & = & f(x_n,f(\ldots,f(x_1,b)\ldots)) \\ \hline
t_1 & = & f(f(f(\ldots f(f(a,x_1),x_2),\ldots),x_n),z) \\
t_2 & = & f(f(x_n,f(\ldots,f(x_1,a)\ldots)),g(z))
\end{array}$$

Dabei sind x_i, y_i und z Variablen und a und b Konstanten. □

Eine wichtige Folgerung aus diesen Beispielen ist, daß man auf jeden Fall vermeiden sollte, den Unifikator bzw. die gemeinsame Instanz als Baum oder Zeichenkette zu konstruieren. Der allgemeinste Unifikator muß vielmehr implizit dargestellt werden, wie es zum Beispiel bei den ReDuX-Datenstrukturen der Fall ist. Trotz impliziter Darstellung von Substitutionen führen einfache Implementierungen (so auch *TUNIFY*) zu exponentiellen Algorithmen, da beim Occur-Check (Test auf $s \in \mathcal{X}(t)$ bzw. $t \in \mathcal{X}(s)$ in Schritt (3) bzw. (4) von *TUNIFY*) ein eventuell exponentiell großer Term durchsucht werden muß. Als Konsequenz daraus wird in vielen Prologimplementierungen auf den Occur-Check verzichtet. Prologprogramme, in denen es möglich ist, daß eine Unifikation aufgrund eines Occur-Checks fehlschlägt, müssen also als inkorrekt betrachtet werden, da ihre Resultate zu Systemabstürzen oder Endlosschleifen führen können.

Bei DAG-basierten Term- und Substitutionsdarstellungen ist es theoretisch recht einfach, einen linearen Occur-Check zu realisieren, indem man alle schon untersuchten Knoten markiert. Praktisch bedeutet das jedoch zusätzlichen Speicheraufwand für diese Markierungen und für jeden Occur-Check eine zusätzliche Demarkierungsphase.

Für eine genaue Beschreibung von Unifikationsalgorithmen mit asymptotisch guter Komplexität sei auf die im nächsten Abschnitt aufgezählte Literatur verwiesen. Wir wollen hier nur einige Ansätze zur Entwicklung guter Unifikationsalgorithmen skizzieren:

1. Darstellung des mgus μ als Liste von Gleichungen

   $$(x_1 = t_1, x_2 = t_2, \ldots, x_n = t_n),$$

   so daß $i \leq j : x_i \notin \mathcal{X}(t_j)$ und für alle $1 \leq i \leq n$ gilt

   $$\mu(x_i) = t_i\{x_{i+1} \mapsto t_{i+1}\} \ldots \{x_n \mapsto t_n\}.$$

   Das entspricht der Realisierung von Substitutionen in ReDuX.

2. Eindeutige Darstellung von Variablen, die an mehreren Positionen auftreten (vergleiche mit ReDuX).

3. Geschickte Reihenfolge für die Anwendung der MM-Regeln.

4. Occur-Check in Graphen durch Zyklenerkennung realisieren bzw. bis zum Schluß verschieben.

8.4 Literaturhinweise

Ein erster Unifikationsalgorithmus wurde 1960 von dem schwedischen Logiker Prawitz vorgestellt. Eine erste Implementierung geht auf Davis (1963) zurück. 1965 stellte J. A. Robinson in seinem epochalen Artikel über das Resolutionsverfahren einen Unifikationsalgorithmus zusammen mit einem Korrektheitsbeweis und einem Beweis der Eindeutigkeit des allgemeinsten Unifikators (bis auf Variablenumbenennung) vor. In einer weiteren Arbeit schlägt er dann eine DAG-basierte Darstellung von Termen und Substitutionen für die Unifikation vor. Die Robinson-Unifikation ist eine exponentielle Unifikation.

Das erste effiziente Unifikationsverfahren[3] wurde von Paterson und Wegman (1978) gefunden. Es ist DAG-basiert und hat lineare Komplexität. Der Algorithmus ist sehr schwer verständlich beschrieben (einschließlich kleinerer Fehler) und gilt als viel zu aufwendig für die meisten Unifikationsprobleme. Eine leichte Verbesserung dieses Algorithmus geht auf Champeaux (1986) zurück. Die Zurückhaltung der Implementierer gegen das Verfahren von Paterson und Wegman beruht unter anderem auch darauf, daß der Algorithmus sehr destruktiv auf den Eingaben operiert. Deshalb wurde weiter nach guten Unifikationsalgorithmen gesucht, die sowohl im schlechtesten als auch im mittleren Fall effizient sind. Martelli und Montanari (1982) stellten einen gleichungsbasierten Unifikationsalgorithmus mit der Komplexität $O(n \log n)$ bzw. $O(nG(n))$ vor.[4] Diese Arbeit beeinflußte die moderne Darstellung

[3] Komplexitätstheoretisch gesehen

[4] G ist hier eine sehr langsam wachsende Funktion („Umkehrfunktion" der Ackermannfunktion), die durch Benutzung des Union-Find Algorithmus von Tarjan (1975) einfließt.

von Unifikationsalgorithmen maßgeblich. Corbin und Bidoit (1983) schlagen einen quadratischen DAG-basierten Unifikationsalgorithmus mit einer sehr guten Konstanten vor. Ružicka und Privara (1989) entwickelten einen DAG-basierten Algorithmus mit guter Konstante und gleicher Komplexität wie das Verfahren von Martelli und Montanari.

8.5 Aufgaben

Aufgabe 8.1 Lösen Sie die folgenden Gleichungen und geben Sie, wenn möglich, einen allgemeinsten Unifikator an:

$$h(x_2, x_3, x_4, x_5) = h(f(x_1, x_1), f(x_2, x_2), f(x_3, x_3), f(x_4, x_4)),$$

$$h(x_1, g(x_2), x_1, x_1) = h(x_2, x_1, g(x_2), g(x_3)),$$

$$f(x_1, g(x_2)) = f(f(x_3, x_4), g(x_3)).$$

Aufgabe 8.2 Berechnen Sie zu jedem Knoten des Graphen in Abbildung 8.3, welche Positionen des linken Terms $(f(x, g(x, y)))$ er nach Anwendung der drei Variablenbindungen (gestrichelte Pfeile) darstellt.

Z. B. stellt das g, auf das der erste Bindungspfeil zeigt, die Positionen 1 und 2.1 dar.

Aufgabe 8.3 Die Definition der Unifikation sieht „allgemeiner" aus als die der Subsumtion. Läßt sich dies auch auf die entsprechenden Algorithmen anwenden?

1. Zeigen Sie, wie man einen Unifikationsalgorithmus dazu benutzen kann, um die Subsumtion zweier Terme zu entscheiden.
2. Welche Komplexität hat Ihr Verfahren? Hängt es von der Effizienz des gewählten Unifikationsverfahrens ab?

Aufgabe 8.4 Zeigen Sie, daß man bei der Unifikation zweier Terme mit disjunkten Variablenmengen keinen „occur-check" braucht, wenn man weiß, daß mindestens einer der zwei Terme linear ist.

9 Kritische Gipfel

In Kapitel 6 haben wir mit der Terminationseigenschaft und der Konfluenz die wichtigsten Eigenschaften abstrakter Reduktionssysteme kennengelernt. In Kapitel 7 wurden die Terminationseigenschaft für Termersetzungssysteme untersucht und dabei hinreichende Kriterien zu deren Sicherstellung entwickelt. Entscheidungsverfahren dazu gibt es jedoch nicht.

Jetzt wollen wir die Konfluenz von Termersetzungssystemen untersuchen. Dies machen wir unter der Annahme, daß das zu untersuchende Termersetzungssystem terminiert. Terminierende konfluente Termersetzungssysteme sind sehr nützlich, denn sie erlauben uns, mit Hilfe von Regeln Funktionen zu berechnen. Die Konfluenz stellt sicher, daß am Ende einer Kette von Reduktionen immer das gleiche Ergebnis steht, unabhängig davon, in welcher Reihenfolge die Regeln angewendet wurden. Dann bedeutet „rechnen" das Berechnen eindeutiger Normalformen für einen beliebigen (Eingabe-)Term. Das Rechnen mit Normalformen ist ein ganz wichtiges Paradigma in der Computeralgebra, da es dort im allgemeinen sehr viele Möglichkeiten gibt, ein mathematisches Objekt (z. B. ein bestimmtes Polynom) darzustellen. Nur die kanonische Repräsentation durch Normalformen macht derartige Objekte dem Rechner zugänglich.

Im Zentrum dieses Kapitels steht das Konzept der *kritischen Gipfel*. Sie stellen die „allgemeinsten" Ableitungszweideutigkeiten dar, die nicht trivialerweise konfluent sind. Der Begriff „allgemein" ist dabei wie beim allgemeinsten Unifikator zu verstehen: Jede nichttriviale Ableitungszweideutigkeit ist Instanz eines kritischen Gipfels. Die Idee, diese allgemeinsten Ableitungszweideutigkeiten zu charakterisieren, geht auf eine berühmte Arbeit von Knuth und Bendix (1970)[1] zurück und führt zu einem Entscheidungsverfahren für die Konfluenz terminierender Termersetzungssysteme.

9.1 Vollständige Termersetzungssysteme

Termersetzungssysteme, die sowohl terminieren als auch konfluent sind, haben sehr interessante Eigenschaften. Wie bereits erwähnt, können sie dazu benutzt werden, Funktionen zu berechnen. Außerdem eignen sie sich, um die Gleichheit zweier Terme bezüglich einer algebraischen Spezifikation zu beweisen.

Definition 9.1
Ein Termersetzungssystem $\mathcal{R}$ heißt vollständig (konvergent, kanonisch), *falls $\rightarrow_{\mathcal{R}}$ konfluent*

[1] Das Buch mit dem Artikel erschien drei Jahre nach der Vorstellung der Arbeit 1967.

ist und terminiert.

Der Unterschied zwischen konvergenten und kanonischen Termersetzungssystemen wird vor allem von französischen Wissenschaftlern gemacht: demnach ist ein kanonisches Termersetzungssystem $\mathcal{R}$ konvergent (d. h. vollständig), und keine Regel in $\mathcal{R}$ kann durch eine andere Regel in $\mathcal{R}$ reduziert werden.

Eine wichtige Bedeutung vollständiger Termersetzungssysteme liegt in der Tatsache, daß sich mit ihrer Hilfe Gleichheiten in einer algebraischen Spezifikation entscheiden lassen. Dazu müssen allerdings das Termersetzungssystem und die Gleichungsspezifikation einander entsprechen.

Definition 9.2
Sei $\mathcal{E}$ eine Gleichungsmenge und $\mathcal{R}$ ein Termersetzungssystem mit $\leftrightarrow^*_\mathcal{E} = \leftrightarrow^*_\mathcal{R}$, dann heißt $\mathcal{R}$ zu $\mathcal{E}$ äquivalent.

Sei $\mathcal{R}$ ein zu $\mathcal{E}$ äquivalentes, vollständiges Termersetzungssystem, dann gilt für alle Terme s und t in $T(\mathcal{F}, \mathcal{X})$

1. $s \leftrightarrow^*_\mathcal{E} t$ wegen Definition 9.2 genau dann, wenn
2. $s \leftrightarrow^*_\mathcal{R} t$ und wegen Lemma 6.2 genau dann, wenn
3. es eine eindeutige Normalform $n \in T(\mathcal{F}, \mathcal{X})$ gibt, so daß $s \rightarrow^*_\mathcal{R} n \leftarrow^*_\mathcal{R} t$.

Diese Situation ist in dem Diagramm in Abbildung 9.1 dargestellt. Eine solche V-förmige Ableitung $s \rightarrow^*_\mathcal{R} n \leftarrow^*_\mathcal{R} t$ heißt auch *Reduktionsbeweis* von $s \leftrightarrow^*_\mathcal{E} t$ und führt zu dem

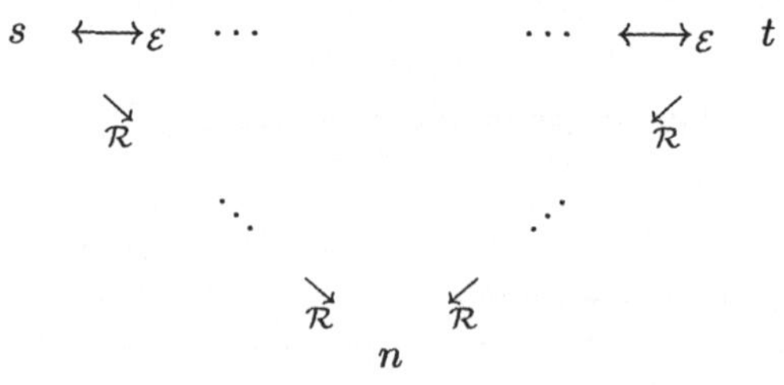

Abbildung 9.1: Entscheidung von Gleichheiten

folgenden Algorithmus für Gleichheitsbeweise:

Algorithmus: Gleichheit modulo $\mathcal{E}$

Gegeben: zwei Terme s und t und
ein vollständiges, zu $\mathcal{E}$ äquivalentes Termersetzungssystem $\mathcal{R}$

Problem: Gilt $s \leftrightarrow^*_{\mathcal{E}} t$?

Lösung:

(1) berechne die $\mathcal{R}$-Normalform $\bar{s}$ von s

(2) berechne die $\mathcal{R}$-Normalform $\bar{t}$ von t

(3) $s \leftrightarrow^*_{\mathcal{E}} t$ gilt genau dann, wenn $\bar{s} \doteq \bar{t}$. □

9.2 Der Satz von Knuth und Bendix

In diesem Abschnitt wollen wir ein Entscheidungsverfahren für die Konfluenz von Termersetzungssystemen kennenlernen. Die genaue Problemstellung lautet:

Gegeben: ein terminierendes Termersetzungssystem $\mathcal{R}$.

Frage: Ist $\mathcal{R}$ konfluent?

Eine erste Teilantwort ist uns schon aus Kapitel 6 bekannt. Nach dem Satz von Newman ist $\mathcal{R}$ genau dann konfluent, falls $\mathcal{R}$ lokal konfluent ist.

Eine Alternative zu dieser ersten Teilantwort ist eine Anwendung des Lemmas 6.3 von Buchberger und Winkler: $\mathcal{R}$ ist genau dann konfluent, falls $\mathcal{R}$ lokal subkonnektiv bzgl. einer terminierenden Ordnung ist.

Leider helfen uns diese Teilantworten nur wenig weiter, da es im allgemeinen unendlich viele Ableitungszweideutigkeiten $t_1 \leftarrow_{\mathcal{R}} s \rightarrow_{\mathcal{R}} t_2$ gibt, deren (lokale) Konfluenz bewiesen werden müßte. Deswegen ist das Ziel dieses Abschnitts, eine möglichst kleine Menge CP($\mathcal{R}$) möglichst allgemeiner Ableitungszweideutigkeiten zu charakterisieren, so daß sich die Konfluenz einer beliebigen Ableitungszweideutigkeit auf die eines Elements in CP($\mathcal{R}$) zurückführen läßt. In diesem Fall brauchen nur die Ableitungszweideutigkeiten aus CP($\mathcal{R}$) untersucht zu werden. Falls CP($\mathcal{R}$) dann auch noch eine endliche und konstruierbare Menge ist, so ist die Konfluenz der Termersetzungsrelation entscheidbar.

Eine erste Beobachtung, die zu der gewünschten Charakterisierung führen kann, ist die Tatsache, daß Reduktionen invariant bzgl. zusätzlicher Kontexte wie umgebende Superterme oder Substitutionsanwendungen sind. Wir wiederholen hier die wichtigsten Punkte von Definition 7.3:

Sei ρ eine Relation über Termen und seien s und t beliebige Terme, dann heißt ρ

1. *abgeschlossen unter* oder *kompatibel bzgl. Substitutionsanwendung*, falls aus $s \;\rho\; t$ für alle Substitutionen σ folgt, daß $s\sigma \;\rho\; t\sigma$,

2. *abgeschlossen unter* oder *kompatibel bzgl. Teiltermersetzung*, falls aus $s\ \rho\ t$ für alle Terme u und Positionen $p \in O(u)$ folgt, daß $u[s]_p\ \rho\ u[t]_p$.

In der Literatur findet man auch die Begriffe *stabil* für kompatibel bzgl. Substitutionsanwendung und *monoton* bzw. nur *kompatibel* für kompatibel bzgl. Teiltermersetzung.

Lemma 9.1
Sei $\rho \subseteq T(\mathcal{F}, \mathcal{X}) \times T(\mathcal{F}, \mathcal{X})$ eine bzgl. Substitutionsanwendung oder Teiltermersetzung kompatible Relation. Dann sind ihre symmetrischen, transitiven, reflexiven, transitiv-reflexiven, symmetrisch-transitiv-reflexiven Hüllen jeweils bzgl. Substitutionsanwendung oder Teiltermersetzung kompatibel. □

Lemma 9.2
Sei $\mathcal{R}$ ein Termersetzungssystem, dann sind die Relationen $\rightarrow_{\mathcal{R}}$, $\rightarrow^{+}_{\mathcal{R}}$, $\rightarrow^{*}_{\mathcal{R}}$, $\leftrightarrow_{\mathcal{R}}$ und $\leftrightarrow^{*}_{\mathcal{R}}$ stabil und kompatibel.

Beweis: nach der Definition von $\rightarrow_{\mathcal{R}}$, Übung. □

Diese Ergebnisse lassen erhoffen, daß eine Ableitungszweideutigkeit $t_1 \leftarrow_{\mathcal{R}} s \rightarrow_{\mathcal{R}} t_2$ in jedem Fall allgemeiner ist als die Ableitungszweideutigkeit $u[t_1]_p\sigma \leftarrow_{\mathcal{R}} u[s]_p\sigma \rightarrow_{\mathcal{R}} u[t_2]_p\sigma$, die durch hinzufügen von Kontexten aus der ersten hervorgegangen ist. Bevor wir jedoch mit der Definition von kritischen Gipfeln fortfahren, möchten wir die graphische Darstellung von Termen, Redices und Reduktionen erläutern, die wir benutzen werden, um die folgende Definition und den folgenden Beweis zu illustrieren. Ein Dreieck beschreibt einen Term – gedacht ist dabei an die Umrisse des Terms, wenn er als Baum dargestellt ist. Die Verlängerung der seitlichen Schenkel des Dreiecks kann als Substitutionsanwendung interpretiert werden. Ein in einem Dreieck liegendes kleineres Dreieck beschreibt eine linke Regelseite, die auf einen Subterm des äußeren Terms paßt, den Subterm also subsumiert. Die Unterkante des inneren Dreiecks kann gestrichelt sein, um anzudeuten, daß sich dort die (gebundenen) Variablen der Regel befinden. In Abbildung 9.2 sind verschiedene Situationen dargestellt, wie zwei verschiedene linke Regelseiten s und t, die gleichzeitig in einen Term passen, relativ zueinander liegen können: (A) disjunkt zueinander, (B) die zweite linke Regelseite t liegt (teilweise) innerhalb der ersten linken Regelseite s und (C) s liegt unterhalb von t – ist also ein Teil eines Terms, der an eine Variable (hier x genannt) von t gebunden ist.

Man beachte jedoch, daß derartige Darstellungen auch zu falschen Bildern führen können. So läßt sich die Situation (D) zwar zeichnen, aber es gibt keine Terme, die ihr entsprechen. Deshalb werden wir nicht umhin können, unsere Begriffe und Beweise streng formal in der bisher erarbeiteten Notation auszuführen. Die Illustrationen sollen nur helfen, die Bedeutung der etwas unübersichtlichen Formeln zu erschließen.

Wir wollen jetzt die allgemeinsten Ableitungszweideutigkeiten charakterisieren, die für den Konfluenztest nötig sind. In erster Näherung konstruiert man sie, indem man zwei linke Regelseiten echt (d. h. wie in Abbildung 9.2 (B)) überlappt. Der so gebildete Term muß dann im allgemeinen noch geeignet instantiiert werden, damit die Reduzierbarkeit durch *beide*

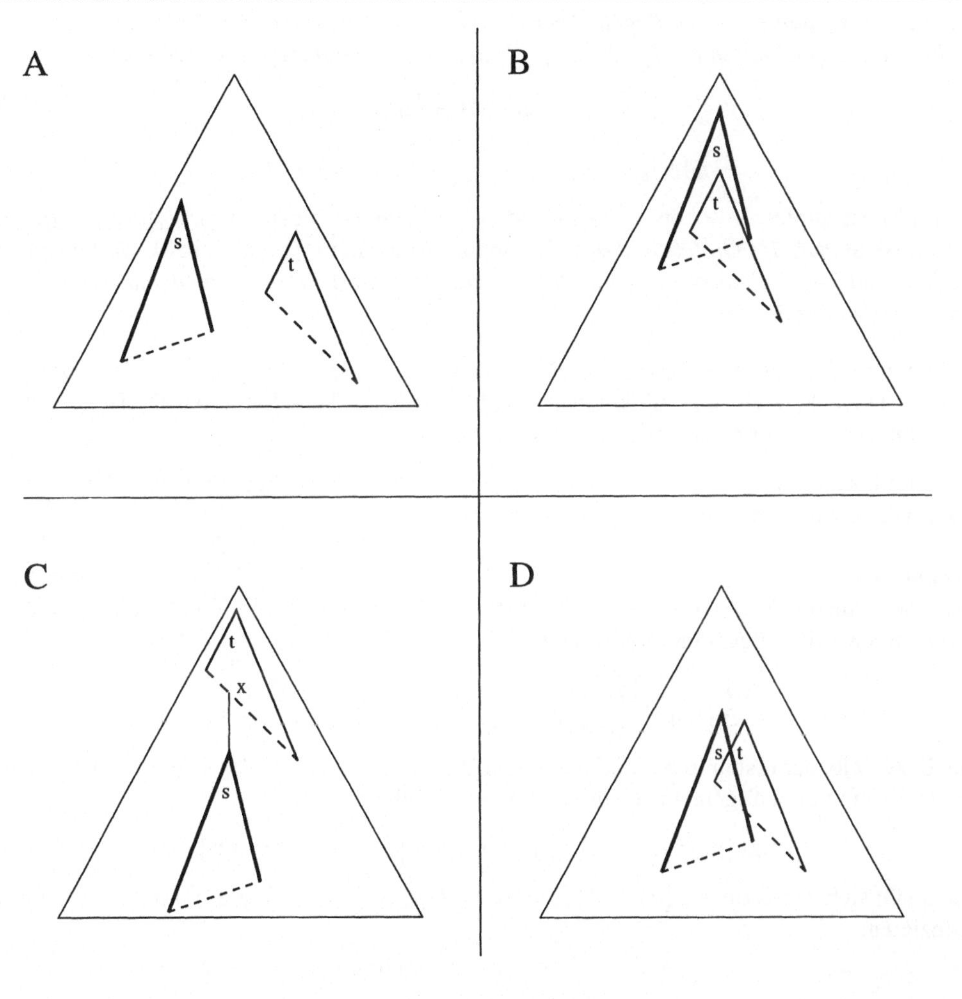

Abbildung 9.2: Relative Redexpositionen

beteiligte Regeln sichergestellt bleibt. Zur Bestimmung dieser geeigneten Instanz wird ein allgemeinster Unifikator zwischen der inneren linken Seite und dem passenden Teilterm der äußeren linken Seite berechnet.

Definition 9.3
Seien $l_1 \to r_1$ und $l_2 \to r_2$ Regeln über disjunkten Variablenmengen. Sei $p \in O(l_2)$ eine Nichtvariablenposition in l_2 (d. h. $l_2(p) \notin \mathcal{X}$) und sei $\mu = mgu(l_1, l_2|_p)$, dann heißt

$$\begin{array}{ccccc} & & l_2[l_1]_p\mu = l_2\mu & & \\ & \swarrow & & \searrow & \\ l_2[r_1]_p\mu & & & & r_2\mu \end{array}$$

ein kritischer Gipfel zwischen $l_1 \to r_1$ und $l_2 \to r_2$ (an der Position p). $(l_2[r_1]_p\mu, r_2\mu)$ *ist das* kritische Paar *des Gipfels und $l_2\mu$ sein* Superpositionsterm *(seine* Spitze*). Wir benutzen die Notation $s \overset{v}{\longleftrightarrow} t$, um einen (kritischen) Gipfel mit Superpositionsterm v und (kritischem) Paar (s,t) zu bezeichnen.*

Abbildung 9.3 zeigt eine Illustration eines kritischen Gipfels. Die feine Verlängerung der äußeren Dreiecke stellt den allgemeinsten Unifikator und die schattierten Dreiecke stellen die rechten Seiten der entsprechenden Regeln dar.

In Zukunft sagen wir, ein Gipfel $t_1 \overset{t}{\longleftrightarrow} t_2$ oder ein Paar (t_1, t_2) sei *konfluent* oder *konvergent*, falls es einen Term n gibt, so daß $t_1 \to_{\mathcal{R}}^* n \leftarrow_{\mathcal{R}}^* t_2$.

Beispiel 9.1
Für eine Signatur $\mathcal{F} \supseteq \{0 :\to S, g : S \to S, f : S \times S \to S\}$ und Variablen $x, y, z \in \mathcal{X}$ betrachten wir die folgenden zwei Regeln

$$\begin{array}{lll} 1: & g(f(y,g(z))) & \to & f(y,g(g(z))), \\ 2: & f(g(x),g(f(0,x))) & \to & f(x,x). \end{array}$$

Die linke Seite der ersten Regel und das zweite Argument der linken Seite der zweiten Regel unifizieren mit dem allgemeinsten gemeinsamen Unifikator

$$\text{mgu}(g(f(y,g(z))), g(f(0,x))) = \{x \mapsto g(z), y \mapsto 0\}.$$

Dann läßt sich der Term $f(g(x),g(f(0,x)))\mu = f(g(g(z)),g(f(0,g(z))))$ auf zwei Weisen reduzieren:

$$\begin{array}{ccccc} & & f(g(g(z)),g(f(0,g(z)))) & & \\ & {}_1\swarrow & & \searrow_2 & \\ f(g(g(z)),f(0,g(g(z)))) & & & & f(g(z),g(z)) \end{array}$$

und ($f(g(g(z)),f(0,g(g(z))))$, $f(g(z),g(z))$) ist das zu diesem kritischen Gipfel gehörige kritische Paar.

$$\begin{array}{ccc} & f(g(f(y,g(z))),g(f(0,f(x,g(z))))) & \\ & {}_1\swarrow \quad \searrow_2 & \\ f(f(y,g(g(z))),g(f(0,f(y,g(z))))) & & f(f(y,g(z)),f(y,g(z))) \end{array}$$

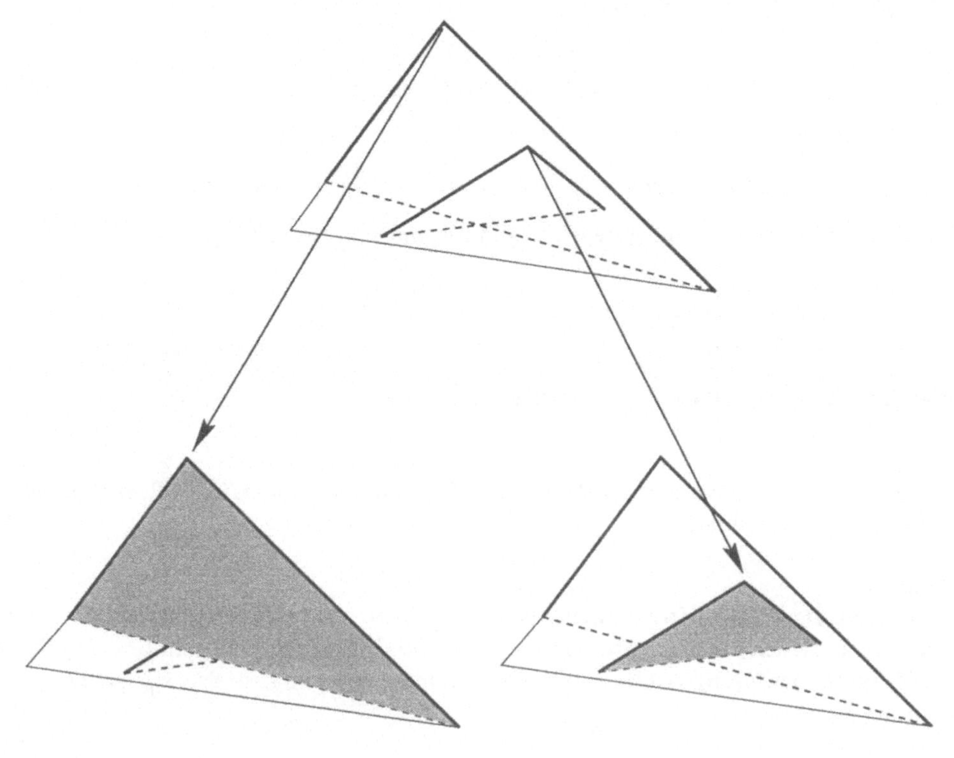

Abbildung 9.3: Kritische Gipfel

ist ein weiterer kritischer Gipfel zwischen der ersten und der zweiten Regel. Andere kritische Gipfel zwischen der ersten und der zweiten Regel gibt es nicht. Es gibt jedoch außerdem noch einen kritischen Gipfel zwischen der zweiten und der ersten Regel:

$$\begin{array}{ccc} & g(f(g(x), g(f(0,x)))) & \\ {}_2\swarrow & & \searrow_1 \\ g(f(x,x)) & & f(g(x), g(g(f(0,x)))) \end{array}$$

und ein kritisches Paar zwischen der ersten Regel und einer Kopie der ersten Regel:

$$(g(f(y, f(y', g(g(z'))))),\ f(y, g(g(f(y', g(z')))))). \qquad \Box$$

Beispiel 9.2

Sei $F \supseteq \{0 :\rightarrow N, - : N \rightarrow N, + : N \times N \rightarrow N\}$, wobei $-$ ein Präfix und $+$ ein

Infixoperator ist. Die beiden Regeln

$$\begin{array}{rrcl} 1: & -x + (x + y) & \to & y, \\ 2: & v + -(w + v) & \to & -w \end{array}$$

sind nicht konfluent, denn $-x + (x + y)|_2$ und $v + -(w + v)$ unifizieren:

$$\text{mgu}(x + y,\ v + -(w + v)) = \{x \mapsto v,\ y \mapsto -(w + v)\}$$

und die Superposition der beiden Regeln ergibt folgenden kritischen Gipfel:

$$\begin{array}{ccccc} & & -v + (v + -(w + v)) & & \\ & {}_1\swarrow & & \searrow_2 & \\ -(w + v) & & & & -v + -w \end{array}$$

und die Terme $-(w + v)$ und $-v + -w$ sind irreduzibel. □

Lemma 9.3
Ein Termersetzungssystem $\mathcal{R}$ ist lokal konfluent, falls alle kritischen Gipfel (Paare) zwischen Regeln in $\mathcal{R}$ konfluent sind.

Beweis:
Sei s ein beliebiger Term, der in einem Schritt sowohl zu einem Term t_1 als auch zu einem von t_1 verschiedenen Term t_2 abgeleitet werden kann. Dann gibt es Regeln $l_1 \to r_1, l_2 \to r_2 \in \mathcal{R}$, Positionen $p_1, p_2 \in O(s)$ und Substitutionen σ_1 und σ_2, so daß $s|_{p_1} = l_1\sigma_1$ und $s|_{p_2} = l_2\sigma_2$:

$$\begin{array}{ccccc} & & s[l_1\sigma_1]_{p_1} = s = s[l_2\sigma_2]_{p_2} & & \\ & {}_{l_1 \to r_1}\swarrow & & \searrow_{l_2 \to r_2} & \\ t_1 = s[r_1\sigma_1]_{p_1} & & & & s[r_2\sigma_2]_{p_2} = t_2 \end{array}$$

Der Rest des Beweises hängt von der relativen Lage der Positionen p_1 und p_2 ab.

1. p_1 und p_2 sind disjunkt (vgl. Abbildung 9.4). Dann gilt

   $$s \to_{\mathcal{R}} t_1 \to_{\mathcal{R}} s[r_1\sigma_1]_{p_1}[r_2\sigma_2]_{p_2} = s[r_2\sigma_2]_{p_2}[r_1\sigma_1]_{p_1} \leftarrow_{\mathcal{R}} t_2 \leftarrow_{\mathcal{R}} s$$

   wegen der Kommutativität der Teiltermersetzung (Lemma 2.1).

2. Für den Fall, daß p_2 ein Präfix von p_1 ist und somit $p_1 = p_2q$, kommt es darauf an, wie „nahe“ p_1 und p_2 beieinander sind:

   (a) Wenn p_2 und p_1 „nahe“ beieinander sind, so heißt das, q ist eine Nichtvariablenposition in l_2: $q \in O(l_2) \wedge l_2(q) \notin \mathcal{X}$ (vgl. Abbildung 9.5). Sei $\sigma = \sigma_1\sigma_2 = \sigma_2\sigma_1$. Dieses σ läßt sich immer konstruieren, da die Variablen in l_1 und l_2 disjunkt sind. Dann ist $t_1|_{p_2} = l_2[r_1]_q\sigma$ und $t_2|_{p_2} = r_2\sigma$. Somit ist $(t_1|_{p_2}, t_2|_{p_2})$ eine Instanz eines kritischen Paares und konvergent nach Voraussetzung: D. h. es gibt einen Term n mit $t_1|_{p_2} \to^*_{\mathcal{R}} n \leftarrow^*_{\mathcal{R}} t_2|_{p_2}$ und $t_1 \to^*_{\mathcal{R}} s[n]_{p_2} \leftarrow^*_{\mathcal{R}} t_2$, da $\to_{\mathcal{R}}$ kompatibel bzgl. Teiltermersetzung und Substitutionen ist.

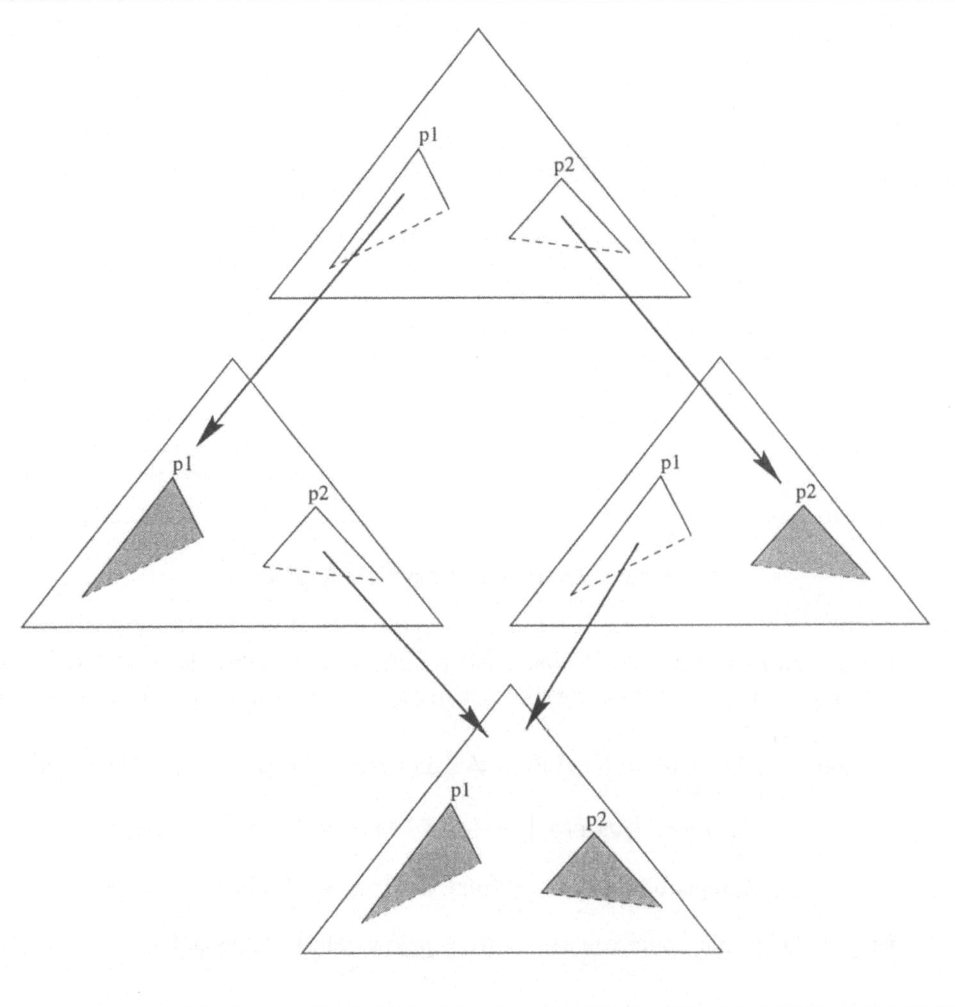

Abbildung 9.4: Disjunkte Redices

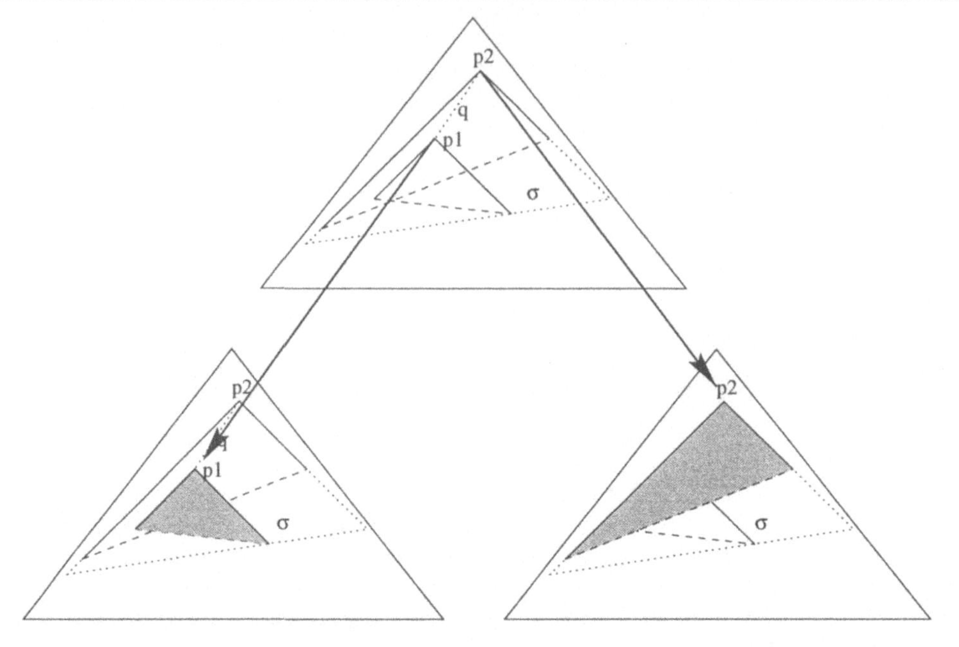

Abbildung 9.5: Echt überlappende Redices

(b) Liegen p_2 und p_1 „weit" voneinander entfernt, so ist entweder $q \notin O(l_2)$ oder $l_2|_q \in \mathcal{X}$ (vgl. Abbildung 9.6). Dann ist $q = q_1q_2$ mit $l_2|_{q_1} = x \in \mathcal{X}$ und $\sigma_2(x)|_{q_2} = l_1\sigma_1$.

Sei $\bar{\sigma}$ so, daß $\bar{\sigma}(y) = \sigma_2(y)$ für $y \neq x$ und $\bar{\sigma}(x) = \sigma_2(x)[r_1\sigma_1]_{q_2}$. Dann gilt

$$l_2\sigma_2 \to_{\mathcal{R}} l_2\sigma_2[r_1\sigma_1]_q \to^*_{\mathcal{R}} l_2\bar{\sigma} \to_{\mathcal{R}} r_2\bar{\sigma} \leftarrow^*_{\mathcal{R}} r_2\sigma_2 \leftarrow_{\mathcal{R}} l_2\sigma_2.$$

Aus der Kompatibilität von $\to_{\mathcal{R}}$ folgt: das Paar (t_1, t_2) ist konvergent.

3. Der Fall, daß p_1 ein Präfix von p_2 ist ($p_2 = p_1q$) verläuft analog zu Fall 2. □

Satz 9.4 (Knuth und Bendix, 1970)
Ein terminierendes Termersetzungssystem $\mathcal{R}$ ist genau dann konfluent, wenn alle kritischen Gipfel (Paare) zwischen Regeln in $\mathcal{R}$ konvergent sind.

Beweis:

„⇒" trivial.

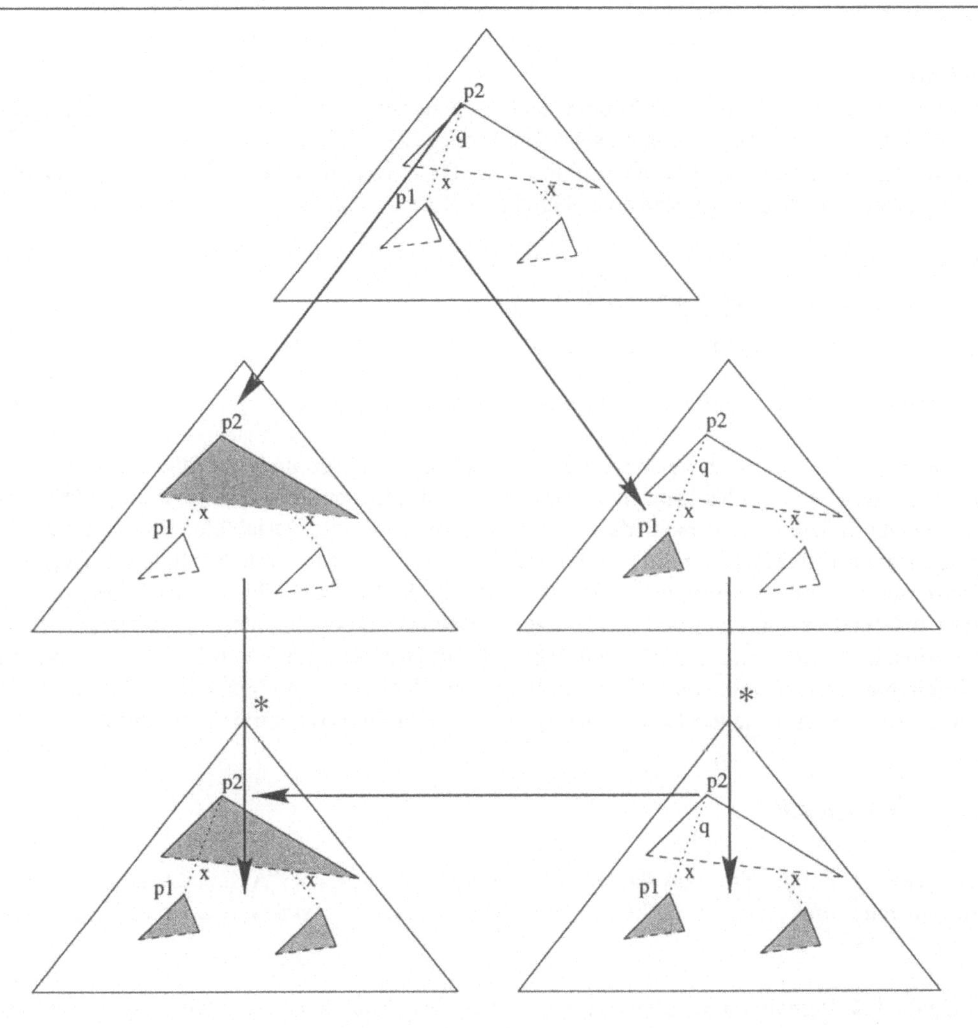

Abbildung 9.6: Ein Redex echt oberhalb von einem anderen Redex

„⇐" $\mathcal{R}$ ist terminierend, dann folgt der Satz aus dem Kritischen-Paar-Lemma und dem Lemma von Newman. □

Korollar 9.5
Es ist entscheidbar, ob ein terminierendes Termersetzungssystem $\mathcal{R}$ konfluent ist. □

Beweis:
Nach dem Satz von Knuth und Bendix genügt es zu zeigen, daß alle kritischen Gipfel des Termersetzungssystems konvergent sind. Die Menge der kritischen Paare ist endlich, da $|\mathcal{R}|$ endlich und $|O(l)|$ endlich für alle Regeln $l \to r$. Da $\mathcal{R}$ terminiert und $|\mathcal{R}|$ endlich ist, ist die Berechnung aller Normalformen eines beliebigen Terms möglich. □

Beispiel 9.3
Das Termersetzungssystem (mit $x, l, l' \in \mathcal{X}$)

$$\mathcal{R} = \{\text{app}(l, \text{nil}) \to l, \text{app}(\text{cons}(x, l), l') \to \text{cons}(x, \text{app}(l, l'))\}$$

ist konfluent, da es terminiert und es keine kritischen Gipfel gibt. □

Bemerkung Traditionellerweise werden die Ergebnisse dieses und des folgenden Kapitels mit Hilfe des Begriffs des kritischen Paars dargestellt. Genau genommen ist diese Darstellung auch effizienter, da verschiedene kritische Gipfel (modulo Variablenumbenennung) ein gemeinsames kritisches Paar haben können. Ein kritischer Gipfel enthält mit dem Superpositionsterm noch etwas Information über die Herkunft des kritischen Paares. Derartige zusätzliche Information kann wertvoll sein zur Bestimmung von sogenannten Redundanzkriterien für kritische Gipfel (Paare). Außerdem läßt sich mit Hilfe von Lemma 6.3 ein auf kritischen Gipfeln basierender Satz von Knuth und Bendix noch etwas allgemeiner formulieren, wenn man statt der Konfluenz der kritischen Gipfel nur deren Subkonnektivität verlangt.

9.3 Aufgaben

Aufgabe 9.1 Zeigen Sie, daß das Termersetzungssystem $\mathcal{R}_{AE}$ ("Assoziativität und Endomorphismus") aus Aufgabe 7.7 konfluent ist. Dazu dürfen Sie voraussetzen, daß $\mathcal{R}_{AE}$ terminiert.

Aufgabe 9.2 Berechnen Sie alle möglichen kritischen Paare der folgenden Termersetzungssysteme ($v, w, x, y \in \mathcal{X}$):

$$\mathcal{R}_1 = \{f(g(x), f(x, y)) \to y, \quad f(v, g(f(w, v))) \to g(w)\},$$

$$\begin{aligned} \mathcal{R}_2 = \{\, & \text{Ack}(0, y) && \to && s(y), \\ & \text{Ack}(s(x), 0) && \to && \text{Ack}(x, s(0)), \\ & \text{Ack}(s(x), s(y)) && \to && \text{Ack}(x, \text{Ack}(s(x), y))\,\}. \end{aligned}$$

10 Knuth-Bendix-Vervollständigung

Dies ist das zentrale Kapitel dieses Buches: nachdem wir die Grundoperationen auf Termen (Test auf syntaktische Gleichheit, Subsumtion, Unifikation und Reduktion) und die wichtigsten Eigenschaften der Reduktionsrelation (Termination und Konfluenz) untersucht haben, wollen wir jetzt daran gehen, konfluente und terminierende Termersetzungssysteme zu konstruieren. Das heißt, je nach Sichtweise wollen wir eine gegebene Gleichungsspezifikation in ein Programm oder in einen Gleichungsbeweiser kompilieren.

Das Vervollständigungsverfahren, das hier vorgestellt wird, ist kein Algorithmus, da es nicht notwendigerweise terminiert. Es hat noch einige weitere Tücken, die es schwermachen, sein Verhalten genau zu beschreiben. Der wohl erfolgreichste Ansatz betrachtet die Vervollständigung als ein Verfahren zur Transformation von Gleichungsbeweisen in Reduktionsbeweise. Das erscheint zunächst eine erschreckend abstrakte Sichtweise zu sein, aber sie stellt sich als sehr elegant heraus, wenn es darum geht, zu zeigen, daß ein Vervollständigungsverfahren unter bestimmten Voraussetzungen für alle gültigen Gleichungen Reduktionsbeweise findet. Am Ende des Kapitels wollen wir eine wichtige Anwendung der Vervollständigung aus der Gruppentheorie kennenlernen: die Lösung von Wortproblemen.

Bevor wir aber weitermachen, möge der Leser oder die Leserin sich die Zeit nehmen, über die im folgenden beschriebene Knobelaufgabe nachzudenken. Es geht dabei nicht unbedingt darum, die Aufgabe vollständig zu lösen, sondern eher darum, ein Gefühl dafür zu bekommen, wie schwierig eine solche Aufgabe für einen untrainierten Menschen ist – selbst dann, wenn man die Aufgabe früher schon einmal gelöst hat.[1] Erst dann kann man die Leistungsfähigkeit des Vervollständigungsverfahrens richtig einschätzen, denn es löst unsere kleine Aufgabe en passant.

Aufgabe 10.1 Gegeben sei eine Struktur, in der die folgenden Gleichungen gelten:

$$\begin{array}{lrcl} \forall x: & 1 \cdot x & = & x, \\ \forall x: & x^{-1} \cdot x & = & 1, \\ \forall x, y, z: & (x \cdot y) \cdot z & = & x \cdot (y \cdot z). \end{array}$$

Eine derartige Struktur heißt eine *Gruppe*. Die 1 ist das *links-neutrale Element* und x^{-1} *links-invers* zu x. Zeigen Sie, daß

1. das links-neutrale Element auch rechts-neutral ist, d. h. $\forall x : x \cdot 1 = x$ und

[1] Vermutlich wird sie jedem Mathematik- und den meisten Informatikstudenten im ersten Semester gestellt.

2. jedes links-inverse Element auch rechts-invers ist, also $\forall x : x \cdot x^{-1} = 1$.

Der zweite Teil der Aufgabe ist um einiges schwerer als der erste. Wenn in einer Vorlesung oder Übung die Lösung vorgestellt wird, kann sie im allgemeinen von allen sehr einfach nachvollzogen werden. Jedoch drängt sich vielen Studenten die Frage auf: „Wie kommt man darauf?" Mathematiker antworten meist: „Intuition" – aber kann man den Beweis mechanisch konstruieren? Letzteres ist der Fall, wie das Knuth-Bendix-Verfahren zeigt. Zu entscheiden, ob deshalb das Knuth-Bendix-Verfahren „intelligent" ist oder über mathematische Intuition verfügt, sei dem Leser bzw. der Leserin überlassen.

— Knobelzeit! —

10.1 Abstrakte Vervollständigung

Im letzten Kapitel haben wir gesehen, daß ein vollständiges Termersetzungssystem, das äquivalent zu einer Menge von Gleichungen $\mathcal{E}$ ist, ein Entscheidungsverfahren für die Termgleichheit modulo $\mathcal{E}$ liefert. Es ist also nur folgerichtig zu fragen, wie zu gegebenem $\mathcal{E}$ ein äquivalentes und vollständiges $\mathcal{R}$ gefunden werden kann. Somit stellt sich folgendes Problem:

Gegeben: Eine endliche Menge von Termgleichungen $\mathcal{E}$.

Frage:

1. Gibt es ein vollständiges Termersetzungssystem $\mathcal{R}$, das äquivalent zu $\mathcal{E}$ ist?
2. Wenn ja, wie konstruiert man dieses $\mathcal{R}$?

Eine erste mögliche Antwort wäre, jede Gleichung $s \leftrightarrow t \in \mathcal{E}$ wie folgt in eine Regel zu verwandeln: Zu gegebener Termordnung $\succ$ ist entweder $s \to t \in \mathcal{R}$ oder $t \to s \in \mathcal{R}$, je nachdem ob $s \succ t$ oder $t \succ s$. Folgendes Beispiel zeigt, daß es leider nicht ausreicht, jede Gleichung zu orientieren, so daß sie entweder nur von links nach rechts oder nur von rechts nach links angewendet werden kann.

Beispiel 10.1
Sei $\mathcal{F} \supseteq \{a :\to S, f : S \times S \to S\}$ und $x, y, z \in \mathcal{X}$. Wir betrachten die folgende Gleichungsmenge

$$\mathcal{E} = \{1 : f(a,a) \leftrightarrow a,\ 2 : f(x, f(y,z)) \leftrightarrow f(f(x,y),z)\}.$$

Dann läßt sich die $\mathcal{E}$-Gleichheit von $f(a, f(a,x))$ und $f(a,x)$ beweisen:

$$f(a, f(a,x)) \leftrightarrow_2 f(f(a,a),x) \leftrightarrow_1 f(a,x).$$

Orientieren wir die erste Gleichung von links nach rechts und die zweite Gleichung von rechts nach links, so erhalten wir

$$\mathcal{R} = \{1 : f(a,a) \to a,\ 2 : f(f(x,y),z) \to f(x,f(y,z))\}.$$

Nun sind sowohl $f(a,f(a,x))$ als auch $f(a,x)$ irreduzibel bzgl. $\mathcal{R}$, und somit kann ihre $\mathcal{E}$-Gleichheit nicht mit $\mathcal{R}$ gezeigt werden. $\mathcal{R}$ terminiert zwar, ist aber nicht konfluent, denn es gibt ein nicht konvergentes kritisches Paar:

$$f(a,z) \;\;{}_1\swarrow\;\; f(f(a,a),z) \;\;\searrow_2\;\; f(a,f(a,z)).$$

Die erste Gleichung läßt sich nicht anders orientieren, ohne die Terminationseigenschaft zu verletzen. Orientiert man die zweite Gleichung umgekehrt, so läßt sich zwar $f(a,f(a,x)) = f(a,x)$ durch einen Reduktionsbeweis zeigen, jedoch sind dann die zwei $\mathcal{E}$-gleichen Terme $f(f(x,a),a)$ und $f(x,a)$ irreduzibel. □

Nach Satz 9.4 gibt es in jedem nicht-konfluenten, terminierenden Termersetzungssystem $\mathcal{R}$ einen kritischen Gipfel $t_1 \leftarrow_{\mathcal{R}} s \rightarrow_{\mathcal{R}} t_2$, so daß t_1 und t_2 keine gemeinsame $\mathcal{R}$-Normalform haben. Das heißt, falls $\mathcal{R}$ äquivalent zu einer Gleichungsmenge $\mathcal{E}$ ist, dann gibt es keinen Reduktionsbeweis von $t_1 \leftrightarrow^*_{\mathcal{E}} t_2$. Andererseits ist $t_1 \leftrightarrow t_2$ sicher eine in $\mathcal{E}$ gültige Gleichung, da $t_1 \leftrightarrow_{\mathcal{E}} t_2$ mit $t_1 \leftrightarrow_{\mathcal{E}} s$ und $s \leftrightarrow_{\mathcal{E}} t_2$ aus der Transitivität von Gleichheitsrelationen folgt. Mit anderen Worten, jeder nicht-konfluente kritische Gipfel erzeugt eine neue gültige Gleichung. Im obigen Beispiel ist $f(a,z) \leftrightarrow f(a,f(a,z))$ eine derartige neue Gleichung. Das führt zu folgendem „Vervollständigungsverfahren", um eine Gleichungsmenge $\mathcal{E}$ in ein äquivalentes und vollständiges Termersetzungssystem zu transformieren:

repeat

(1) Orientiere Gleichungen zu terminierenden Regeln.

(2) Teste Konfluenz aller erzeugten Regeln. Falls das erzeugte Termersetzungssystem konfluent ist und keine Gleichungen mehr übrig sind, dann sind wir fertig.

(3) Erzeuge neue Gleichungen aus nicht-konfluenten kritischen Gipfeln.

Dieses von Knuth und Bendix (1970) erstmals vorgeschlagene Verfahren wollen wir wieder in Form von Inferenzregeln beschreiben. Die KB-Inferenzregeln transformieren ein Paar $(\mathcal{P};\mathcal{R})$, bestehend aus einer Menge von Gipfeln $\mathcal{P}$ und einer Menge von Regeln $\mathcal{R}$:

Transformationsregeln KB

Sei

1. $\succ \subseteq T(\mathcal{F},\mathcal{X}) \times T(\mathcal{F},\mathcal{X})$ eine Termordnung,

2. $\rhd \subseteq (T(\mathcal{F},\mathcal{X}) \times T(\mathcal{F},\mathcal{X})) \times (T(\mathcal{F},\mathcal{X}) \times T(\mathcal{F},\mathcal{X}))$ terminierend und
3. $\mathrm{CP}(\mathcal{R})$ die Menge aller kritischen Gipfel (engl. critical peaks) zwischen Regeln in $\mathcal{R}$.

Delete: $\dfrac{(\mathcal{P}\cup\{s \overset{v}{\longleftrightarrow} s\};\mathcal{R})}{(\mathcal{P};\mathcal{R})}$ KB1

Compose: $\dfrac{(\mathcal{P};\mathcal{R}\cup\{s\to t\})}{(\mathcal{P};\mathcal{R}\cup\{s\to u\})}$; falls $t \to_{\mathcal{R}} u$ KB2

Simplify: $\dfrac{(\mathcal{P}\cup\{s \overset{v}{\longleftrightarrow} t\};\mathcal{R})}{(\mathcal{P}\cup\{s \overset{v}{\longleftrightarrow} u\};\mathcal{R})}$; falls $t \to_{\mathcal{R}} u$

$\dfrac{(\mathcal{P}\cup\{s \overset{v}{\longleftrightarrow} t\};\mathcal{R})}{(\mathcal{P}\cup\{u \overset{v}{\longleftrightarrow} t\};\mathcal{R})}$; falls $s \to_{\mathcal{R}} u$ KB3

Orient: $\dfrac{(\mathcal{P}\cup\{s \overset{v}{\longleftrightarrow} t\};\mathcal{R})}{(\mathcal{P};\mathcal{R}\cup\{s\to t\})}$; falls $s \succ t$

$\dfrac{(\mathcal{P}\cup\{s \overset{v}{\longleftrightarrow} t\};\mathcal{P})}{(\mathcal{P};\mathcal{R}\cup\{t\to s\})}$; falls $t \succ s$ KB4

Collapse: $\dfrac{(\mathcal{P};\mathcal{R}\cup\{s\to t\})}{(\mathcal{P}\cup\{u \overset{s}{\longleftrightarrow} t\};\mathcal{R})}$; falls $\begin{cases} & l \to r \in \mathcal{R} \\ \wedge & s \to_{l\to r} u \\ \wedge & (s,t) \rhd (l,r) \end{cases}$ KB5

Deduce: $\dfrac{(\mathcal{P};\mathcal{R})}{(\mathcal{P}\cup\{s \overset{v}{\longleftrightarrow} t\};\mathcal{R})}$; falls $s \overset{v}{\longleftrightarrow} t \in \mathrm{CP}(\mathcal{R})$ KB6

Wir schreiben $(\mathcal{P};\mathcal{R}) \vdash_{\mathrm{KB}} (\mathcal{P}';\mathcal{R}')$, falls $(\mathcal{P}';\mathcal{R}')$ durch Anwendung einer KB-Transformationsregel aus $(\mathcal{P};\mathcal{R})$ hervorgegangen ist. Falls die benutzte KB-Regel bekannt ist, schreiben wir $(\mathcal{P};\mathcal{R}) \vdash_{\mathrm{KB}i} (\mathcal{P}';\mathcal{R}')$ für ein $i \in \{1,\ldots,6\}$.

Bemerkungen zu den KB-Transformationsregeln:

1. Die Relation $\rhd$ wird oft wie folgt definiert: Für Termpaare (s,t) und (l,r) sei $(s,t) \rhd (l,r)$, falls eine Instanz von l ein Subterm von s ist oder $s \doteq l$ und eine Instanz von r ein Subterm von t ist.

2. Die Bedingung $(s,t) \rhd (l,r)$ aus der Collapse-Regel stellt sicher, daß es keine unendlichen Ketten von kollabierenden Regeln gibt. Insbesondere verhindert sie, daß z. B. eine Regel durch ihre eigene Kopie kollabiert.

   Wenn man davon ausgeht, daß nur vollständig normalisierte kritische Gipfel orientiert werden, dann kann es nie passieren, daß zwei Regeln mit der gleichen linken Seite in $\mathcal{R}$ vorkommen und die Bedingung $(s,t) \rhd (l,r)$ ist dann immer erfüllt.

3. Eine Gleichung $s \leftrightarrow t$ kann als Pseudogipfel $s \overset{\top}{\longleftrightarrow} t$ betrachtet werden. Dabei ist $\top \notin T(\mathcal{F}, \mathcal{X})$ ein Pseudoterm. Um ein vollständiges zu einer Gleichungsmenge $\mathcal{E}$ äquivalentes Termersetzungssystem zu berechnen, startet man die Vervollständigung mit dem Paar
$$(\{s \overset{\top}{\longleftrightarrow} t \mid s \leftrightarrow t \in \mathcal{E}\}; \emptyset)$$
und sucht ein vollständiges Termersetzungssystem $\mathcal{R}$, so daß
$$(\{s \overset{\top}{\longleftrightarrow} t \mid s \leftrightarrow t \in \mathcal{E}\}; \emptyset) \vdash^*_{\text{KB}} (\emptyset; \mathcal{R}).$$

Beispiel 10.2
Sei $\mathcal{F} = \{a :\to S, f : S \times S \to S\}$ und $x, y, w, z \in \mathcal{X}$. Dann läßt sich $\mathcal{E}$ aus Beispiel 10.1, wie in Abbildung 10.1 dargestellt, in ein vollständiges Termersetzungssystem transformieren.

Es lassen sich noch zwei weitere kritische Gipfel berechnen, die jedoch konfluent sind. Danach läßt sich auf $\mathcal{R}_4$ keine KB-Regel mehr anwenden mit Ausnahme von der Regel KB6 (Deduce). Jedoch können keine *neuen* Gipfel mehr abgeleitet werden. Somit ist $\mathcal{R}_4$ vollständig. □

Im folgenden wollen wir Eigenschaften der Vervollständigung untersuchen, allen voran die Korrektheit[2] der KB-Transformationen.

Definition 10.1
Sei $\mathcal{P}$ eine Menge von Gipfeln. Dann gilt $s \to_{\mathcal{P}} t$, falls

1. $l \overset{\top}{\longleftrightarrow} r \in \mathcal{P}$ *und* $s \to_{l \to r} t$ *oder* $s \to_{r \to l} t$ *oder*

2. $l \overset{v}{\longleftrightarrow} r \in \mathcal{P}$ *für* $v \in T(\mathcal{F}, \mathcal{X})$ *und es gibt ein* t'*, so daß* $s \leftarrow_{v \to l} t' \to_{v \to r} t$ *oder* $s \leftarrow_{v \to r} t' \to_{v \to l} t$.

Im folgenden sei $\sim_{(\mathcal{P};\, \mathcal{R})} \;=\; (\leftrightarrow_{\mathcal{P}} \cup \leftrightarrow_{\mathcal{R}})$*, das heißt* $s \sim_{(\mathcal{P};\, \mathcal{R})} t$ *bedeutet* $s \leftrightarrow_{\mathcal{P}} t$ *oder* $s \to_{\mathcal{R}} t$ *oder* $s \leftarrow_{\mathcal{R}} t$*. Falls* $(\mathcal{P};\, \mathcal{R})$ *aus dem Zusammenhang heraus klar ist, schreiben wir einfach* $s \sim t$*.*

Satz 10.1 (Korrektheit von KB)
Seien $\mathcal{P}, \mathcal{P}'$ Mengen von Gipfeln und $\mathcal{R}, \mathcal{R}'$ Termersetzungssysteme. Wenn $(\mathcal{P};\, \mathcal{R}) \vdash^*_{\text{KB}} (\mathcal{P}';\, \mathcal{R}')$, dann ist
$$(\leftrightarrow_{\mathcal{P}} \cup \leftrightarrow_{\mathcal{R}})^* = (\leftrightarrow_{\mathcal{P}'} \cup \leftrightarrow_{\mathcal{R}'})^*.$$

[2] Algorithmisch gesehen untersuchen wir die partielle Korrektheit. In der Logik hat der Begriff Korrektheit (engl. *soundness*) eine schwächere Bedeutung und besagt, daß aus wahren Voraussetzungen nur wahre Aussagen abgeleitet werden.

$$(\mathcal{P}_0;\mathcal{R}_0) = (\{f(a,a) \overset{\top}{\longleftrightarrow} a, f(f(x,y),z) \overset{\top}{\longleftrightarrow} f(x,f(y,z))\};\ \emptyset)$$

$$\vdash_{\text{KB4: }\mathit{orient}}$$

$$(\mathcal{P}_1;\mathcal{R}_1) = (\{f(a,a) \overset{\top}{\longleftrightarrow} a\};\ \{f(f(x,y),z) \to f(x,f(y,z))\})$$

$$\vdash_{\text{KB4: }\mathit{orient}}$$

$$(\mathcal{P}_2;\mathcal{R}_2) = (\emptyset;\ \{f(a,a) \to a, f(f(x,y),z) \to f(x,f(y,z))\})$$

$$\vdash_{\text{KB6: }\mathit{deduce}}$$

$$(\mathcal{P}_3;\mathcal{R}_3) = (\{f(a,f(a,z)) \overset{f(f(a,a),z)}{\longleftrightarrow} f(a,z)\};\ \{f(a,a) \to a, f(f(x,y),z) \to f(x,f(y,z))\})$$

$$\vdash_{\text{KB4: }\mathit{orient}}$$

$$(\mathcal{P}_4;\mathcal{R}_4) = (\emptyset;\ \{f(a,a) \to a, f(f(x,y),z) \to f(x,f(y,z)), f(a,f(a,z)) \to f(a,z)\})$$

$$\vdash_{\text{KB6: }\mathit{deduce}}$$

$$(\mathcal{P}_5;\mathcal{R}_5) = (\{f(a,a) \overset{f(a,f(a,a))}{\longleftrightarrow} f(a,a)\};\ \mathcal{R}_4)$$

$$\vdash_{\text{KB6: }\mathit{delete}}$$

$$(\mathcal{P}_6;\mathcal{R}_6) = (\emptyset;\ \mathcal{R}_4)$$

$$\vdash_{\text{KB6: }\mathit{deduce}}$$

$$(\mathcal{P}_7;\mathcal{R}_7) = (\{f(f(x',y'),f(y,z)) \overset{f(f(f(x',y'),y),z)}{\longleftrightarrow} f(f(x',f(y',y)),z)\};\ \mathcal{R}_4)$$

$$\vdash^{*}_{\text{KB3: }\mathit{simplify}}$$

$$(\mathcal{P}_8;\mathcal{R}_8) = (\{f(x',f(y',f(y,z)) \overset{f(f(f(x',y'),y),z)}{\longleftrightarrow} f(x',f(y',f(y,z)))\};\ \mathcal{R}_4)$$

$$\vdash_{\text{KB6: }\mathit{delete}}$$

$$(\mathcal{P}_9;\mathcal{R}_9) = (\emptyset;\ \mathcal{R}_4)$$

$$\vdots$$

Abbildung 10.1: Anwendung von KB-Transformationen

Beweis: (Skizze)
Induktion über die Länge der KB-Ableitung. Für jede 1-Schritt-Ableitung $(\mathcal{P};\ \mathcal{R}) \vdash_{KBi} (\mathcal{P}';\ \mathcal{R}')$ zeigt man

$$s \sim_{(\mathcal{P};\ \mathcal{R})} t \Rightarrow s \sim^*_{(\mathcal{P}';\ \mathcal{R}')} t$$

und

$$s \sim_{(\mathcal{P}';\ \mathcal{R}')} t \Rightarrow s \sim^*_{(\mathcal{P};\ \mathcal{R})} t.$$

Die einzelnen Schritte sind relativ offensichtlich und daher den Lesern als Übung überlassen. □

10.2 Die Vervollständigungsprozedur

Leider terminieren KB-Ableitungen im allgemeinen nicht. Diese Tatsache wirft zwei Fragen auf. Erstens, kann man einer nichtterminierenden Ableitung dennoch nützliche Informationen über die ursprüngliche Spezifikation entnehmen? Und zweitens, sofern dies möglich ist, wie kann man sicherstellen, daß eine Vervollständigung so viel Information wie möglich berechnet?

Wir betrachten eine Vervollständigung als KB-Ableitung:

$$(\mathcal{P}_0;\ \mathcal{R}_0) \vdash_{KB} (\mathcal{P}_1;\ \mathcal{R}_1) \vdash_{KB} \cdots \vdash_{KB} (\mathcal{P}_n;\ \mathcal{R}_n) \vdash_{KB} \cdots$$

dann heißt

$\mathcal{P}_\infty := \bigcup_{i\geq 0} \bigcap_{j\geq i} \mathcal{P}_j$ die Menge der *persistenten Gipfel* und
$\mathcal{R}_\infty := \bigcup_{i\geq 0} \bigcap_{j\geq i} \mathcal{R}_j$ die Menge der *persistenten Regeln*.

Ein Vervollständigungsprozeß ist *erfolgreich*, falls $\mathcal{P}_\infty = \emptyset$ und $\mathcal{R}_\infty$ vollständig ist. Insbesondere kann der Vervollständigungsprozeß beendet werden, sobald $(\mathcal{P}_n;\ \mathcal{R}_n)$ gefunden werden mit $\mathcal{P}_n = \emptyset$ und $\mathcal{R}_n$ ist vollständig.

Eine KB-*Ableitung* heißt *fair*, wenn

1. sie keine persistenten Gipfel enthält, das heißt, jeder Gipfel wird nach endlich vielen Schritten durch eine der Operationen Simplify, Orient oder Delete modifiziert und
2. alle kritischen Gipfel von $\mathcal{R}_\infty$ in $\bigcup_i \mathcal{P}_i$ vorkommen.

Falls $s \overset{v}{\longleftrightarrow} t \in \mathcal{P}_i$ weder orientierbar noch simplifizierbar ist und $s \not\equiv t$, das heißt $s \overset{v}{\longleftrightarrow} t$ ist persistent für alle KB-Ableitungen, dann *schlägt die Vervollständigung fehl* und muß erfolglos abgebrochen werden.

Eine KB-*Ableitungsstrategie* ist eine Strategie, die angibt, in welcher Reihenfolge KB-Regeln angewendet werden. Eine *Ableitungsstrategie* heißt *fair*, wenn sie entweder faire oder fehlschlagende Ableitungen erzeugt.

$\mathcal{R}$:= **COMPLETE**$(\mathcal{E}, \succ)$

[Knuth-Bendix completion procedure.
$\mathcal{E}$ is a set of equations and $\succ$ is a term ordering. Then upon success $\mathcal{R}$ is a canonical term rewriting system which is equivalent to $\mathcal{E}$. Otherwise *COMPLETE* fails.]

(1) [Initialise.] $\mathcal{R} := \emptyset; \mathcal{P} := \{a \overset{\top}{\longleftrightarrow} b \mid a \leftrightarrow b \in \mathcal{E}\}$.

(2) [Stop?] **if** $\mathcal{P} = \emptyset$ **then return** $\mathcal{R}$ and **stop**.

(3) [Orient.] $a \overset{c}{\longleftrightarrow} b := Select(\mathcal{P}); \mathcal{P} := \mathcal{P} \backslash \{a \overset{c}{\longleftrightarrow} b\}$;
if $a \succ b$ **then** $\{l := a; r := b\}$
else if $b \succ a$ **then** $\{l := b; r := a\}$
else stop with failure;
$\mathcal{R} := \mathcal{R} \cup \{l \to r\}$.

(4) [Collapse.] **while** the *collapse*-inference rule applies **do**
$(\mathcal{P}; \mathcal{R}) := Collapse((\mathcal{P}; \mathcal{R}))$.

(5) [Compose.] **while** the *compose*-inference rule applies **do**
$(\mathcal{P}; \mathcal{R}) := Compose((\mathcal{P}; \mathcal{R}))$.

(6) [Deduce.] Let $l' \to r'$ be a copy of $l \to r$ with variables renamed.
$CP := \{s \overset{v}{\longleftrightarrow} t \mid s \overset{v}{\longleftrightarrow} t$ is a critical peak of $l' \to r'$ and a rule in $\mathcal{R}\}$;
$\mathcal{P} := \mathcal{P} \cup CP$.

(7) [Simplify.] **while** the *simplify*-inference rule applies **do**
$(\mathcal{P}; \mathcal{R}) := Simplify((\mathcal{P}; \mathcal{R}))$.

(8) [Delete.] **while** the *delete*-inference rule applies **do**
$(\mathcal{P}; \mathcal{R}) := Delete((\mathcal{P}; \mathcal{R}))$;
continue with step 2. □

Abbildung 10.2: Prozedur *COMPLETE*

Unabhängig von der gewählten Strategie kann ein Vervollständigungsprozeß auf unterschiedliche Weise „enden“:

- erfolgreich mit einem vollständigen Termersetzungssystem als Resultat,
- durch nicht erfolgreichen Abbruch (failure), wenn es einen persistenten Gipfel $s \overset{v}{\longleftrightarrow} t$ mit $s \not\equiv t$, $s \not\succ t$ und $t \not\succ s$ gibt oder
- der Prozeß terminiert nicht, weil mehr Gipfel erzeugt werden als gelöscht oder zu Regeln orientiert werden können. Der letzte Fall wird als *Divergenz* der Vervollständigung bezeichnet.

Die Fairness einer Ableitungsstrategie ist nun die Eigenschaft, die eine unnötige Divergenz oder einen unnötigen Abbruch verhindert. Die Fairness von *COMPLETE* aus Abbildung 10.2 hängt von der Gleichungsauswahlfunktion *Select* in Schritt 3 (Orient) ab. Eine faire Auswahlstrategie ist zum Beispiel die FIFO-Strategie (first in – first out), die die Gipfel in der Reihenfolge orientiert, in der sie erzeugt werden. Allgemein liegt einer fairen Strategie eine wohlfundierte Ordnung $\succeq$ über den Gipfeln (beziehungsweise Gleichungen oder Paaren) zugrunde. Die Auswahlfunktion sucht dann jeweils das bzgl. $\succeq$ kleinste Element aus. Typische Ordnungen basieren auf Kombinationen von Gewichtsfunktionen (z. B. Anzahl der Positionen im kritischen Paar) und dem Alter der Gipfel. Ein Beispiel einer unfairen Strategie ist eine LIFO-Strategie (last in — first out), bei der immer der zuletzt erzeugte Gipfel orientiert wird. Bei einer solche Strategie kann ein früh erzeugter Gipfel „verhungern“.

Die in *COMPLETE* vorgestellte Strategie ist bei weitem nicht die einzig mögliche oder sinnvolle Strategie. Es soll hier auch nicht behauptet werden, es sei die beste aller möglichen Strategien. Es gibt keine allgemein anerkannte beste Strategie und die Entscheidung für eine solche Strategie ist oft „Glaubenssache“. In Wahrheit hängt die Güte einer Strategie ganz stark vom berechneten Beispiel ab. Lescanne (1989) hat eine Untersuchung verschiedener Strategien durchgeführt. In dieser Untersuchung schnitt eine sogenannte ANS-Strategie, die KB-Regeln mit folgender (abnehmender) Priorität anwendet:

1. collapse, compose,
2. remove, simplify,
3. orient,
4. deduction,

am besten ab. Anders als bei der Strategie von *COMPLETE* sollen bei der ANS-Strategie so wenig kritische Gipfel wie möglich auf einmal berechnet werden.

Die folgende Ablaufverfolgung einer Vervollständigung wurde von der Knuth-Bendix-Vervollständigung des ReDuX-Termersetzungslabors aufgezeichnet. Es vervollständigt die Gleichungstheorie der freien Gruppe und löst unter anderem das Problem aus der Einleitung dieses Kapitels. ReDuX benutzt die gleiche Strategie wie *COMPLETE*. Bevor die Vervollständigung beginnt, wird eine Termordnung gewählt und initialisiert, bezüglich der die kritischen

Paare[3] orientiert werden. Die gewählte Ordnung ist eine Knuth-Bendix-Ordnung, die am Anfang initialisiert wird. Von den verschiedenen vorhandenen Varianten der Vervollständigung wird die einfachste (plain) gewählt. Selbst diese einfache Variante ist etwas effizienter als *COMPLETE*, da sie ein einfaches Redundanzkriterum für kritische Gipfel (Paare) einsetzt, das die unnötige Reduktion und Orientierung gewisser Gipfel (Paare) verhindert.

```
-><--><--><--><--><--><--><--><--><--><--><-
|                                          |
|        ReDuX - Knuth-Bendix laboratory   |
V                                          V
->->->->->->->->->->-><-<-<-<-<-<-<-<-<-<-<-


Loading your data type ...
Acception time: 34 ms.

DATATYPE GROUP;
SORT
        G;
CONST
        1: G;
VAR
        x, y, z: G;
OPERATOR
        1/: G -> G;
        *: G, G -> G;
NOTATION
        1/: PREFIX;
        *: INFIX;
AXIOM
 [1] 1 * x == x;
 [2] (1/x) * x == 1;
 [3] (x * y) * z == x * (y * z);
END
Display time: 0 ms.

Ready? *
yes

You have following choices:
  u - unify two terms
  m - match two terms
  e - test equality of two terms
  p - prove equational theorem
```

[3]ReDuX speichert kritische Paare mit „Herkunftsinformation“ anstatt von kritischen Gipfeln.

```
  n - normalize term
  k - run Knuth-Bendix completion procedure
  i - de/install term ordering
  s - select term ordering
  o - order axiom
  O - order axioms of data type
  d - display data type
  S - show times and counters
  r - reset times and counters
  h - help, print menu
  q - quit
Go on [u/m/e/n/k/i/s/o/O/d/S/r/h/q]?  *
i

Do you want to
  i - install term orderings or
  d - de-install term orderings or
  c - cancel action          [i/d/c]? *
i

Already installed orderings:
Initialization of term orderings.
The following term orderings are supported:
  P  -- Path ordering (with l-r and r-l status)
  K  -- Knuth-Bendix ordering. Not AC-compatible!
  1. -- polynomial ordering
  2. -- polynomial ordering
  3. -- polynomial ordering
  4. -- polynomial ordering
  5. -- polynomial ordering
  6. -- polynomial ordering
  7. -- polynomial ordering
  8. -- polynomial ordering
  9. -- polynomial ordering

Which of these orderings shall be added ?
Input string of {P,K,1,2,3,4,5,6,7,8,9} *
k

The accepted string is K. Ok [Y/N]? *
Y

for defining a Knuth-Bendix ordering on type GROUP

give non-negative indexes and weights for constants
(weights all positive)
1: G  index *
```

```
0

 weight *
1

give non-negative indexes and weights for operators
(weights for unary operators all positive, with the
possible exception of the operator with largest index.)
1/: G -> G
  index *
2

 weight *
0

*: G, G -> G
  index *
1

 weight *
0

Initialized orderings:
K

Go on [u/m/e/n/k/i/s/o/O/d/S/r/h/q]?  *
s

The following term orderings are installed:
  K -- Knuth-Bendix ordering
  S -- Straight (pseudo) ordering
  R -- Reverse (pseudo) ordering

Input a string consisting of at most one occurence of the above or-
derings to select the lexicographic combination of these orderings.
Input string *
k

The accepted string is 'K'. Ok [Y/N]? *
y

Go on [u/m/e/n/k/i/s/o/O/d/S/r/h/q]?  *
k

Which kind of completion procedure do you want to run?
  p - plain completion
  s - completion with subconnectedness criterion
```

```
  t - completion with transformation criterion
  c - completion with both criteria
  q - quit completion
Chose one of [p/s/t/c/q] *
p

Knuth-Bendix algorithm.
[$Revision: 1.18 $]
Beginning completion of GROUP-data-type.

Do you want to set trace options? [Y/N] *
n

Do you want to work
  s -  in step mode (manual orientation),
  a -  in automatic mode
       (manual orientation on failure) or
  A -  in strict automatic mode?
Enter your choice [s/a/A]. *
a

 Old axiom no 1,
1 * x == x,
 considered Proposing old axiom no 1,
1 * x == x,
 as new axiom no 1.
1 * x   >   x
 No axiom can be reduced by new axiom no 1.

 No theorems derived so far.

 Old axiom no 2,
(1/x) * x == 1,
 considered Proposing old axiom no 2,
(1/x) * x == 1,
 as new axiom no 2.
(1/x) * x   >   1
 No axiom can be reduced by new axiom no 2.

 No theorems derived so far.

 Old axiom no 3,
(x * y) * z == x * (y * z),
 considered Proposing old axiom no 3,
(x * y) * z == x * (y * z),
 as new axiom no 3.
(x * y) * z   >   x * (y * z)
```

```
 No axiom can be reduced by new axiom no 3.
 3 new theorems can be derived by new axiom no 3.
  1 of them must be retained unproved.

 3 theorems derived in total,
  1 of them still unproved.

 Proposing theorem
z == (1/x) * (x * z)
 (from 2 and 3) as new axiom no 4.
z   <   (1/x) * (x * z)
 No axiom can be reduced by new axiom no 4.
 5 new theorems can be derived by new axiom no 4.
  4 of them must be retained unproved.

 8 theorems derived in total,
  4 of them still unproved.

 Proposing theorem
(1/1) * x == x
 (from 1 and 4) as new axiom no 5.
(1/1) * x   >   x
 No axiom can be reduced by new axiom no 5.
 4 new theorems can be derived by new axiom no 5.
  1 of them must be retained unproved.

 12 theorems derived in total,
  4 of them still unproved.

 Proposing theorem
(1/1/x) * z == x * z
 (from 4 and 4) as new axiom no 6.
(1/1/x) * z   >   x * z
 No axiom can be reduced by new axiom no 6.
 4 new theorems can be derived by new axiom no 6.
  2 of them must be retained unproved.

 16 theorems derived in total,
  4 of them still unproved.

 Proposing theorem
x * 1 == x
 (from 2 and 4) as new axiom no 7.
x * 1   >   x
 No axiom can be reduced by new axiom no 7.
 7 new theorems can be derived by new axiom no 7.
  3 of them must be retained unproved.
```

```
 23 theorems derived in total,
  6 of them still unproved.

 Proposing theorem
1 == x * 1/x
 (from 2 and 6) as new axiom no 8.
1    <    x * 1/x
 No axiom can be reduced by new axiom no 8.
 6 new theorems can be derived by new axiom no 8.
  5 of them must be retained unproved.

 29 theorems derived in total,
  10 of them still unproved.

 Proposing theorem
1 == 1/1
 (from 2 and 7) as new axiom no 9.
1    <    1/1
 1 axiom can be reduced by new axiom no 9.
 4 new theorems can be derived by new axiom no 9.
  All of them can be proved.

 33 theorems derived in total,
  6 of them still unproved.

 Old axiom no 5,
(1/1) * x == x,
 considered and proved.

 Proposing theorem
x == 1/1/x
 (from 6 and 7) as new axiom no 10.
x    <    1/1/x
 1 axiom can be reduced by new axiom no 10.
 5 new theorems can be derived by new axiom no 10.
  1 of them must be retained unproved.

 38 theorems derived in total,
  4 of them still unproved.

 Old axiom no 6,
(1/1/x) * z == x * z,
 considered and proved.

 Proposing theorem
z == x * ((1/x) * z)
```

```
 (from 8 and 3) as new axiom no 11.
z   <   x * ((1/x) * z)
 No axiom can be reduced by new axiom no 11.
 11 new theorems can be derived by new axiom no 11.
  1 of them must be retained unproved.

 49 theorems derived in total,
  3 of them still unproved.

 Proposing theorem
x * (y * 1/(x * y)) == 1
 (from 3 and 8) as new axiom no 12.
x * (y * 1/(x * y))   >   1
 No axiom can be reduced by new axiom no 12.
 17 new theorems can be derived by new axiom no 12.
  6 of them must be retained unproved.

 66 theorems derived in total,
  8 of them still unproved.

 Proposing theorem
1/x == y * 1/(x * y)
 (from 12 and 4) as new axiom no 13.
1/x   <   y * 1/(x * y)
 1 axiom can be reduced by new axiom no 13.
 13 new theorems can be derived by new axiom no 13.
  6 of them must be retained unproved.

 79 theorems derived in total,
  8 of them still unproved.

 Old axiom no 12,
x * (y * 1/(x * y)) == 1,
 considered and proved.

 Proposing theorem
(1/y) * 1/x == 1/(x * y)
 (from 13 and 4) as new axiom no 14.
(1/y) * 1/x   <   1/(x * y)
 1 axiom can be reduced by new axiom no 14.
 12 new theorems can be derived by new axiom no 14.
  All of them can be proved.

 91 theorems derived in total,
  all of them proved.

 Old axiom no 13,
```

```
y * 1/(x * y) == 1/x,
 considered and proved.

Completion of GROUP-data-type succeeded.

134 unifications and 1931 matches attempted including detection of
14 non-trivially subconnected pairs.
14 critcal pairs compared.
154 rewrites performed.

unification-time=0 ms.
rewriting-time = 119 ms, including 0 ms copying and 17 ms matching.
scheduling-time= 0 ms.
ordering - time= 0 ms.

Bar diagram of critical pair queue:
  1 0
  2 0
  3 -1
  4 ----4
  5 ----4
  6 ----4
  7 ------6
  8 ---------10
  9 ------6
 10 ----4
 11 ---3
 12 --------8
 13 --------8
 14 0
The maximum is 10.
The cumulative sum of critical pairs is 58

net completion time = 102 ms.

continue *


DATATYPE GROUP;
SORT
        G;
CONST
        1: G;
VAR
        x, y, z: G;
OPERATOR
        1/: G -> G;
```

```
        *: G, G -> G;
NOTATION
        1/: PREFIX;
        *: INFIX;
PROPERTY
        x: KBINDEX=-1, KBWEIGHT=1;
        y: KBINDEX=-1, KBWEIGHT=1;
        z: KBINDEX=-1, KBWEIGHT=1;
        1: KBINDEX=0, KBWEIGHT=1;
        1/: KBINDEX=2, KBWEIGHT=0;
        *: KBINDEX=1, KBWEIGHT=0;
AXIOM
 [9] 1/1 == 1;
 [1] 1 * x == x;
 [7] x * 1 == x;
[10] 1/1/x == x;
 [2] (1/x) * x == 1;
 [8] x * 1/x == 1;
[14] 1/(x * y) == (1/y) * 1/x;
 [3] (x * y) * z == x * (y * z);
 [4] (1/x) * (x * z) == z;
[11] x * ((1/x) * z) == z;
END

gross completion time = 102 ms.
continue *

Go on [u/m/e/n/k/i/s/o/O/d/S/r/h/q]?  *
q

578 symbols and 1199 properties.
0 Garbage collections, 0 cells reclaimed, in 0 ms.
113065 cells in AVAIL, 128000 cells in space.
```

Die Regeln 7 und 8 sind die in Aufgabe 10.1 gesuchten Gleichungen. Ihre Herleitungen ergeben sich aus den Inferenzen, die zu den entsprechenden Paaren (bzw. Regeln) geführt haben (siehe auch Abbildung 10.3). Dabei sind die Spitzen der kritischen Gipfel die Terme, die der „Intuition" eines guten Mathematikers entspringen sollen. Die Vervollständigung demystifiziert diese mathematische „Intuition" ein wenig, indem sie Regeln zur Konstruktion derartiger Terme angibt. Es genügt – ausgehend von vorhanden Gleichungen oder Regeln – kritische Gipfel zu berechnen, um alle neu im Beweis vorkommenden Terme zu erzeugen. Andere „frei geratene" Terme werden als Stützstellen des Beweises mit Sicherheit nicht benötigt.

Verschiedene Vervollständigungen können verschiedene Ergebnisse liefern, selbst wenn sie alle erfolgreich sind und auf der gleichen Termordnung basieren. Das liegt daran, daß die Ergebnisse überflüssige oder unnötig schwache Regeln enthalten können.

Definition 10.2
Ein Termersetzungssystem $\mathcal{R}$ heißt (durch)reduziert *(engl. interreduced), falls für alle Regeln $l \to r \in \mathcal{R}$ gilt:*

1. *r ist in $\mathcal{R}$-Normalform und*

2. *l ist irreduzibel bezüglich $\mathcal{R} \setminus \{l \to r\}$.*

Ein Termersetzungssystem $\mathcal{R}$ heißt kanonisch, *falls es vollständig und reduziert ist.*

Satz 10.2 (Métivier, 1983)
Zu jedem vollständigen Termersetzungssystem $\mathcal{R}$ gibt es ein kanonisches Termersetzungssystem $\mathcal{R}'$ mit $\mathcal{R}' \subseteq \{l \to r' \mid l \to r \in \mathcal{R}, r'$ ist in $\mathcal{R}$-Normalform von $r\}$. □

Bemerkung: Für ein gegebenes Termersetzungssystem $\mathcal{R}$ und eine Termordnung $\succ \supseteq \to_{\mathcal{R}}$ ist $\mathcal{R}'$ aus dem Satz 10.2 eindeutig bestimmt. Daher erklärt sich die Bezeichnung „kanonisch".

10.3 Beweistransformation

Wie wir gesehen haben, muß eine Vervollständigungsprozedur nicht unbedingt mit einem vollständigen Termersetzungssystem terminieren. Es ist jedoch noch ungeklärt, ob eine nichterfolgreiche Vervollständigung immer auf eine unfaire oder ungeschickte Strategie zurückgeführt werden kann. Wie die beiden folgenden Sätze zeigen, ist die Antwort negativ: es gibt Eingaben, bei denen keine Strategie zum Erfolg führen kann. Dabei sind beide Formen des Mißerfolgs möglich: die Divergenz (Nichttermination) der Vervollständigung und ein Fehlschlag der Vervollständigung.

Satz 10.3
Es gibt Regel- oder Gleichungsmengen, für die es nicht-erfolgreiche faire KB*-Ableitungen gibt.*

Beweis:
Wir betrachten das Termersetzungssystem

$$\mathcal{R}_0 = \{f(g(f(x))) \to g(f(x))\}.$$

$\mathcal{R}_0$ terminiert sicher und folgender kritische Gipfel kann gebildet werden:

$$\begin{array}{ccc} & f(g(f(g(f(x))))) & \\ \swarrow & & \searrow \\ g(f(g(f(x)))) & & f(g(g(f(x)))) \\ \downarrow & & \\ g(g(f(x))) & & \end{array}$$

Ohne gegen die Terminationseigenschaft zu verstoßen, kann der reduzierte Gipfel nur zu der Regel $f(g(g(f(x)))) \to g(g(f(x)))$ orientiert werden. Als nächster Gipfel muß

$$\begin{array}{ccc} & f(g(g(f(g(f(x)))))) & \\ \swarrow & & \searrow \\ g(g(f(g(f(x))))) & & f(g(g(g(f(x))))) \\ \downarrow & & \\ g(g(g(f(x)))) & & \end{array}$$

betrachtet werden, was zur Regel $f(g(g(g(f(x))))) \to g(g(g(f(x))))$ führt. In der Folge werden alle Regeln der Form $f(g^i(f(x))) \to g^i(f(x))$ gebildet, wobei $g^i(\dots)$ bedeutet, daß der Operator g i-mal gestapelt ist. Allgemein gilt, ein Gipfel

$$\begin{array}{ccc} & f(g^n(f(g^m(f(x))))) & \\ \swarrow & & \searrow \\ g^n(f(g^m(f(x)))) & & f(g^{m+n}(f(x))) \\ \downarrow * & & \\ g^{m+n}(f(x)) & & \end{array}$$

führt zu einer Regel $f(g^{m+n}(f(x))) \to g^{m+n}(f(x))$. Somit ist

$$\mathcal{R}_\infty = \{f(g^i(f(x))) \to g^i(f(x)) \mid 1 \leq i \in \mathbb{N}\}$$

unendlich groß und die Vervollständigung bricht nie ab. □

Satz 10.4
Es gibt Gleichungsmengen $\mathcal{E}$, für die jede Vervollständigungsstrategie fehlschlägt.

Beweis:
Das einfachste Beispiel ist das Kommutativgesetz

$$\mathcal{E} = \{f(x,y) \leftrightarrow f(y,x)\},$$

da es nicht orientiert werden kann, ohne die Terminationseigenschaft zu verletzen. □

Nach den „schlechten Nachrichten" aus den vorhergehenden zwei Sätzen wollen wir jetzt ein positives Resultat erarbeiten. Es bleibt die Frage offen, ob es in all den Fällen eine erfolgreiche Vervollständigung gibt, in denen das gesuchte Ergebnis, ein vollständiges Termersetzungssystem, existiert. Eine derartige Eigenschaft eines Kalküls heißt in der Logik *Vollständigkeit.* Somit interessiert uns die Frage nach der Vollständigkeit des durch die KB-Inferenzregeln beschriebenen Kalküls. Um diese Frage zu beantworten, wollen wir unser Konzept von „Erfolg" etwas abschwächen.

Wir wollen die Vervollständigungsprozedur als *Beweisprozedur* benutzen. Ziel einer solchen Beweisprozedur ist es, die Gültigkeit einer Gleichung $s \leftrightarrow t$ modulo einer Gleichungsspezifikation $\mathcal{E}_0$ zu beweisen. Sei $\mathcal{P}_0$ die entsprechende Menge von Pseudogipfeln. Dann wird ein

Termersetzungssystem $\mathcal{R}_i$ gesucht, das sich durch Vervollständigung aus $\mathcal{P}_0$ herleiten läßt (d. h. $(\mathcal{P}_0; \emptyset) \vdash^*_{\text{KB}} (\mathcal{P}_i; \mathcal{R}_i)$) und das einen Reduktionsbeweis von $s \leftrightarrow t$ erlaubt. Die KB-Regeln beschreiben dann einen vollständigen Kalkül, wenn für alle *beweisbaren Gleichungen* (d. h. für Gleichungen $s \leftrightarrow t$, für die $s \leftrightarrow^*_{\mathcal{E}} t$ gilt) ein Reduktionsbeweis gefunden wird. Es muß jedoch bemerkt werden, daß die Vollständigkeit der Beweisprozedur keine Aussage über das Verhalten der Vervollständigung macht, wenn versucht wird, eine ungültige Gleichung zu beweisen.

Dieses Konzept von Erfolg ist schwächer als das aus dem vorherigen Abschnitt, weil wir jetzt nur eine einzelne Gleichung beweisen wollen.[4] Das Suchen nach einem vollständigen Termersetzungssystem entspricht der simultanen Suche nach Reduktionsbeweisen für *alle* modulo $\mathcal{E}_0$ gültigen Gleichungen, wobei alle diese Reduktionsbeweise mit dem gleichen (vollständigen) Termersetzungssystem durchgeführt werden können. Übrigens, nur in dem Fall, daß ein vollständiges Termersetzungssystem gefunden wird, können wir als Konsequenz des Satzes von Birkhoff feststellen, daß eine ungültige Gleichung nicht gilt.

Leider ist ein Vollständigkeitsbeweis für die Knuth-Bendix-Vervollständigung so ohne weiteres nicht möglich. Die Tatsache, daß Vervollständigungen fehlschlagen können, zwingt uns zu einer weiteren Einschränkung.

Satz 10.5
Sei $\mathcal{P}_0$ eine Gipfelmenge, für die es eine nicht fehlschlagende faire KB-*Ableitung*

$$(\mathcal{P}_0;\ \emptyset) \vdash_{\text{KB}} (\mathcal{P}_1;\ \mathcal{R}_1) \vdash_{\text{KB}} (\mathcal{P}_2;\ \mathcal{R}_2) \vdash_{\text{KB}} \cdots$$

gibt. Dann gibt es für alle $s, t \in T(\mathcal{F}, \mathcal{X})$ mit $s \leftrightarrow^*_{\mathcal{P}_0} t$ ein $i \in \mathbb{N}$ und ein $n \in T(\mathcal{F}, \mathcal{X})$, so daß

$$s \rightarrow^*_{\mathcal{R}_i} n \leftarrow^*_{\mathcal{R}_i} t.$$

Um Satz 10.5 zu beweisen, betrachtet man Ketten von Reduktions- und Gipfelanwendungen zwischen s und t. Jede dieser Ketten nennt man einen „Beweis" für die Gleichheit von s und t. Man definiert nun eine wohlfundierte Ordnung auf diesen „Beweisen", deren minimale Elemente Reduktionsbeweise der Form $s \rightarrow^*_{\mathcal{R}_i} n \leftarrow^*_{\mathcal{R}_i} t$ sind und zeigt, daß im Laufe der Vervollständigung die „Beweise" von $s \leftrightarrow t$ immer kleiner werden.

Definition 10.3
Eine Kette $\langle t_1 \sim_{(\mathcal{P};\,\mathcal{R})} t_2 \sim_{(\mathcal{P};\,\mathcal{R})} t_3 \ldots \sim_{(\mathcal{P};\,\mathcal{R})} t_n\rangle$ heißt ein Beweis *von $t_1 \leftrightarrow t_n$ in $(\mathcal{P};\ \mathcal{R})$. Sei V ein Beweis von $t_1 \leftrightarrow t_k$ und W ein Beweis von $t_k \leftrightarrow t_n$, dann ist $VW = \langle t_1 \sim \ldots \sim t_k \sim t_{k+1} \sim \ldots \sim t_n\rangle$ ein Beweis von $t_1 \leftrightarrow t_n$.*

Ein Beweis $\langle t_1 \rightarrow_{\mathcal{R}} t_2 \rightarrow_{\mathcal{R}} \ldots \rightarrow_{\mathcal{R}} t_k \leftarrow_{\mathcal{R}} \ldots \leftarrow_{\mathcal{R}} t_{n-1} \leftarrow_{\mathcal{R}} t_n\rangle$ heißt ein Reduktionsbeweis *oder* Beweis in V-Form.

Für alle Terme t ist $\langle t\rangle$ der leere Beweis *von $t \leftrightarrow t$.*

[4] Wir erinnern uns: Das war auch die ursprüngliche Aufgabenstellung unserer Knobelaufgabe.

Der Satz 10.5 besagt, daß die Vervollständigungsprozedur jeden Beweis W für $s \leftrightarrow t$ in $(\mathcal{P}_0;\ \mathcal{R}_0)$ in einen Reduktionsbeweis V für $s \leftrightarrow t$ in $(\mathcal{P}_i;\ \mathcal{R}_i)$ transformiert, vorausgesetzt die Vervollständigung schlägt nicht fehl. Eine solche Transformation ist in Abbildung 10.3 skizziert.

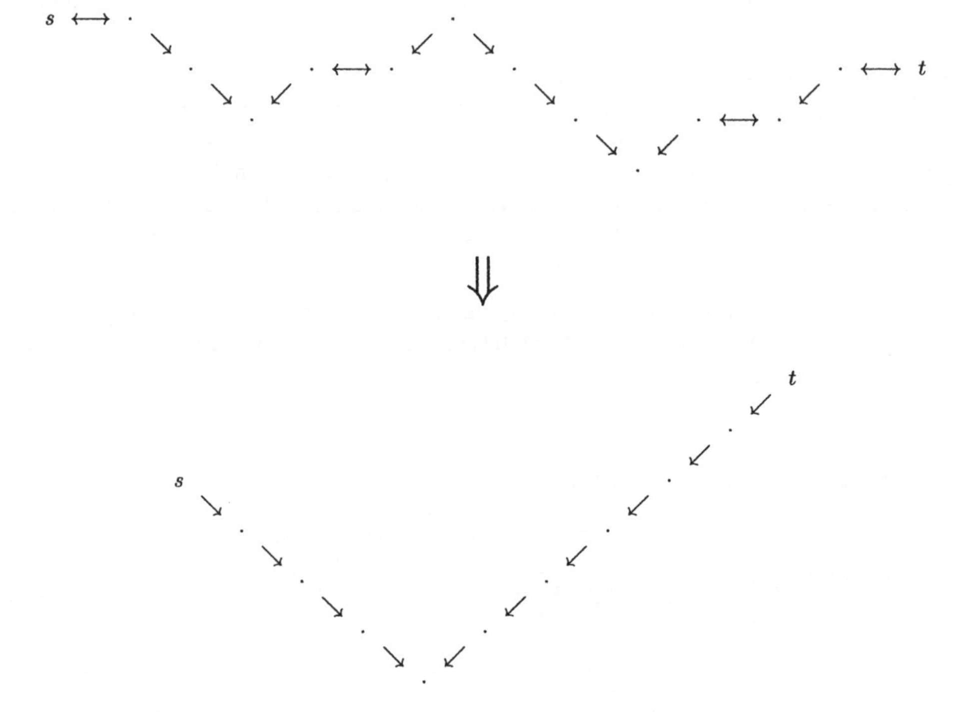

Abbildung 10.3: Transformation eines Beweises

Im Beweis von Satz 10.5 zeigt man, daß jede faire KB-Ableitung einen beliebigen Beweis B von $s \leftrightarrow t$ in $(\mathcal{P}_i, \mathcal{R}_i)$, der nicht in V-Form ist, in einen „kleineren" Beweis B' von $s \leftrightarrow t$ in $(\mathcal{P}_j, \mathcal{R}_j)$ (für $j > i$) transformiert. Somit benötigt man eine wohlfundierte Ordnung $\ggcurly$ auf Beweisen, die folgende Definition erfüllt:

Definition 10.4
Eine wohlfundierte Ordnung $\ggcurly$ *auf Beweisen heißt* Beweisordnung, *falls*

1. *jeder leere Beweis minimal ist,*
2. $\ggcurly$ *kompatibel bzgl. der Beweiskonkatenation ist, d. h. für Beweise* U, V, W, X, UVW *und* UXW *gilt: aus* $V \ggcurly X$ *folgt* $UVW \ggcurly UXW$.

3. *Jeder Reduktionsbeweis von $s \leftrightarrow t$ ist kleiner als ein beliebiger Beweis der Form* $\langle s \leftarrow_{\mathcal{R}} u \rightarrow_{\mathcal{R}} t\rangle$.

Eine Beweisordnung kann nun folgendermaßen konstruiert werden: Jedem elementaren Beweisschritt $\langle t_i \sim t_{i+1}\rangle$ werden die Kosten $c(t_i \sim t_{i+1})$ zugeordnet. Sei $\geq_c$ eine wohlfundierte Ordnung über den Kosten.

Nun werden dem Beweis $W = \langle t_0 \sim t_1 \sim \ldots \sim t_n\rangle$ die Kosten $C(W) = [c(t_0 \sim t_1), c(t_1 \sim t_2), \ldots, c(t_{n-1} \sim t_n)]$ zugewiesen (dabei bezeichnet $[\ldots]$ eine Mehrfachmenge) und wir definieren die Beweisordnung $\ggcurly$ so, daß $W_1 \ggcurly W_2$ aus $C(W_1)(\geq_c)_{mul}C(W_2)$ folgt.

Nun müssen wir noch die Kostenfunktion c für Elementarbeweise definieren. Die Funktion c bildet jeden Elementarbeweis auf ein Quadrupel aus

$$T(\mathcal{F},\mathcal{X}) \times (T(\mathcal{F},\mathcal{X})^2 \cup \{\bot\}) \times (T(\mathcal{F},\mathcal{X}) \cup \{\bot,\top\}) \times M(T(\mathcal{F},\mathcal{X}))$$

wie folgt ab:

$$\begin{array}{llllllll} c(u[l\sigma]_p & \rightarrow_{l\rightarrow r} & u[r\sigma]_p) & = & (u[l\sigma]_p, & (l,r), & \bot, & \bot), \\ c(u[r\sigma]_p & \leftarrow_{l\rightarrow r} & u[l\sigma]_p) & = & (u[l\sigma]_p, & (l,r), & \bot, & \bot), \\ c(u[t_1\sigma]_p & \leftrightarrow_{\{t_1 \overset{s}{\longleftrightarrow} t_2\}} & u[t_2\sigma]_p) & = & (u[s\sigma]_p, & \bot, & s, & [t_1,t_2]). \end{array}$$

Nun ist $\geq_c$ die lexikographische Kombination $\succeq_{(1,2,3,4)}$ mit $\succ_1$ ist die Termordnung $\succ$ erweitert, so daß $\bot$ minimal und $\top$ maximal ist; $\succeq_2$ ist eine Erweiterung der Ordnung $\trianglerighteq$ von Seite 104, so daß $\bot$ minimal ist, $\succeq_3 \supseteq \succeq_1 \cup \trianglerighteq$ ist eine terminierende Ordnung und $\succeq_4 = (\succeq_3)_{mul}$ ist die Mehrfachmengenerweiterung von $\succeq_3$. Somit folgt, daß $\geq_c$ wohlfundiert ist.

Der erste Schritt des Beweises von Satz 10.5 besteht darin, zu zeigen, daß jeder Nicht–Reduktionsbeweis durch eine faire Vervollständigung nach endlich vielen KB-Ableitungen (in einen kleineren Beweis) transformiert werden kann. Dann zeigt man, daß alle Transformationen von Einzelschrittbeweisen zu kleineren Beweisen führen. Wegen der Kompatibilität der Beweisordnungen bzgl. der Konkatenation von Beweisen vererbt sich die Verkleinerung eines einzelnen Beweisschritts auf den ganzen Beweis.

Wir wollen an drei ausgesuchten Beispielen zeigen, daß die KB-Transformationen wirklich zu kleineren Beweisen führen.

Orient Wir betrachten den Beweis

$$W = \langle u[s\sigma]_p \leftrightarrow_{s \overset{v}{\longleftrightarrow} t} u[t\sigma]_p\rangle.$$

Wird der Gipfel $s \overset{v}{\longleftrightarrow} t$ zu einer Regel $s \rightarrow t$ orientiert, so kann W durch einen Beweis

$$W' = \langle u[s\sigma]_p \rightarrow_{s\rightarrow t} u[t\sigma]_p\rangle$$

ersetzt werden. Die Kosten von W sind

$$C(W) = [(u[v\sigma]_p, \bot, v, [s,t])]$$

und die Kosten von W' sind

$$C(W') = [(u[s\sigma]_p, (s,t), \bot, \bot)].$$

Aus der Konstruktion der Gipfel folgt $v \succ s$. Aus der Kompatibilität von Termordnungen bzgl. Teiltermersetzung und Substitutionsanwendung folgt $u[v\sigma]_p \succ u[s\sigma]_p$ und somit $W \gg W'$.

Compose Wir betrachten den Beweis

$$W = \langle v[s\sigma]_p \rightarrow_{s \rightarrow t} v[t\sigma]_p \rangle.$$

Kann t durch eine Regel $l \rightarrow r$ zu u reduziert werden, dann kann mit der Compose-Inferenz die Regel $s \rightarrow t$ durch die Regel $s \rightarrow u$ ersetzt werden. Ein neuer Beweis für $v[s\sigma]_p \leftrightarrow v[t\sigma]_p$ ist dann

$$W' = \langle v[s\sigma]_p \rightarrow_{s \rightarrow u} v[u\sigma]_p \leftarrow_{l \rightarrow r} v[t\sigma]_p \rangle.$$

Die Kosten von W sind

$$C(W) = [(v[s\sigma]_p, (s,t), \bot, \bot)]$$

und die Kosten von W' sind

$$C(W') = [(v[s\sigma]_p, (s,u), \bot, \bot), (v[t\sigma]_p, (l,r), \bot, \bot)].$$

Es gilt $t \succ u$ und $v[s\sigma]_p \succ v[t\sigma]_p$. Damit folgt $W \gg W'$.

Deduce Wir betrachten den Beweis

$$W = \langle u[s\sigma] \leftarrow_{l_1 \rightarrow r_1} u[v\sigma]_p \rightarrow_{l_2 \rightarrow r_2} u[t\sigma]_p \rangle,$$

wobei mit den Regeln $l_1 \rightarrow r_1$ und $l_2 \rightarrow r_2$ der kritische Gipfel $s \overset{v}{\longleftrightarrow} t$ gebildet werden kann. Nach Bildung dieses kritischen Gipfels kann der Beweis W durch den Beweis

$$W' = \langle u[s\sigma] \leftrightarrow_{s \overset{v}{\longleftrightarrow} t} u[t\sigma] \rangle$$

ersetzt werden. Die Kosten von W sind

$$C(W) = [(u[v\sigma]_p, (l_1, r_1), \bot, \bot), (u[v\sigma]_p, (l_2, r_2), \bot, \bot)]$$

und die Kosten von W' sind

$$C(W') = [(u[v\sigma]_p, \bot, v, [s,t])].$$

Da $\bot$ minimal ist, folgt $W \gg W'$.

Die anderen Inferenzen können in analoger Weise untersucht werden. Das überlassen wir jedoch den Lesern als Übung. Wie man leicht feststellt, wird die dritte Komponente des Kostenquadrupels für diesen Beweis nicht benötigt. Sie kann jedoch benutzt werden, um die Zulässigkeit von sogenannten Konfluenzkriterien zu zeigen.

In der Untersuchung der Compose-Inferenzregel sind wir implizit davon ausgegangen, daß die Termersetzungsrelation kompatibel bzgl. Teiltermersetzung und Substitutionsanwendung ist. Wir haben angenommen, daß auf jeden Term, der l enthält, auch die Regel $l \to r$ anwendbar ist. Dies gilt natürlich für die rein syntaktischen Terme, die wir hier betrachten. Wie wenig selbstverständlich diese Eigenschaft im allgemeinen ist, zeigt eine kurze Betrachtung mathematischer Terme: wenn wir zu dem Polynom $X^2 + 1$ den Kontext $X^3 - 1$ hinzuaddieren, ergibt sich $(X^2 + 1) + (X^3 - 1) = X^3 + X^2$. Das erste Polynom ist als Teilterm im Ergebnis nicht mehr sichtbar. Die hier vorgestellte Beweisordnung ist so gewählt worden, daß sie auch mit bestimmten nicht-kompatiblen Reduktionsrelationen zurechtkommt.

Beispiel 10.3
In Abbildung 10.4 ist die Beweistransformation des Beweises für den zweiten Teil unserer Knobelaufgabe vom Anfang des Kapitels dargestellt. Die Regelnummern in der Abbil-

$$
\begin{array}{ccccc}
(x^{-1})^{-1} \cdot ((x^{-1} \cdot x) \cdot x^{-1}) & & & & ((x^{-1})^{-1} \cdot x^{-1}) \cdot (x \cdot x^{-1}) \\
{}_2\swarrow \quad \searrow_3 & & & & {}_3\swarrow \quad \searrow_2 \\
(x^{-1})^{-1} \cdot (1 \cdot x^{-1}) & & (x^{-1})^{-1} \cdot (x^{-1} \cdot (x \cdot x^{-1})) & & 1 \cdot (x \cdot x^{-1}) \\
{}_1\swarrow & & & & \searrow_1 \\
(x^{-1})^{-1} \cdot x^{-1} & & & & x \cdot x^{-1} \\
{}_2\swarrow & & & & \\
1 & & & &
\end{array}
$$

$$\Downarrow$$

$$
\begin{array}{ccc}
 & (x^{-1})^{-1} \cdot (x^{-1} \cdot (x \cdot x^{-1})) & \\
{}_4\swarrow & & \searrow_4 \\
(x^{-1})^{-1} \cdot x^{-1} & & x \cdot x^{-1} \\
{}_2\swarrow & & \\
1 & &
\end{array}
$$

$$\Downarrow$$

$$
\begin{array}{c}
x \cdot x^{-1} \\
{}_6\swarrow \\
1
\end{array}
$$

Abbildung 10.4: Beweistransformation für $x \cdot x^{-1} = 1$

dung beziehen sich auf die Regelnummern in der oben gezeigten Ablaufverfolgung der Vervollständigung der Gruppenaxiome. Die drei Beweisketten sind die, die nach Orientierung der dritten, der vierten und der sechsten Regel während der Vervollständigung möglich waren. □

10.4 Konfluenzkriterien

Die Vervollständigung kann als Verknüpfung zweier Prozesse aufgefaßt werden. Einem „Produzenten", der immer neue kritische Gipfel produziert und einem „Konsumenten", der kritische Gipfel konsumiert. Letzteres geschieht durch Vereinfachung und Löschung oder Orientierung von Gipfeln. Die bei weitem zeitaufwendigste dieser drei Operationen ist die Vereinfachung von kritischen Gipfeln, die der Normalisierung der zugehörigen kritischen Paare entspricht.

Eine wichtige Beobachtung ist, daß alle Gipfel, die nach der Vereinfachung gelöscht werden, keinen Einfluß auf das Ergebnis der Vervollständigung haben. Gipfel, die letzten Endes gelöscht werden, können demnach als überflüssig betrachtet werden. Bevor man einen Gipfel löscht, muß allerdings festgestellt werden, ob er tatsächlich gelöscht werden darf. Der einfachste diesbezügliche Test besteht – wie gesagt – in der Normalisierung des kritischen Paares und einem Test auf strukturelle Gleichheit und ist im allgemeinen sehr teuer.

Will man die Vervollständigungsprozedur beschleunigen, so ist ein wichtiges Ziel, möglichst schnell herauszufinden, ob ein kritischer Gipfel überflüssig ist. Leicht zu berechnende Kriterien, die garantieren, daß bestimmte kritische Gipfel im Laufe einer Vervollständigung gelöscht werden, heißen *Konfluenzkriterien* oder *Kritische-Paar-Kriterien* oder *Redundanzkriterien.* „Leicht zu berechnen" heißt dabei, daß das Kriterium im Durchschnitt schneller berechnet werden kann als die Normalformen der kritischen Paare. Ansonsten handelt es sich nicht um ein rechnerisch sinnvolles Kriterium. Trifft ein Konfluenzkriterium auf einen kritischen Gipfel zu, so kann dieser sofort gelöscht werden.

Der Formalismus der Beweistransformation liefert eine sehr allgemeine Definition für die Redundanz eines kritischen Gipfels.

Definition 10.5
Sei $\mathcal{R}$ ein Termersetzungssystem und $\mathcal{P}$ eine Menge von Gipfeln mit $s \overset{v}{\longleftrightarrow} t \in \mathcal{P}$. Ferner sei W ein Beweis von $s \leftrightarrow t$ in $(\mathcal{P} \setminus \{s \overset{v}{\longleftrightarrow} t\}; \mathcal{R})$ mit $\langle s \leftrightarrow_{s \overset{v}{\longleftrightarrow} t} t \rangle \gg W$. Dann ist $s \overset{v}{\longleftrightarrow} t$ redundant in *$(\mathcal{P}; \mathcal{R})$.*

Typische Redundanzkriterien sind die sogenannten Subsumtionskriterien und die Subkonnektivitätskriterien. Bei der Subsumtion wird die Aufgabe eines (großen) Gipfels durch einen kleineren übernommen.

Definition 10.6
Der Gipfel $s_1 \overset{s}{\longleftrightarrow} s_2$ subsumiert *den Gipfel $t_1 \overset{t}{\longleftrightarrow} t_2$ in $(\mathcal{P}; \mathcal{R})$, falls $t_1 \overset{t}{\longleftrightarrow} t_2 \neq s_1 \overset{s}{\longleftrightarrow} s_2$ und es existiert ein Term u, eine Position $p \in O(u)$ und eine Substitution σ, so daß $t_i \to_{\mathcal{R}}^* u[s_i]_p\sigma$ für $i = 1, 2$ und $t \to_{\mathcal{R}}^* u[s]_p\sigma$.*

Für $t_i \doteq s_i\sigma$ und $t \doteq s\sigma$ ergibt sich der intuitive Begriff von Subsumtion.

Bei den *Subkonnektivitätskriterien* wird typischerweise die Aufgabe eines kritischen Gipfels $s \overset{v}{\longleftrightarrow} t$ durch zwei Gipfel $s \overset{v}{\longleftrightarrow} u$ und $u \overset{v}{\longleftrightarrow} t$ übernommen.[5] Das funktioniert dann, wenn z. B. für $\succeq_3$ aus $\geq_c$ sowohl $s \succ_3 u$ als auch $t \succ_3 u$ gilt. In der Praxis werden Subkonnektivitätskriterien oft auf mögliche Reduktionen $v \rightarrow_{\mathcal{R}} u$ zurückgeführt.

Für weitere Details zu Konfluenzkriterien sei auf die Literaturangaben am Ende dieses Kapitels verwiesen, da eine genauere Beschreibung den Rahmen dieses Buchs sprengen würde.

10.5 Eine Anwendung: die Lösung von Wortproblemen

Schon in der ursprünglichen Arbeit von Knuth und Bendix hat die Vervollständigung der freien Gruppe (vergleiche die ReDuX-Ablaufverfolgung in diesem Kapitel) eine zentrale Rolle gespielt. In der Folge hat sich erwiesen, daß die Knuth-Bendix-Vervollständigung sehr interessante Anwendungen in der Theorie endlich präsentierter Strukturen und insbesondere in der kombinatorischen Gruppentheorie hat. Auf diese Anwendungen wollen wir nun eingehen. Dabei werden wir sehen, wie wichtige Anwendungen zu speziellen Formen der Vervollständigung führen können.

10.5.1 Endlich erzeugte Strukturen

Eine (freie) Struktur S wird beschrieben durch eine Menge von Operationen und eine Menge von Formeln, die die Gesetze der Struktur beschreiben. Die Menge der Operationen kann auch nullstellige Operationen enthalten. Diese stellen ausgezeichnete Elemente der Struktur dar.

Definition 10.7
Sei S eine Struktur. Eine endliche Menge $\Sigma = \{a, b, c, \dots\}$ von Objekten heißt die Menge der Generatoren *(oder* Erzeugenden*) einer Struktur S_Σ, falls sich jedes Element von S_Σ als Ausdruck aus Elementen von Σ und Operationen (bzw. ausgezeichneten Elementen von S) darstellen läßt. S_Σ heißt dann eine* endlich erzeugte Struktur.

Zunächst wollen wir verschiedene endlich erzeugte Strukturen vorstellen.

Halbgruppen Freie Halbgruppen werden durch die prädikatenlogische Formel

$$\forall x, y, z : \ (x \cdot y) \cdot z = x \cdot (y \cdot z)$$

beschrieben. Das entspricht einer sortenfreien algebraischen Spezifikation $\mathcal{S}_{HG} = (\mathcal{F}_{HG}, \mathcal{E}_{HG})$ mit $\mathcal{F}_{HG} = \{\cdot\}$ und

$$\mathcal{E}_{HG} = \{\, (x \cdot y) \cdot z \quad \leftrightarrow \quad x \cdot (y \cdot z) \,\},$$

[5] bzw. von zwei allgemeineren Gipfeln, die die zwei Gipfel $s \overset{v}{\longleftrightarrow} u$ und $u \overset{v}{\longleftrightarrow} t$ subsumieren.

wobei $x, y, z \in \mathcal{X}$.

$$\mathcal{R}_{HG} = \{\, 1: \quad (x \cdot y) \cdot z \quad \rightarrow \quad x \cdot (y \cdot z) \,\}$$

ist ein kanonisches Termersetzungssystem äquivalent zu $\mathcal{E}_{HG}$.

Will man eine endlich erzeugte Halbgruppe HG_Σ durch eine algebraische Spezifikation beschreiben, so muß man für jeden Generator $g \in \Sigma$ eine neue Konstante zu $\mathcal{F}_{HG}$ hinzufügen. Der Leser mache sich klar, daß diese Erweiterung der Signatur keinen Einfluß auf die Vollständigkeit von $\mathcal{R}_{HG}$ hat.

Allerdings gibt es eine einfachere Darstellung für die Elemente und Operationen einer Halbgruppe als Terme erster Ordnung. Aufgrund des Assoziativgesetzes können die Klammern weggelassen werden. Läßt man zusätzlich die Verknüpfungspunkte weg, so gelangt man zu Zeichenketten (Wörtern, Strings) über Σ als Repräsentationen für Elemente aus HG_Σ: $HG_\Sigma \cong \Sigma^+$. Die Halbgruppenoperation ist dann die Konkatenation von Zeichenketten.

Monoide Ein Monoid ist eine Halbgruppe mit einem neutralen Element, das üblicherweise mit 1 bezeichnet wird. Freie Monoide werden durch die Formeln

$$\begin{array}{lll} \forall x, y, z: & (x \cdot y) \cdot z & = \; x \cdot (y \cdot z), \\ \forall x: & 1 \cdot x & = \; x, \\ \forall x: & x \cdot 1 & = \; x \end{array}$$

beschrieben. Das entspricht der sortenfreien algebraischen Spezifikation $\mathcal{S}_M = (\mathcal{F}_M, \mathcal{E}_M)$ mit $\mathcal{F}_M = \{1, \cdot\}$ und

$$\begin{array}{rlcl} \mathcal{E}_M = \{ & 1 \cdot x & \leftrightarrow & x, \\ & x \cdot 1 & \leftrightarrow & x, \\ & (x \cdot y) \cdot z & \leftrightarrow & x \cdot (y \cdot z) \,\} \end{array}$$

wobei $x, y, z \in \mathcal{X}$.

$$\begin{array}{rlcl} \mathcal{R}_M = \{\, 1: & x \cdot 1 & \rightarrow & x, \\ 2: & 1 \cdot x & \rightarrow & x, \\ 3: & (x \cdot y) \cdot z & \rightarrow & x \cdot (y \cdot z) \,\} \end{array}$$

ist ein kanonisches Termersetzungssystem äquivalent zu $\mathcal{E}_M$.

Wie im Fall der endlich erzeugten Halbgruppe läßt sich die algebraische Spezifikation eines endlich erzeugten Monoids aus $\mathcal{S}_M$ erzeugen, indem man für jeden Generator aus Σ eine neue Konstante zu $\mathcal{F}_M$ hinzufügt.

Ähnlich wie bei den endlich erzeugten Halbgruppen können Elemente eines von Σ erzeugten Monoids als Zeichenketten über Σ beschrieben werden. Im Unterschied zu den Halbgruppen gibt es ein zusätzliches Element: das leere Wort ε, das das neutrale Element bezeichnet: $M_\Sigma \cong \Sigma^*$.

Gruppen Eine freie Gruppe ist eine Struktur, in der folgende Formeln gelten:

$$\begin{array}{lrcl} \forall x: & 1 \cdot x & = & x, \\ \forall x \exists y: & y \cdot x & = & 1, \\ \forall x,y,z: & (x \cdot y) \cdot z & = & x \cdot (y \cdot z). \end{array}$$

Alternativ wird oft ein weiterer Gruppenoperator $(\_)^{-1}$ definiert und die zweite Formel durch

$$\forall x: \; x^{-1} \cdot x \; = \; 1$$

ersetzt. Aus Sicht der Logik beschreibt $(\_)^{-1}$ eine sogenannte *Skolemfunktion*. Die alternative Gruppenbeschreibung entspricht der sortenfreien algebraischen Spezifikation $\mathcal{S}_G = (\mathcal{F}_G, \mathcal{E}_G)$ mit $\mathcal{F}_G = \{1, ()^{-1}, \cdot\}$ und

$$\begin{array}{rlcl} \mathcal{E}_G = \{ & 1 \cdot x & \leftrightarrow & x, \\ & x^{-1} \cdot x & \leftrightarrow & 1, \\ & (x \cdot y) \cdot z & \leftrightarrow & x \cdot (y \cdot z) \,\}, \end{array}$$

wobei $x, y, z \in \mathcal{X}$.

$$\begin{array}{rrlcl} \mathcal{R}_G = \{ & 1: & x \cdot 1 & \to & x, \\ & 2: & 1 \cdot x & \to & x, \\ & 3: & x \cdot x^{-1} & \to & 1, \\ & 4: & x^{-1} \cdot x & \to & 1, \\ & 5: & (x \cdot y) \cdot z & \to & x \cdot (y \cdot z), \\ & 6: & 1^{-1} & \to & 1, \\ & 7: & (x^{-1})^{-1} & \to & x, \\ & 8: & x^{-1} \cdot (x \cdot y) & \to & y, \\ & 9: & x \cdot (x^{-1} \cdot y) & \to & y, \\ & 10: & (x \cdot y)^{-1} & \to & y^{-1} \cdot x^{-1} \,\} \end{array}$$

ist das uns schon bekannte kanonische zu $\mathcal{E}_G$ äquivalente Termersetzungssystem.

Elemente einer endlich erzeugten Gruppe G_Σ lassen sich nicht mehr so ohne weiteres als Zeichenkette repräsentieren. Um dies dennoch zu erlauben, definiert man eine Menge $\overline{\Sigma}$, die für jeden Generator $g \in \Sigma$ einen neuen Generator $\bar{g}$ enthält. $\overline{\Sigma}$ bezeichne die Menge der invertierten Generatoren. Nun bezeichnet jede Zeichenkette in $(\Sigma \cup \overline{\Sigma})^*$ ein Element von G_Σ. Das leere Wort ε ist wieder das neutrale Element und es gilt $g\bar{g} = \varepsilon$ bzw. $\bar{g}g = \varepsilon$. Es stellt sich die Frage: Hat jedes Wort in $(\Sigma \cup \overline{\Sigma})^*$ ein Inverses in $(\Sigma \cup \overline{\Sigma})^*$? Dann nämlich wäre $(\Sigma \cup \overline{\Sigma})^*$ eine ausreichende Darstellung von G_Σ. Die Antwort ist positiv, denn das Inverse von $a_1 \cdots a_n$ ist $a_n^{-1} \cdots a_1^{-1}$, wobei

$$a_i^{-1} = \begin{cases} \bar{g} & \text{falls} \quad a_i = g \in \Sigma, \\ g & \text{falls} \quad a_i = \bar{g} \in \overline{\Sigma}. \end{cases}$$

Durch Induktion über n läßt sich dies leicht zeigen (Übung!).

Eine wichtige Rolle spielt die Menge der *reduzierten Wörter* über Σ. Das ist die Menge

$$\Sigma\!\downarrow = \{w \mid w \in (\Sigma \cup \overline{\Sigma})^*, w \text{ enthält kein Teilwort der Form } g\bar{g} \text{ oder } \bar{g}g \text{ für } g \in \Sigma\}.$$

Die Menge der reduzierten Wörter über Σ ist isomorph zu G_Σ.

Wie bei endlich erzeugten Halbgruppen und Monoiden erhalten wir die algebraische Spezifikation $\mathcal{S}_{G_\Sigma} = (\mathcal{F}_{G_\Sigma}, \mathcal{E}_G)$ einer endlich erzeugten Gruppe G_Σ, indem wir für jedes $g \in \Sigma$ eine neue Konstante zu $\mathcal{F}_G$ hinzufügen, um $\mathcal{F}_{G_\Sigma}$ zu erhalten. Es läßt sich dann feststellen, daß jedes reduzierte Wort über Σ ein-eindeutig einem Grundterm in $\mathcal{R}_G$-Normalform entspricht. Der Isomorphismus von reduzierten Wörtern auf die $\mathcal{R}_G$-irreduziblen Grundterme aus $T(\mathcal{F}_{G_\Sigma})$ wird Ψ_G genannt. Die Grundterme in $\mathcal{R}_G$-Normalform haben die Formen[6]:

- g für $g \in \mathcal{F}_{G_\Sigma 0}$ (einschließlich der 1) oder
- g^{-1} für $g \in \mathcal{F}_{G_\Sigma 0} \setminus \{1\}$
- $c_1 \cdot (c_2 \cdot \ldots \cdot (c_{n-1} \cdot c_n) \ldots)$ mit $c_i \in \mathcal{F}_{G_\Sigma 0} \setminus \{1\} \cup \{g^{-1} \mid g \in \mathcal{F}_{G_\Sigma 0} \setminus \{1\}\}$ und $c_i \neq (c_{i+1})^{-1}$ bzw. $(c_i)^{-1} \neq c_{i+1}$.

10.5.2 Endlich präsentierte Gruppen

Beispiel 10.4
Betrachten wir die Kongruenzabbildungen eines gleichseitigen Dreiecks, die durch Hintereinanderausführung und Invertierung der folgenden zwei Abbildungen erzeugt werden können (vgl. Abb. 10.5):

1. eine Rechtsdrehung τ um 120° um den Schnittpunkt der Mittelsenkrechten und
2. eine Achsenspiegelung ρ um die vertikale Mittelsenkrechte.

Die so erzeugbaren Abbildungen beschreiben eine Gruppe, die die folgenden drei Gleichungen erfüllt:

$$\begin{aligned} \rho \circ \rho &= id, \\ \tau \circ \tau \circ \tau &= id, \\ \rho \circ \tau \circ \tau &= \tau \circ \rho, \end{aligned}$$

wobei id die identische Abbildung ist.

Diese Gruppe heißt S_3 und wird oft als $S_3 = \langle\{\rho, \tau\}; \rho \cdot \rho = 1, \tau \cdot \tau \cdot \tau = 1, \rho \cdot \tau \cdot \tau = \tau \cdot \rho\rangle$ beschrieben. Manchmal wird ein „=1" auch weggelassen. Dann schreibt man etwas kürzer $S_3 = \langle\{\rho, \tau\}; \rho^2, \tau^3, \rho\tau^2 = \tau\rho\rangle$. □

[6] $\mathcal{F}_{G_\Sigma 0}$ bezeichnet die Konstanten in $\mathcal{F}_{G_\Sigma}$.

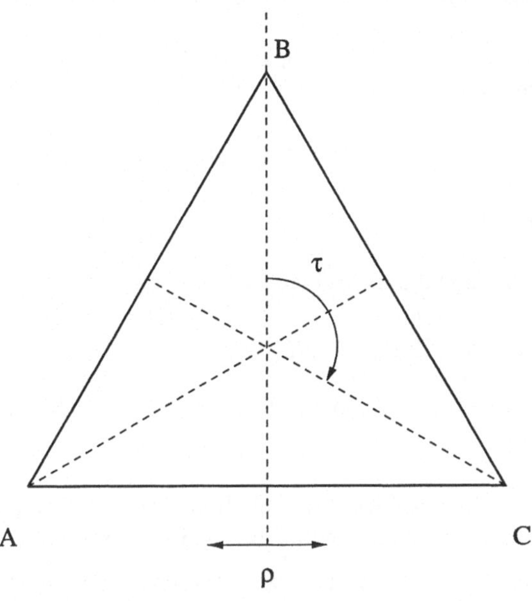

Abbildung 10.5: Geometrische Darstellung der Gruppe S_3

Endlich erzeugte Gruppen, die sich wie die S_3 durch eine endliche Menge von Gleichungen beschreiben lassen, heißen *endlich präsentiert*. Allgemeiner gilt:

Definition 10.8
Eine endlich präsentierte Struktur *ist eine endlich erzeugte Struktur, in der zusätzliche Kongruenzen gelten, die durch eine endliche Menge von Gleichsetzungen von Elementen der Struktur erzeugt werden.*

$P = \langle \Sigma; R_1, \ldots, R_n \rangle$ *bezeichnet eine endlich präsentierte Struktur, wobei* Σ *die Menge der zugrundeliegenden Generatoren ist und die* R_i *sind Gleichungen der Form* $a_i = b_i$ *mit* $a_1, b_i \in S_\Sigma$. *Die* R_i *heißen* Relationen.

Bemerkung: Wie wir im Fall der S_3 gesehen haben, werden die Relationen von endlich präsentierten Gruppen als Gleichungen zwischen reduzierten Wörtern geschrieben. Ebenso werden endlich präsentierte Gruppen üblicherweise in der Form $(\Sigma; R_1, \ldots, R_n)$ und nicht in der Form $(\Sigma \cup \overline{\Sigma}; R_1, \ldots, R_n)$ notiert.

10.5.3 Das Wortproblem für endlich präsentierte Gruppen

Eine wichtige Problemstellung ist die Entscheidung von Gleichheiten in endlich präsentierten Gruppen. Das Problem wird wie folgt formuliert:

Gegeben: eine Gruppe $P = \langle \Sigma; R_1, \ldots, R_n \rangle$, und zwei Elemente $w_1, w_2 \in (\Sigma \cup \overline{\Sigma})^*$.

Frage: Gilt $w_1 = w_2$ in P?

Eine verallgemeinerte Version dieses Problems ist

Gegeben: eine Gruppe $P = \langle \Sigma; R_1, \ldots, R_n \rangle$.

Frage: Läßt sich für zwei beliebige Elemente $w_1, w_2 \in (\Sigma \cup \overline{\Sigma})^*$ von P entscheiden, ob $w_1 = w_2$ in P gilt?

Das letzte Problem heißt *Wortproblem* für endlich präsentierte Gruppen. In analoger Weise gibt es auch Wortprobleme für andere endlich präsentierte Strukturen.

Im allgemeinen ist das Wortproblem für endlich präsentierte Gruppen unentscheidbar. Für einige Klassen von endlich präsentierten Gruppen, wie z. B. endliche Gruppen oder abelsche Gruppen ist das Wortproblem entscheidbar.

Algebraische Spezifikation endlich präsentierter Gruppen

Aus dem, was wir über vollständige Termersetzungssysteme wissen, ist das Wortproblem für eine endlich präsentierte Gruppe P entscheidbar, falls sich P durch ein vollständiges Termersetzungssystem beschreiben läßt. Ein vielversprechender Ansatz zur Lösung des Wortproblems besteht dann in der Übersetzung von $P = \langle \Sigma; R_1, \ldots, R_n \rangle$ in eine algebraische Spezifikation $\mathcal{S}_P = (\mathcal{S}_P, \mathcal{E}_P)$ und dem anschließenden Versuch der Vervollständigung von $\mathcal{E}_P$:

1. $\mathcal{F}_P := \mathcal{F}_\Sigma$.
2. $\mathcal{P}_P := \{\Psi_G(l_i) \overset{\top}{\longleftrightarrow} \Psi_G(r_i) \mid R_i = (l_i = r_i), 1 \le i \le n\}$.
3. Vervollständige $(\mathcal{P}_P;\ \mathcal{R}_G)$.

Bei der Vervollständigung einer endlich präsentierten Gruppe macht man folgende Beobachtungen:

1. Normalisiert man alle kritischen Paare bezüglich $\mathcal{R}_G$, so sind sie entweder von der Form

$$w : (\, c_1 \cdot (c_2 \cdot \ldots (c_{k-1} \cdot c_k) \ldots),\ d_1 \cdot (d_2 \cdot \ldots (d_{l-1} \cdot d_l) \ldots)\,)$$

mit

$$\begin{aligned} c_i, d_i &= g \text{ oder } g^{-1} \text{ für } g \in \mathcal{F}_0 \setminus \{1\} \text{ und } k, l > 1 \text{ oder} \\ c_1 &= 1 \text{ und } k = 1 \text{ oder} \\ d_1 &= 1 \text{ und } l = 1 \end{aligned}$$

oder von der Form

$$wx : (\, c_1 \cdot (c_2 \cdot \ldots (c_k \cdot x) \ldots),\ d_1 \cdot (d_2 \cdot \ldots (d_l \cdot x) \ldots)\,)$$

mit

$$c_i, d_i = g \text{ oder } g^{-1} \text{ für } g \in \mathcal{F}_{P0} \setminus \{1\} \text{ für } k, l \geq 0.$$

2. Zu jedem kritischen Paar bzw. nach Orientierung zu jeder Regel der Form w gibt es ein entsprechendes Paar bzw. eine entsprechende Regel der Form wx. Die Paare bzw. Regeln in wx-Form werden auch *Erweiterungspaare* oder *-regeln* genannt. Diese Paare entstehen bei der Überlappung einer Grundregel der Form w mit der Assoziativitätsregel.

3. Es gibt Termordnungen, die alle Paare der Form w und wx orientieren können (z. B. Knuth-Bendix-Ordnungen).

4. $\mathcal{R}_G$ bleibt erhalten (vorausgesetzt, 1 ist minimal in der Termordnung).

Eine wichtige Folgerung aus diesen Beobachtungen ist die Tatsache, daß es zu jeder endlich präsentierten Gruppe P nicht fehlschlagende KB–Ableitungen gibt, die mit $(\mathcal{P}_P;\ \mathcal{R}_G)$ beginnen. Daraus folgt mit Satz 10.5, daß die Menge der in P gültigen Relationen rekursiv aufzählbar ist.

Beispiel 10.5
Wählt man für die algebraische Spezifikation der Gruppe S_3 aus Beispiel 10.4 eine Knuth-Bendix-Ordnung, so daß

$$1 <_{\mathcal{F}_{S_3}} \tau <_{\mathcal{F}_{S_3}} \rho <_{\mathcal{F}_{S_3}} \cdot <_{\mathcal{F}_{S_3}} (\_)^{-1}$$

und

$$w(1) = 1,\ w(\tau) = 2,\ w(\rho) = 3,\ w(\cdot) = 4,\ w((\_)^{-1}) = 0,$$

dann ergibt die Knuth-Bendix-Vervollständigung von $(\mathcal{P}_{S_3}; \mathcal{R}_G)$ das vollständige Termersetzungssystem

$$
\begin{aligned}
\mathcal{R}_{S_3} = \mathcal{R}_G \cup \{\, \rho^{-1} &\to \rho, \\
\rho \cdot \rho &\to 1, \\
\rho \cdot (\rho \cdot x) &\to x, \\
\tau \cdot \tau &\to \tau^{-1}, \\
\tau \cdot (\tau \cdot x) &\to \tau^{-1} \cdot x, \\
\rho \cdot \tau &\to \tau^{-1} \cdot \rho, \\
\rho \cdot (\tau \cdot x) &\to \tau^{-1} \cdot (\rho \cdot x), \\
\rho \cdot \tau^{-1} &\to \tau \cdot \rho, \\
\rho \cdot (\tau^{-1} \cdot x) &\to \tau \cdot (\rho \cdot x), \\
\tau^{-1} \cdot \tau^{-1} &\to \tau, \\
\tau^{-1} \cdot (\tau^{-1} \cdot x) &\to \tau \cdot x \,\}.
\end{aligned}
$$

□

Spezielle Gruppenvervollständigung

Wir haben im Abschnitt über endlich erzeugte Strukturen schon festgestellt, daß Zeichenketten geeignete Darstellungen von Elementen aus Halbgruppen, Monoiden und Gruppen sein können. Wir wollen jetzt versuchen, ein spezielles Vervollständigungsverfahren für endlich präsentierte Gruppen zu entwickeln, das statt Termen Zeichenketten als grundlegende Datenstruktur benutzt. Dazu müssen wir zuerst die Basisalgorithmen wie Subsumtion, Unifikation, Reduktion von Zeichenketten und die Berechnung kritischer Gipfel bestimmen. Für $v, w, v', w', w_1, w_2 \in (\Sigma \cup \overline{\Sigma})^*$ definieren wir:

- v subsumiert w, falls $w = vw'$.
- v und w unifizieren, falls $w = vw'$ oder $v = wv'$.
- $v \to w$ heißt *Wortregel*. Eine Menge von Wortregeln wird *Wort-* oder *Stringersetzungssystem* genannt.
- $w \longrightarrow_{u \to v} w'$, falls $w = w_1 u w_2$ und $w' = w_1 v w_2$.
- Kritische Gipfel zwischen Wortregeln können zwei Formen haben:
  1. Sei $l_1 \to r_1$ und $l_2 \to r_2$ so, daß $l_1 = p_1 u$ und $l_2 = u s_2$, dann ist

     $$
     \begin{array}{ccc}
     & p_1 u s_2 & \\
     {}_1\swarrow & & \searrow_2 \\
     r_1 s_2 & & p_1 r_2
     \end{array}
     $$

     ein kritischer Gipfel.

2. Sei $l_1 \to r_1$ und $l_2 \to r_2$ so, daß $l_1 = p_1 l_2 s_1$, dann ist

$$\begin{array}{ccc} & p_1 l_2 s_1 & \\ {}_1\swarrow & & \searrow_2 \\ r_1 & & p_1 r_2 s_1 \end{array}$$

ein kritischer Gipfel.

Einige Regeln von $\mathcal{R}_G$ wie zum Beispiel das Assoziativgesetz oder die Gesetze des neutralen Elements werden bei Benutzung von Zeichenketten nicht benötigt. Statt dessen benötigen wir Regeln, um reduzierte Worte zu berechnen:

$$\mathcal{R}_{RW} = \{g\bar{g} \to \varepsilon \mid g \in \Sigma\} \cup \{\bar{g}g \to \varepsilon \mid g \in \Sigma\}.$$

Unter diesen Voraussetzungen gibt es zwei Arten von kritischen Gipfeln:

1. kritische Gipfel zwischen w– bzw. wx–Regeln entsprechen kritischen Gipfeln zwischen Wort–Regeln $u_1 \to v_1$ und $u_2 \to v_2$, so daß u_1 und ein Suffix von u_2 unifizieren,
2. kritische Gipfel zwischen w– und wx–Regeln einerseits und einer Regel aus $\mathcal{R}_G$ andererseits entsprechen kritischen Gipfeln zwischen Wort-Regeln und Regeln aus $\mathcal{R}_{RW}$.

Symmetrisation

Bei der Vervollständigung von endlich präsentierten Gruppen stellt man fest, daß ein bestimmtes Muster immer wieder auftritt. Der Einfachheit halber wollen wir dieses Phänomen basierend auf der Datenstruktur Zeichenkette beschreiben.

Gegeben ist eine Wortregel $u \to v$ und eine terminierende mit der Wortersetzung kompatible Ordnung $\succ$ über Zeichenketten (also das Analogon zu einer Termordnung). Die folgende eingeschränkte Form der Vervollständigung heißt *Symmetrisation*.

(1) [Initialisation] $\mathcal{R}_1 := \{u \to v\}; i := 1$.

(2) repeat

(2.1) [kritische Gipfel] $\mathcal{P} := \{s \overset{v}{\longleftrightarrow} t \mid s \overset{v}{\longleftrightarrow} t$ ist ein kritischer Gipfel zwischen einer Regel in $\mathcal{R}_i$ und einer Regel in $\mathcal{R}_{RW}\}$;

(2.2) [orientiere] $\mathcal{R}' := \{u \to v \mid u \succ v, u$ ist $\mathcal{R}_{RW}$–Normalform von s, v ist $\mathcal{R}_G$–Normalform von t und $s \overset{w}{\longleftrightarrow} t \in \mathcal{P}$ oder $t \overset{w}{\longleftrightarrow} s \in \mathcal{P}\}$;

(2.3) $\mathcal{R}_{i+1} := \mathcal{R}_i \cup \mathcal{R}'$;

until $\mathcal{R}_{i+1} = \mathcal{R}_i$.

(3) [Ergebnis] $\mathcal{R} := \mathcal{R}_i$; **return** $\mathcal{R}$ □

Im Unterschied zu einer Standardvervollständigung werden bei der Symmetrisation keine kritischen Gipfeln zwischen Präsentationsregeln (bzw. Regeln, die aus Präsentationsregeln abgeleitet sind) berechnet. Das Ergebnis der Symmetrisation von $u \leftrightarrow v$ ist

$$\mathcal{R} = \{l \to r \mid l \succ r, l(r)^{-1} \text{ ist die } \mathcal{R}_{RW}\text{-Normalform von einer zyklischen Permutation der } \mathcal{R}_{RW}\text{-Normalformen von } u(v)^{-1} \text{ oder } (u)^{-1}v\}.$$

$\mathcal{R}$-reduzible Regeln können aus $\mathcal{R}$ gelöscht werden.

Gleichungsumformungen in Gruppen

Zum Schluß wollen wir zeigen, daß die üblichen in Gruppen gültigen Gleichungsumformungen wie zum Beispiel die beidseitige linke oder rechte Multiplikation eines Objekts als Berechnung von kritischen Gipfeln interpretiert werden können. So gilt

$$\begin{array}{rcll} au &=& v & \Leftrightarrow \\ a^{-1}au &=& a^{-1}v & \Leftrightarrow \\ u &=& a^{-1}v & \end{array}$$

und

$$\begin{array}{lcll} ua &=& v & \Leftrightarrow \\ uaa^{-1} &=& va^{-1} & \Leftrightarrow \\ u &=& va^{-1}. & \end{array}$$

Wir übersetzen das in die Sprache der Terme und erhalten für $a \cdot u \to v \in \mathcal{R}$

$$\begin{array}{lcl} a^{-1}(a \cdot u) & \to & a^{-1} \cdot v \\ \downarrow_{x^{-1}(x \cdot y) \to y} & & \\ u & & \end{array}$$

und sei $u \cdot a \to v \in \mathcal{R}$, dann folgt die Erweiterungsregel $u \cdot a \cdot x \to v \cdot x$ ebenfalls und wir erhalten den kritischen Gipfel

$$\begin{array}{lcl} u \cdot a \cdot a^{-1} & \to & v \cdot a^{-1} \\ \downarrow_{x \cdot x^{-1} \to 1} & & \\ u \cdot 1 & & \\ \downarrow_{\mathcal{R}_G} & & \\ u & & \end{array}$$

In beiden Fällen entsprechen die obigen Äquivalenzumformungen der Berechnung von kritischen Gipfeln unter Heranziehung von Regeln aus $\mathcal{R}_G$, die die Gesetze der Inversen spezifizieren.

String- oder Wortersetzungssysteme

Wie wir gesehen haben, kann die Vervollständigung von String- oder Wortersetzungssystemen analog zur Vervollständigung von Termersetzungssystemen beschrieben werden, indem man die Grundoperationen (Subsumtion, Unifikation, Reduktion, kritische Gipfelbildung) wie oben definiert. Das führt im allgemeinen zu effizienteren Vervollständigungen von endlich präsentierten

- Halbgruppen,
- Monoiden und
- Gruppen.

Im letzten Fall muß man noch die Regeln

$$\mathcal{R}_{RW} = \{g\bar{g} \to \varepsilon, \bar{g}g \to \varepsilon \mid g \in \Sigma\}$$

mit vervollständigen.

Simulation von Stringersetzungssystemen durch Termersetzungssysteme

Es gibt zwei Ansätze, um Stringersetzungssysteme durch Termersetzungssysteme zu simulieren:

Alternative 1: Man führt einen binären Konkatenationsoperator $\cdot$ und eine Assoziativitätsregel, z. B. $(x \cdot y) \cdot z \to x \cdot (y \cdot z)$ ein, die die Klammern in eine Richtung verschiebt. Außerdem benötigt man eine neue Konstante für jedes $g \in \Sigma$. Gibt es ein neutrales Element, so braucht man auch Regeln der Form

$$\begin{array}{rcl} \{x \cdot 1 & \to & x, \\ 1 \cdot x & \to & x\}. \end{array}$$

Wie wir schon gesehen haben, wird dann jede Wortregel, deren linke Seite länger als eins ist, durch zwei Termersetzungsregeln simuliert: eine Grundregel in w-Form und eine Erweiterungsregel in wx-Form.

Alternative 2: Diese Alternative scheint eine noch viel engere Verbindung zwischen Strings und Termen herzustellen. Das leere Wort wird durch die Variable x dargestellt. Für jedes $g \in \Sigma$ gibt es einen 1-stelligen Operator $g \in \mathcal{F}$. Dann ergibt sich folgende Übersetzung:

$$\begin{array}{rcl} abc \in \Sigma^* & : & a(b(c(x))), \\ abc \to cd & : & a(b(c(x))) \to c(d(x)). \end{array}$$

10.6 Literaturhinweise

Ein erster Vollständigkeitsbeweis für die Knuth-Bendix-Vervollständigung geht auf Huet (1981) zurück. Dieser Beweis ist sehr kompliziert und wurde erst durch die inferenzregelbasierte Darstellung und das Konzept der Beweistransformation von Bachmair (1991) und Bachmair und Dershowitz (1994) wesentlich vereinfacht. Die Benutzung von kritischen Gipfeln statt kritischer Paare findet sich in Ganzinger (1987) und Bündgen (1996b). Sie erlaubt eine weitere Vereinfachung der Darstellung von Konfluenzkriterien. Subkonnektivitätskriterien werden bei Winkler (1985), Küchlin (1985) und Kapur, Musser und Narendran (1988) beschrieben.

Die Untersuchung endlich präsentierter Gruppen geht auf Bücken (1979) zurück. Weitere Arbeiten zu diesem Thema finden sich bei Le Chenadec (1986), Benninghofen, Kemmerich und Richter (1987) und Sims (1994). In den letzten beiden Büchern finden sich auch Vergleiche zu einem alternativen Verfahren zur Lösung des Wortproblems, dem Todd-Coxeter-Algorithmus.

Ein der Knuth-Bendix-Vervollständigung sehr ähnliches Verfahren ist der Buchbergeralgorithmus von Buchberger (1965). Ziel des Buchbergeralgorithmus ist die Berechnung einer sogenannten Gröbnerbasis, die als vollständiges Ersetzungssystem für Polynomregeln aufgefaßt werden kann. Umfangreiche Übersichten zu Gröbnerbasen und ihrer Berechnung durch Vervollständigung finden sich in Becker und Weißpfenning (1993) und Winkler (1996).

10.7 Aufgaben

Aufgabe 10.2 Rekonstruieren Sie aus der Ablaufverfolgung auf den Seiten 110ff den Beweis für $x \cdot 1 \leftrightarrow x$ und beschreiben Sie die dazugehörige Beweistransformation ähnlich wie in Abbildung 10.4.

Aufgabe 10.3 Gegeben sei folgendes Termersetzungssystem

$$\begin{aligned} \mathcal{R} = \{\, x + (y + z) &\;\rightarrow\; (x + y) + z, \\ f(x) + f(y) &\;\rightarrow\; f(x + y)\,\}. \end{aligned}$$

Zeigen Sie, daß die Knuth-Bendix-Vervollständigung mit der Polynomordnung

$$\varphi(f)(x) = x + 1, \quad (+)(x, y) = xy^2$$

aus $\mathcal{R}$ das Termersetzungssystem $\mathcal{R}_{AE}$ aus Aufgabe 7.7 liefert.

Aufgabe 10.4 Sei $\mathcal{F} = \{* : S \times S \rightarrow S,\ \backslash : S \times S \rightarrow S,\ / : S \times S \rightarrow S\}$, $x, y, z \in \mathcal{X}$ und

$$\begin{aligned} \mathcal{E} = \{\, x * (x \backslash y) &\;\leftrightarrow\; y, \\ (x / y) * y &\;\leftrightarrow\; x, \\ x \backslash (x * y) &\;\leftrightarrow\; y, \\ (x * y) / y &\;\leftrightarrow\; x \,\}. \end{aligned}$$

Vervollständigen Sie $\mathcal{E}$ mit Hilfe des ReDuX-Programms `redux/demo/tc`.

Aufgabe 10.5 Sei $G = (N, T, \Pi, Z)$ wie in Aufgabe 6.3 eine kontextfreie Grammatik. Betrachten Sie die Regeln $l \to r \in \Pi$ und die davon induzierte *Top-down-Reduktionsrelation* $\to_{TD}$, die wie folgt definiert ist:

$$vlw \to_{TD} vrw \quad \text{falls } l \to r \in \Pi, v, w \in (N \cup T)^*.$$

1. Definieren Sie zu diesem Reduktionssystem das Analogon zu einem kritischen Paar.
2. Was wird bei diesen kritischen Paaren aus der Unifikation?
3. Stellen Sie für die Top-down-Reduktionsrelation $\to_{TD}$ ein zum Kritischen-Paar-Lemma analoges Lemma auf.
4. Beweisen Sie dieses Lemma.
5. Welche Schwierigkeiten ergeben sich, wenn man eine Vervollständigungsprozedur für kontextfreie Grammatiken definieren will?

Aufgabe 10.6 Sei $\mathcal{F} = \{0 :\to S,\ f : S \to S,\ g : S \to S,\ h : S \to S\}$ und $x \in \mathcal{X}$. Ferner sei

$$\begin{array}{rlcl}\mathcal{E} = \{ & f(g(x)) & \leftrightarrow & x, \\ & g(f(x)) & \leftrightarrow & x, \\ & h(0) & \leftrightarrow & 0, \\ & h(f(x)) & \leftrightarrow & g(h(x))\,\}.\end{array}$$

1. Zeigen Sie, daß $h(g(x)) \leftrightarrow_{\mathcal{E}}^* f(h(x))$ gilt, indem Sie die einzelnen $\leftrightarrow_{\mathcal{E}}$ Ableitungsschritte angeben.
2. Vervollständigen Sie $\mathcal{E}$ von Hand! Geben Sie die einzelnen Zwischenschritte an.
3. Geben Sie ein Modell für die algebraische Spezifikation $(\mathcal{F}, \mathcal{E})$ an.
4. Gilt $h(h(x)) \leftrightarrow_{\mathcal{E}}^* x$? Gilt $h(h(x)) = x$ in Ihrem Modell?

Aufgabe 10.7 Zeigen Sie für beliebige Termgleichungssysteme $\mathcal{E}$ und Termersetzungssysteme $\mathcal{R}$, daß

1. $(\leftrightarrow_{\mathcal{E}}^* \cup \leftrightarrow_{\mathcal{R}}^*) \neq (\leftrightarrow_{\mathcal{E}} \cup \leftrightarrow_{\mathcal{R}})^*$,
2. $(\leftrightarrow_{\mathcal{E}}^* \cup \leftrightarrow_{\mathcal{R}}^*) \subseteq (\leftrightarrow_{\mathcal{E}} \cup \leftrightarrow_{\mathcal{R}})^*$.

11 Induktive Vervollständigung

In diesem Kapitel werden wir feststellen, daß wir mit den bisher behandelten Methoden nicht alle Gleichungen beweisen können, von denen wir meinen, daß sie gelten sollten. Das gilt selbst dann, wenn die zugrundeliegende Gleichungstheorie durch ein vollständiges Termersetzungssystem beschrieben werden kann. Bei näherer Betrachtung stellt sich heraus, daß die angeblich gültigen, aber nicht durch Reduktionsbeweise beweisbaren Gleichungen alle durch Induktion beweisbar sind. Dies führt uns zu der Frage nach dem Unterschied zwischen reinen Gleichungs- und Induktionsbeweisen.

Ziel dieses Kapitels ist es, ein elegantes Verfahren zum Führen von Induktionsbeweisen vorzustellen. Algorithmisch wird dieses Verfahren durch eine (kleine) Modifikation der Knuth-Bendix-Vervollständigung realisiert. Der semantische Hintergrund des Verfahrens baut aber auf einer völlig neuen Argumentation auf. Der Induktionsbeweis ist keine rein syntaktische Transformation von Termen mehr. Die hier vorgestellte Induktionsmethode basiert vielmehr auf einem Konsistenzbeweis: eine Gleichung gilt, falls sie keine unerwünschten Gleichheiten einführt. Das heißt, die Gleichheit gewisser Terme muß ausgeschlossen werden. Deshalb ist hier zum ersten Mal die Semantik der Terme und Gleichungen von Bedeutung. Glücklicherweise reicht es aus, eine Semantik zu betrachten, die syntaktisch charakterisierbar ist und es somit erlaubt, das Induktionsverfahren zu mechanisieren.

11.1 Gleichungs– vs. Induktionsbeweise

Folgendes Beispiel illustriert, daß man mit vollständigen Termersetzungssystemen nicht alles beweisen kann, was man eventuell beweisen möchte.

Beispiel 11.1
Sei $\mathcal{F}_P = \{0 :\to S, s : S \to S, + : S \times S \to S\}$, $x, y, z \in \mathcal{X}$ und

$$\begin{aligned}\mathcal{E}_P = \{\, +(0,x) &\leftrightarrow x,\\ +(s(x),y) &\leftrightarrow s(+(x,y))\,\}.\end{aligned}$$

Sicher läßt sich die Konstante 0 als Null, der Operator s als Nachfolger (engl. *successor*) also als Inkrement um eins und der Operator $+$ als Addition interpretieren. Man kann jetzt fragen, ob folgende zwei Gleichheiten gelten:

1. $+(0, s(+(0,x))) \leftrightarrow^*_{\mathcal{E}} +(s(0), +(0,x))$?

2. $+(+(x,y),z) \leftrightarrow_{\mathcal{E}}^{*} +(x,+(y,z))$?

Betrachtet man die oben angegebene Interpretation der Spezifikation, so sollte beides beweisbar sein. Dazu transformieren wir $\mathcal{E}_P$ in das Termersetzungssystem

$$\begin{aligned}\mathcal{R}_P = \{ \, +(0,x) &\rightarrow x, \\ +(s(x),y) &\rightarrow s(+(x,y)) \, \}.\end{aligned}$$

$\mathcal{R}_P$ terminiert, ist konfluent und äquivalent zu $\mathcal{E}_P$. Daraus folgt

$$s \leftrightarrow_{\mathcal{E}_P}^{*} t \Leftrightarrow \exists n \in T(\mathcal{F},\mathcal{X}) : s \rightarrow_{\mathcal{R}}^{*} n \leftarrow_{\mathcal{R}}^{*} t.$$

Wenn wir diese Eigenschaft für die zwei oben gestellten Fragen überprüfen, ergibt sich:

ad 1. $+(0,s(+(0,x))) \rightarrow_{\mathcal{R}_P} s(+(0,x)) \rightarrow_{\mathcal{R}_P} s(x)$ und
$+(s(0),+(0,x)) \rightarrow_{\mathcal{R}_P} s(+(0,+(0,x))) \rightarrow_{\mathcal{R}_P} s(+(0,x)) \rightarrow_{\mathcal{R}_P} s(x)$
Somit gilt 1.

ad 2. $+(+(x,y),z)$ ist in $\mathcal{R}_P$–Normalform und $+(x,+(y,z))$ ebenfalls. Das heißt, 2. gilt *nicht*! □

Es stellt sich die Frage: Warum läßt sich die Assoziativität von $+$ in $\mathcal{E}_P$ nicht beweisen? Als einen ersten Schritt zu der Antwort soll an den Satz von Birkhoff erinnert werden.

Satz 4.1 (Satz von Birkhoff)
$s \leftrightarrow_{\mathcal{E}}^{*} t$ gilt genau dann, wenn $s = t$ in *allen* Modellen von $\mathcal{E}$ gilt. □

Nun beschreibt die in Beispiel 11.1 vorgeschlagene Interpretation bestimmte Modelle (z. B. die Natürlichen Zahlen), aber nicht unbedingt alle möglichen Modelle. Da das Assoziativgesetz nicht beweisbar ist, muß es also Modelle von $(\mathcal{F}_P, \mathcal{E}_P)$ geben, in denen es nicht gilt.

11.2 Grundtermmodelle

Wenn wir Gleichungen wie das Assoziativgesetz aus Beispiel 11.1 beweisen wollen, so sind wir gezwungen, uns mit der Semantik von algebraischen Spezifikationen auseinanderzusetzen. Nach der informellen Einführung in dieses Gebiet in Kapitel 4.2 werden wir die Semantik von algebraischen Spezifikationen jetzt formal behandeln. Diese formale Behandlung ist notwendig, damit die Semantik dem Rechner zugänglich gemacht werden kann, denn wir wollen die Induktionsbeweise ja automatisieren. Wir erinnern uns: Rechner verstehen nur formale Sprachen. Zunächst definieren wir die Struktur der möglichen Welten, die sogenannten Algebren.

Definition 11.1
*Sei $\mathcal{F}$ eine Signatur über der Menge der Sorten $\mathcal{S}$, dann heißt $A = (\mathcal{C}_A, \mathcal{F}_A)$ eine $\mathcal{F}$-*Algebra, *wenn $\mathcal{C}_A = \bigcup_{s \in \mathcal{S}} \mathcal{C}_s$ eine Menge von Objekten, der* Träger *(auch* Universum, *engl.* carrier*)*

und $\mathcal{F}_A = \{f_A \mid f \in \mathcal{F}\}$ eine Menge von Funktionen ist mit $f_A : \mathcal{C}_{s_1} \times \cdots \times \mathcal{C}_{s_n} \to \mathcal{C}_s$ für $typ(f) = s_1 \times \cdots \times s_n \to s$.

Wir nehmen im folgenden an, daß $\mathcal{F}_0 \neq \emptyset$ und daß es bei einer mehrsortigen Signatur zu jeder Sorte mindestens einen Grundterm gibt. Dann folgt für alle Sorten s: $\mathcal{C}_s \neq \emptyset$ und damit $\mathcal{C}_A \neq \emptyset$.

Beispiel 11.2
Wir betrachten zu der Signatur $\mathcal{F}_P$ aus Beispiel 11.1 die $\mathcal{F}_P$-Algebren A, B und G mit

1. $\mathcal{C}_A = \mathbb{N}$
$$\begin{array}{lllll} \mathcal{F}_A = \{ 0_A & : & () & \mapsto & 0, \\ \quad s_A & : & x & \mapsto & x+1, \\ \quad +_A & : & (x,y) & \mapsto & x+y \,\} \end{array}$$
2. $\mathcal{C}_B = \mathbb{Q}$
$$\begin{array}{lllll} \mathcal{F}_B = \{ 0_B & : & () & \mapsto & 1, \\ \quad s_B & : & x & \mapsto & 2\cdot x, \\ \quad +_B & : & (x,y) & \mapsto & x\cdot y \,\} \end{array}$$
3. $\mathcal{C}_G = T(\mathcal{F})$
$$\begin{array}{lllll} \mathcal{F}_G = \{ 0_G & : & () & \mapsto & 0, \\ \quad s_G & : & x & \mapsto & s(x), \\ \quad +_G & : & (x,y) & \mapsto & +(x,y) \,\}. \end{array}$$

   Für eine beliebige algebraische Spezifikation $\mathcal{S}$ mit Signatur $\mathcal{F}$ wird $(T(\mathcal{F},\mathcal{X}),\mathcal{F})$ die *Termalgebra* und $(T(\mathcal{F}),\mathcal{F})$ die *Grundtermalgebra* von $\mathcal{S}$ genannt. □

Das Verhältnis zweier $\mathcal{F}$-Algebren zueinander läßt sich durch eine strukturerhaltende Abbildung beschreiben.

Definition 11.2
Seien A und B $\mathcal{F}$-Algebren. Eine Abbildung $\Phi : \mathcal{C}_A \to \mathcal{C}_B$ ist ein Homomorphismus, *falls $\Phi(f_A(a_1,\ldots,a_n)) = f_B(\Phi(a_1),\ldots,\Phi(a_n))$ für alle $f \in \mathcal{F}$.*

A und B heißen isomorph, *falls es Homomorphismen $\Phi : \mathcal{C}_A \to \mathcal{C}_B$ und $\Psi : \mathcal{C}_B \to \mathcal{C}_A$ gibt mit $\Phi \circ \Psi = id_{\mathcal{C}_B}$ und $\Psi \circ \Phi = id_{\mathcal{C}_A}$. Schreibweise: $A \cong B$.*

Beispiel 11.3 A, B und G seien die $\mathcal{F}_P$-Algebren aus dem letzten Beispiel.

1. $\Psi : \mathbb{N} \to \mathbb{Q}$ mit $\Psi : n \mapsto 2^n$ ist ein Homomorphismus von A nach B.
   $\Psi(0_A) = \Psi(0) = 1 = 0_B$,
   $\Psi(s_A(a)) = \Psi(1+a) = 2 \cdot \Psi(a) = s_B(\Psi(a))$,
   $\Psi(+_A(a,b)) = \Psi(a+b) = 2^{a+b} = \Psi(a) \cdot \Psi(b) = +_B(\Psi(a),\Psi(b))$.
   Aber offensichtlich ist $A \not\cong B$.

2. Sei $\Phi : \mathcal{C}_A \to \mathcal{C}_G$ mit $\Phi(n) = s(s(\ldots s(0)\ldots))$ für $n \in \mathbb{N}$ die n-fache Anwendung von s auf 0 und $\Psi : \mathcal{C}_G \to \mathcal{C}_A$ mit

$$\Psi(0) = 0, \Psi(s(g)) = 1 + \Psi(g) \text{ und } \Psi(+(g, g')) = \Psi(g) + \Psi(g')$$

für $g, g' \in T(\mathcal{F}_P)$. Φ und Ψ sind jeweils Homomorphismen, aber $\Phi \circ \Psi \neq id_{\mathcal{C}_G}$, denn $\Phi(\Psi(+(0,0)) = \Phi(0) = 0$ und $+(0,0) \neq 0$. □

$\mathcal{F}$-Algebren definieren, wie Operatoren interpretiert werden sollen. Will man einen beliebigen Term interpretieren, so muß die Rolle der Variablen geklärt werden. Variablen stellen Platzhalter dar, die als beliebige Objekte (aus dem Träger!) interpretiert werden können. Die spezifische Interpretation einer Variablen wird Variablenbelegung genannt.

Definition 11.3
Eine (Variablen-)Belegung *ist eine Funktion $\theta_A : \mathcal{X} \to \mathcal{C}_A$, die einer Variable der Sorte s ein Objekt aus $\mathcal{C}_s$ zuweist. Eine Belegung kann zu einem Homomorphismus von der Menge der Terme zum Träger der $\mathcal{F}$-Algebra A fortgesetzt werden:*

$$t\theta_A = \begin{cases} \theta_A(x), & \textit{falls } t = x \in \mathcal{X} \\ f_A(t_1\theta_A, \ldots, t_n\theta_A), & \textit{falls } t = f(t_1, \ldots, t_n). \end{cases}$$

Man beachte die Ähnlichkeit und Analogie zwischen der Definition der Substitution (siehe Def. 2.4) und der Variablenbelegung. Beide Funktionen unterscheiden sich nur in ihrem Wertebereich. Dennoch ist der Unterschied wesentlich. Während die Substitution vollkommen auf der syntaktischen Ebene der Terme bleibt, verläßt die Variablenbelegung die syntaktische Ebene und stellt einen Bezug zur semantischen Ebene her. Betrachtet man jedoch die Term- und Grundtermalgebren, dann fallen syntaktische und semantische Ebenen zusammen. Deshalb kann jede Substitution als Variablenbelegung in der Termalgebra aufgefaßt werden.

Zu einer gegebenen $\mathcal{F}$-Algebra ordnet eine Variablenbelegung einem beliebigen Term eine Bedeutung zu. Man mache sich klar, daß alle Variablenbelegungen einer $\mathcal{F}$-Algebra Grundterme identisch interpretieren.

Jetzt sind wir soweit, daß wir den Begriff des Modells formal definieren können. Es soll hier noch einmal daran erinnert werden, daß Gleichungen einer algebraischen Spezifikation als implizit allquantifiziert betrachtet werden.

Definition 11.4
Eine $\mathcal{F}$-Algebra A ist ein Modell für eine Gleichung $s \leftrightarrow t$ *über der Signatur $\mathcal{F}$, falls für alle Variablenbelegungen θ_A gilt: $s\theta_A = t\theta_A$. Schreibweise: $A \models s = t$*

A ist ein Modell für die algebraische Spezifikation $(\mathcal{F}, \mathcal{E})$, *falls es für jede Gleichung in $\mathcal{E}$ ein Modell ist. Falls $\mathcal{F}$ aus dem Kontext hervorgeht oder $\mathcal{F}$ die Menge der in $\mathcal{E}$ vorkommenden Funktionssymbole ist, sagen wir auch A ist ein Modell von $\mathcal{E}$.*

Die Varietät $\mathrm{Mod}(\mathcal{E})$ *einer Gleichungsmenge ist die Menge* aller *Modelle von $\mathcal{E}$.*

Beispiel 11.4 (Fortsetzung der Beispiele 11.1 und 11.2)
$A, B \in \text{Mod}(\mathcal{E}_P)$ und $G \notin \text{Mod}(\mathcal{E}_P)$. □

Der Satz von Birkhoff läßt sich jetzt folgendermaßen formulieren:

$$\text{Mod}(\mathcal{E}) \models s = t \Leftrightarrow s \leftrightarrow^*_{\mathcal{E}} t.$$

Aus dem Beispiel 11.1 folgt nun, daß es ein Modell C von $\mathcal{E}_P$ geben muß, in dem das Assoziativgesetz für $+_C$ nicht gilt. Wir werden nun ein solches Nichtstandardmodell angeben.

Beispiel 11.5 Sei $\mathcal{C}_C = \mathbb{N} \cup \{x + \frac{1}{2} | x \in \mathbb{Z}\}$ und

$$\begin{array}{rrlcll} \mathcal{F}_C = & \{\, 0_C : & () & \mapsto & 0, & \\ & s_C : & x & \mapsto & x+1, & \\ & +_C : & (x,y) & \mapsto & \begin{cases} x+y, & \text{falls } x \in \mathbb{N} \vee y \in \mathbb{N} \\ x-(y-\frac{1}{2}), & \text{falls } x \notin \mathbb{N} \wedge y \notin \mathbb{N} \end{cases} & \}. \end{array}$$

Wir zeigen, daß C ein Modell von $\mathcal{E}_P$ ist:

- $\forall c \in \mathcal{C}_C : +_C(0_C, c) = c$
- $\forall c, d \in \mathcal{C}_C :$
$$\begin{array}{cllll} & (\, c \in \mathbb{N} \vee d \in \mathbb{N} \Rightarrow & +_C(s_C(c), d) & = c+1+d & = s_C(+_C(c,d))\,) \\ \wedge & (\, c \notin \mathbb{N} \wedge d \notin \mathbb{N} \Rightarrow & +_C(s_C(c), d) & = c+1-d+\frac{1}{2} & = s_C(+_C(c,d))\,). \end{array}$$

Aber es gilt z. B.

$$+_C(\underbrace{+_C\underbrace{(8{,}5,\ 3{,}5)}_{5{,}5},\ 2{,}5}_{3{,}5}) \neq +_C\underbrace{(8{,}5, \underbrace{+_C(3{,}5,\ 2{,}5)}_{1{,}5})}_{7{,}5}$$

Somit ist $+_C$ nicht assoziativ. □

Im Beispiel 11.2.3 haben wir die Menge der Grundterme als Algebra interpretiert. Analog dazu wollen wir jetzt Modelle charakterisieren, die sich durch Grundterme beschreiben lassen. Der Grund dafür ist leicht einzusehen: In den vergangenen Kapiteln haben wir gezeigt, daß man mit Termen rechnen kann. Also hoffen wir, daß auch eine termgenerierte Semantik dem Rechner zugänglich ist.

Zunächst wollen wir die Elemente eines termgenerierten Modells so abstrakt wie möglich definieren. Dazu benötigen wir den Begriff der Äquivalenzklasse.

Definition 11.5
*Sei $t \in T(\mathcal{F},\mathcal{X})$ und $\mathcal{E}$ eine Gleichungsmenge. Dann ist $[t]_\mathcal{E} = \{s \mid t \leftrightarrow^*_\mathcal{E} s, s \in T(\mathcal{F},\mathcal{X})\}$ die $\mathcal{E}$-*Äquivalenzklasse *von t und $T(\mathcal{F},\mathcal{X})/\mathcal{E} = \{[t]_\mathcal{E} \mid t \in T(\mathcal{F},\mathcal{X})\}$ ist der* Quotient von $T(\mathcal{F},\mathcal{X})$ modulo $\mathcal{E}$.

Definition 11.6
Für $G = (T(\mathcal{F}),\mathcal{F})$ definieren wir $\mathcal{C}_{G/\mathcal{E}} = T(\mathcal{F})/\mathcal{E}$ und für alle $f \in \mathcal{F}$ sei $f_{G/\mathcal{E}}$, so daß

$$f_{G/\mathcal{E}}([t_1]_\mathcal{E},\ldots,[t_n]_\mathcal{E}) = [f(t_1,\ldots,t_n)]_\mathcal{E}.$$

Sei $\mathcal{F}_{G/\mathcal{E}} = \{f_{G/\mathcal{E}} \mid f \in \mathcal{F}\}$, dann heißt die $\mathcal{F}$-Algebra $G/\mathcal{E} = (\mathcal{C}_{G/\mathcal{E}},\mathcal{F}_{G/\mathcal{E}})$ das Grundtermmodell von $\mathcal{E}$.

Lemma 11.1
Sei $\mathcal{S} = (\mathcal{F},\mathcal{E})$ eine algebraische Spezifikation und $G = (T(\mathcal{F}),\mathcal{F})$ die Grundtermalgebra von $\mathcal{S}$. Dann gilt

- *$f_{G/\mathcal{E}}$ ist wohldefiniert für alle $f \in \mathcal{F}$.*
- *$(T(\mathcal{F})/\mathcal{E},\ \mathcal{F}_{G/\mathcal{E}})$ ist ein Modell von $\mathcal{E}$.*

Beweis: Übung □

Das Grundtermmodell ist zwar termgeneriert, dennoch ist es schwierig zu handhaben, da seine Objekte Äquivalenzklassen von Termen sind. Genaugenommen ist die ganze Theorie der Termersetzungssysteme entwickelt worden, um mit solchen Äquivalenzklassen umzugehen. Das bringt uns auf folgende Idee: Falls $\mathcal{R}$ ein vollständiges und zu $\mathcal{E}$ äquivalentes Termersetzungssystem ist, dann hat jede Äquivalenzklasse $[t]_\mathcal{E}$ einen eindeutigen kanonischen Repräsentanten, nämlich die $\mathcal{R}$-Normalform von t. Es liegt also nahe, in einem solchen Fall statt mit Äquivalenzklassen mit ihren kanonischen Repräsentanten, den $\mathcal{R}$-Normalformen zu arbeiten. Deshalb versuchen wir jetzt, das Grundtermmodell mit Hilfe von Grundtermen in Normalform zu charakterisieren.

Definition 11.7
Sei $\mathcal{R}$ ein terminierendes Termersetzungssystem und T eine Menge von Termen, dann ist

$$T\downarrow_\mathcal{R} = \{t \mid t' \in T, t' \to^*_\mathcal{R} t, t \text{ ist } \mathcal{R}\text{-irreduzibel}\}.$$

*$T(\mathcal{F},\mathcal{X})\downarrow_\mathcal{R}$ ist die Menge der $\mathcal{R}$-*Normalformen, *$T(\mathcal{F})\downarrow_\mathcal{R}$ ist die Menge der $\mathcal{R}$-irreduziblen Grundterme (der $\mathcal{R}$-*Grundnormalformen*) und $t\downarrow_\mathcal{R}$ ist eine $\mathcal{R}$-Normalform von t für $t \in T(\mathcal{F},\mathcal{X})$.*

Beispiel 11.6

- $\mathcal{F}_P = \{0, s, +\}$
  $\mathcal{R}_P = \{+(0, x) \to x, +(s(x), y) \to s(+(x, y))\}$
  $T(\mathcal{F})\downarrow_{\mathcal{R}_P} = \{0, s(0), s(s(0)), s(s(s(0))), \ldots\} = T(\{0, s\})$
- $\mathcal{F}_Z = \{0 :\to Z, s : Z \to Z, p : Z \to Z\}$
  $\mathcal{R}_Z = \{s(p(x)) \to x, p(s(x)) \to x\}$
  $T(\mathcal{F})\downarrow_{\mathcal{R}_Z} = \{0, s(0), p(0), s(s(0)), p(p(0)), \ldots\} \neq T(\{0, s, p\})$ □

Lemma 11.2
Sei $\mathcal{R}$ ein vollständiges, zu $\mathcal{E}$ äquivalentes Termersetzungssystem über einer Signatur $\mathcal{F}$. Ferner sei

$$\mathcal{F}\downarrow = \{f\downarrow \mid f \in \mathcal{F}, f\downarrow : T(\mathcal{F})\downarrow_{\mathcal{R}} \times \cdots \times T(\mathcal{F})\downarrow_{\mathcal{R}} \to T(\mathcal{F})\downarrow_{\mathcal{R}}\}$$

mit $f\downarrow(t_1, \ldots, t_n) \mapsto f(t_1, \ldots, t_n)\downarrow_{\mathcal{R}}$. Dann gilt

$$(T(\mathcal{F})\downarrow_{\mathcal{R}}, \mathcal{F}\downarrow) \cong (T(\mathcal{F})/\mathcal{E}, \mathcal{F}_{G/\mathcal{E}}).$$

Beweis: Übung □

Wir haben mit $(T(\mathcal{F})\downarrow_{\mathcal{R}}, \mathcal{F}\downarrow)$ ein Modell von $(\mathcal{F}, \mathcal{E})$ gefunden, das einerseits isomorph zum Grundtermmodell ist und in dem wir andererseits rechnen können, da seine Funktionen durch die Berechnung von Normalformen realisiert werden können.

Grundtermmodelle sind sogenannte *initiale Modelle*. Initialität ist ein Begriff aus der Kategorientheorie, auf den wir hier nicht genauer eingehen wollen. Es sei nur bemerkt, daß alle initialen Modelle einer algebraischen Spezifikation bis auf Isomorphie gleich sind. Ferner sind sie in gewisser Weise prototypisch und eignen sich als „intendierte Modelle“. Das sind Modelle, in denen erstens keine überflüssigen Objekte im Träger (Objekte, zu denen es keinen entsprechenden Term gibt) enthalten sind und zweitens keine Gleichungen gelten, die nicht aus Gleichungen in $\mathcal{E}$ herleitbar sind.

Inwieweit solche Modelle wirklich der Intention einzelner Personen entsprechen, ist schwer zu bestimmen. Der Leser bzw. die Leserin mag selbst testen, ob die eigene Intention der Theorie entspricht. So ist das intendierte Modell von $(\mathcal{F}_P, \mathcal{R}_P)$ aus Beispiel 11.6 die Menge der natürlichen Zahlen zusammmen mit 0 als der Null, s als Inkrement $(+1)$ und $+$ als der Addition. Das intendierte Modell von $(\mathcal{F}_Z, \mathcal{R}_Z)$ aus dem gleichen Beispiel besteht aus den ganzen Zahlen mit 0 als Null, s als Inkrement $(+1)$ und p als Dekrement (-1). Die (unterstellte) Intention bezieht sich also auf die (rekursive) Spezifikation abstrakter Datentypen. Man vergleiche dazu die Definition des Datentyps Term aus Definition 2.2. In der Definition eines abstrakten Datentyps wird festgelegt, aus welchen Komponenten die Objekte des Datentyps bestehen und daß sie *nur* aus den vorgesehenen Komponenten (und sonst nichts) erzeugt werden. Daraus ergibt sich, daß das initiale Modell eine geeignete Semantik zur Beschreibung von Programmen liefert. Bezüglich des initialen Modells können Aussagen über Programme gemacht werden bis hin zur Verifikation eines Programms.

11.3 Konsistenzbeweise

Wir definieren jetzt ein induktives Theorem als eine Gleichung, die im Grundtermmodell gilt. Um die folgenden Definitionen und Sätze zu vereinfachen, nehmen wir im weiteren Verlauf dieses Kapitels an, daß eine feste Signatur $\mathcal{F}$ gegeben ist und daß die Terme in Regeln und Gleichungen aus $T(\mathcal{F}, \mathcal{X})$ sind. Dies ist wichtig zu bemerken, denn das Grundtermmodell und damit die Gültigkeit induktiver Theoreme hängt wesentlich von der Wahl der Signatur ab.

Definition 11.8
Seien t, (s,t), $s \leftrightarrow t$ und $s \overset{v}{\longleftrightarrow} t$ jeweils ein Term, ein Paar, eine Gleichung und ein Gipfel über $T(\mathcal{F}, \mathcal{X})$. Ferner sei γ eine Substitution. Dann sind $t\gamma$, $(s\gamma, t\gamma)$, $s\gamma \leftrightarrow t\gamma$ und $s\gamma \overset{v\gamma}{\longleftrightarrow} t\gamma$ jeweils Grundinstanzen *von t, (s,t), $s \leftrightarrow t$ und $s \overset{v}{\longleftrightarrow} t$, falls $s\gamma, t\gamma, v\gamma \in T(\mathcal{F})$.*

Definition 11.9
Sei $\mathcal{E}$ eine Gleichungsmenge. Die Gleichung $s \leftrightarrow t$ ist ein induktives Theorem von $\mathcal{E}$, *falls für alle Grundinstanzen $(s\gamma, t\gamma)$ von (s,t) gilt: $s\gamma \leftrightarrow^*_{\mathcal{E}} t\gamma$. Wir sagen dann auch s und t sind* induktiv gleich.

Schreibweise: $\mathcal{I}(\mathcal{E}) \models s = t$.

Sei $\mathcal{R}$ ein zu $\mathcal{E}$ äquivalentes vollständiges Termersetzungssystem, dann heißt die Gleichung $s \leftrightarrow t$ ein induktives Theorem von $\mathcal{R}$, *wenn es ein induktives Theorem von $\mathcal{E}$ ist.*

Schreibweise: $\mathcal{I}(\mathcal{R}) \models s = t$.

An dieser Stelle ist es sinnvoll sich zu überlegen, ob diese Definition eines induktiven Theorems mit dem zusammenhängt, was wir mit Standardinduktionsbeweisen zeigen können. Wenn wir einen Satz mit struktureller Induktion beweisen, so stellen wir letztlich sicher, daß der Satz für alle durch Operatoren generierbaren Terme, also für alle Grundterme gilt.

Dreht man die Definition 11.9 herum, so ergibt sich, daß eine Gleichung $s \leftrightarrow t$ genau dann *kein* induktives Theorem von $\mathcal{E}$ ist, wenn es Grundterme s' und t' gibt, die in unterschiedlichen Äquivalenzklassen des Grundtermmodells liegen, aber bezüglich $\mathcal{E} \cup \{s \leftrightarrow t\}$ gleich sind. Das heißt wenn die Gleichung $s \leftrightarrow t$ zwei unterschiedliche Äquivalenzklassen des Grundtermmodells verschmelzen läßt. Eine solche Situation ist in Abbildung 11.1 illustriert. Mit anderen Worten: eine Gleichung ist ein induktives Theorem, wenn es konsistent mit dem Grundtermmodell ist. Diese Idee eines Konsistenzbeweises, angewendet auf das Modell der Grundnormalformen, liegt dem folgenden Satz zugrunde.

Satz 11.3
Seien $\mathcal{R}_1$, $\mathcal{R}_2$ vollständige Termersetzungssysteme und $s, t \in T(\mathcal{F}, \mathcal{X})$, so daß $(\{s \overset{\top}{\longleftrightarrow} t\}; \mathcal{R}_1) \vdash^*_{\mathrm{KB}} (\emptyset; \mathcal{R}_2)$. Dann gilt:

$$\mathcal{I}(\mathcal{R}_1) \models s = t \;\Leftrightarrow\; T(\mathcal{F})\!\downarrow_{\mathcal{R}_1} = T(\mathcal{F})\!\downarrow_{\mathcal{R}_2}$$

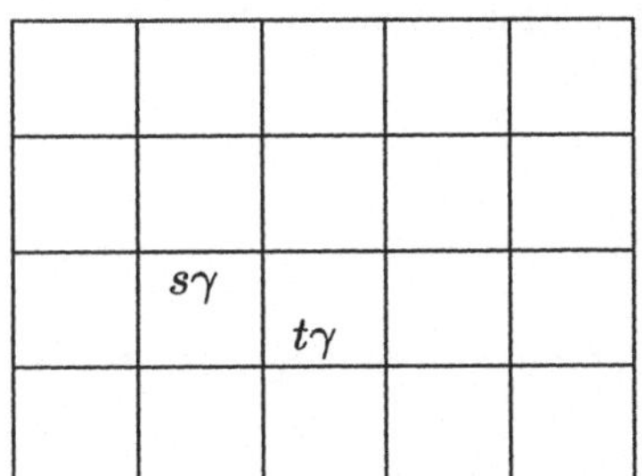

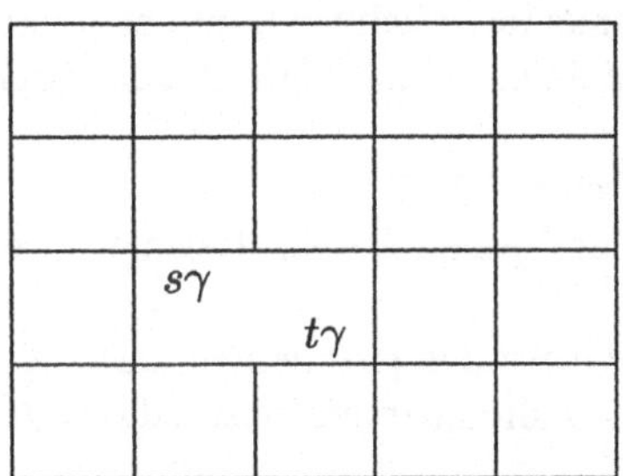

Abbildung 11.1: Wirkung einer inkonsistenten Gleichung

Beweis:

„$\Rightarrow$“ Sei $\mathcal{I}(\mathcal{R}_1) \models s = t$, dann folgt für alle Substitutionen γ mit $s\gamma, t\gamma \in T(\mathcal{F})$

$$\exists n \in T(\mathcal{F}) : \; s\gamma \rightarrow^*_{\mathcal{R}_1} n \leftarrow^*_{\mathcal{R}_1} t\gamma, \tag{11.1}$$

da $\mathcal{R}_1$ vollständig. Angenommen $T(\mathcal{F})\downarrow_{\mathcal{R}_1} \neq T(\mathcal{F})\downarrow_{\mathcal{R}_2}$, dann gibt es Terme $g_1, g_2 \in T(\mathcal{F})\downarrow_{\mathcal{R}_1}$, so daß $g_1 \neq g_2$ und $g_1 \leftrightarrow^*_{\mathcal{R}_2} g_2$. Das heißt $g_1(\leftrightarrow_{\mathcal{R}_1} \cup \leftrightarrow_{\{s \leftrightarrow t\}})^* g_2$. Das ist ein Widerspruch zu (11.1), da nur Grundinstanzen von $s \leftrightarrow t$ zum Beweis von $g_1 \leftrightarrow^* g_2$ benötigt werden und somit $g_1 \leftrightarrow^*_{\mathcal{R}_1} g_2$.

„$\Leftarrow$“ Umgekehrt sei $\mathcal{I}(\mathcal{R}_1) \not\models s = t$. Dann gibt es eine Substitution γ mit $s\gamma, t\gamma \in T(\mathcal{F})$, so daß $s\gamma \rightarrow^*_{\mathcal{R}_1} \bar{s} \in T(\mathcal{F})\downarrow_{\mathcal{R}_1}, t\gamma \rightarrow^*_{\mathcal{R}_1} \bar{t} \in T(\mathcal{F})\downarrow_{\mathcal{R}_1}$ und $\bar{s} \neq \bar{t}$. Andererseits gibt es einen Grundterm n, so daß $s\gamma \rightarrow^*_{\mathcal{R}_2} n \leftarrow^*_{\mathcal{R}_2} t\gamma$. Daraus folgt entweder $\bar{s} \notin T(\mathcal{F})\downarrow_{\mathcal{R}_2}$ oder $\bar{t} \notin T(\mathcal{F})\downarrow_{\mathcal{R}_2}$ und somit $T(\mathcal{F})\downarrow_{\mathcal{R}_1} \neq T(\mathcal{F})\downarrow_{\mathcal{R}_2}$. □

Satz 11.3 reduziert die Frage, ob eine Gleichung induktiv aus einem Termersetzungssystem folgt, auf einen Vergleich der Grundnormalformmengen verschiedener Termersetzungssysteme. Um diesen Test effektiv durchführen zu können, führen wir den Begriff der Grundreduzibilität ein.

Definition 11.10
Sei $t \in T(\mathcal{F}, \mathcal{X})$, dann heißt t grundreduzibel *(oder* induktiv reduzibel *oder* quasi-reduzibel*) bezüglich eines Termersetzungssystems $\mathcal{R}$, falls alle Grundinstanzen von t reduzibel bezüglich $\mathcal{R}$ sind.*

Das Problem der Grundreduzibilität eines Terms ist entscheidbar, aber im allgemeinen Fall sehr schwer (PSPACE-hart). Für einige Klassen von Termersetzungssystemen, wie zum Beispiel Termersetzungssysteme, deren linke Seiten alle linear sind (d. h. keine Variable kommt links mehrfach vor), gibt es relativ effiziente Grundreduzibilitätstests. Aber wir wollen hier nicht näher auf Algorithmen für Grundreduzibilitätstests eingehen.

Beispiel 11.7
Für $\mathcal{F}_P$ und $\mathcal{R}_P$ aus Beispiel 11.6 ist $+(x,y)$ grundreduzibel. □

Wir werden jetzt zeigen, daß sich der Vergleich zweier Grundnormalformmengen auf einen Grundreduzibilitätstest reduzieren läßt.

Lemma 11.4
Sei $\mathcal{R}$ ein vollständiges Termersetzungssystem und $l, r \in T(\mathcal{F},\mathcal{X})$, so daß l nicht *grundreduzibel bezüglich $\mathcal{R}$ ist. Wenn $\mathcal{R} \cup \{l \to r\}$ terminiert, dann gilt*

$$\mathcal{I}(\mathcal{R}) \not\models l = r.$$

Beweis: Wenn l nicht grundreduzibel ist, dann gibt es eine Substitution γ mit $l\gamma \in T(\mathcal{F})\downarrow_{\mathcal{R}}$ und $l\gamma \to_{\mathcal{R}\cup\{l\to r\}} r\gamma$. Da $\mathcal{R} \cup \{l \to r\}$ terminiert, folgt $r\gamma \not\to^*_{\mathcal{R}} l\gamma$ und somit $r\gamma \not\leftrightarrow^*_{\mathcal{R}} l\gamma$. □

Lemma 11.5
Sei $\mathcal{R} \cup \{l \to r\}$ ein terminierendes Termersetzungssystem und l sei grundreduzibel bezüglich $\mathcal{R}$. Dann gilt $T(\mathcal{F})\downarrow_{\mathcal{R}} = T(\mathcal{F})\downarrow_{\mathcal{R}\cup\{l\to r\}}$.

Beweis: Übung □

Satz 11.6 (Jouannaud und Kounalis, 1989)
Seien $\mathcal{R}$ und $\mathcal{R}'$ zwei vollständige Termersetzungssysteme, $s \leftrightarrow t$ eine Gleichung und $(\{s \overset{\top}{\longleftrightarrow} t\};\ \mathcal{R}) \vdash^*_{\mathrm{KB}} (\emptyset;\ \mathcal{R}')$. Dann gilt $\mathcal{I}(\mathcal{R}) \models s = t$ genau dann, wenn für alle Regeln $l \to r \in \mathcal{R}' \backslash \mathcal{R}$ die linke Seite l bezüglich $\mathcal{R}$ grundreduzibel ist.

Beweis: folgt aus Lemmata 11.4 und 11.5 und dem Satz 11.3. □

Es folgt auch, daß alle während der Vervollständigung erzeugten Regeln (als Gleichung gelesen) induktive Theoreme der ursprünglichen Regelmenge sind.

Korollar 11.7
Seien $\mathcal{R}$ und $\mathcal{R}'$ zwei vollständige Termersetzungssysteme, $s \leftrightarrow t$ eine Gleichung und $(\{s \overset{\top}{\longleftrightarrow} t\};\ \mathcal{R}) \vdash^*_{\mathrm{KB}} (\emptyset;\ \mathcal{R}')$. Dann gilt:

$$\mathcal{I}(\mathcal{R}) \models s = t \quad\Rightarrow\quad \forall l \to r \in \mathcal{R}' \backslash \mathcal{R} :\ \mathcal{I}(\mathcal{R}) \models l = r.$$ □

Satz 11.6 und die vorangehenden zwei Lemmata ergeben das in Abbildung 11.2 beschriebene Verfahren zum Beweisen induktiver Theoreme. *ICOMPLETE* unterscheidet sich von der Knuth-Bendix-Vervollständigung nur durch den zusätzlichen Konsistenztest in Schritt 6.

$\mathcal{R} :=$ **ICOMPLETE**$(\mathcal{R}_0, s \leftrightarrow t, \succ)$

[Inductive completion procedure.
$\mathcal{R}_0$ is a complete term rewriting system, $s \leftrightarrow t$ is an equation and $\succ$ is a terminating term ordering such that for all $l \rightarrow r \in \mathcal{R}_0$, $l \succ r$. Then upon success if $\mathcal{R} \neq \emptyset, \mathcal{I}(\mathcal{R}_0) \models s = t$.]

(1) [Initialise.] $\mathcal{P} := \{s \overset{\top}{\longleftrightarrow} t\}; \mathcal{R} := \mathcal{R}_0$.

(2) [Simplify.] **while** the *simplify*-inference rule applies **do**
$(\mathcal{P}; \mathcal{R}) := \mathit{Simplify}((\mathcal{P}; \mathcal{R}))$.

(3) [Delete.] **while** the *delete*-inference rule applies **do**
$(\mathcal{P}; \mathcal{R}) := \mathit{Delete}((\mathcal{P}; \mathcal{R}))$.

(4) [Stop?] **if** $\mathcal{P} = \emptyset$ **then return** $\mathcal{R}$ and **stop**.

(5) [Orient.] $a \overset{c}{\longleftrightarrow} b := \mathit{Select}(\mathcal{P}); \mathcal{P} := \mathcal{P} \setminus \{a \overset{c}{\longleftrightarrow} b\}$;
if $a \succ b$ **then** $\{l := a; r := b\}$
else if $b \succ a$ **then** $\{l := b; r := a\}$
else stop with failure;
$\mathcal{R} := \mathcal{R} \cup \{l \rightarrow r\}$.

(6) [Consistency check.] **if** l is not ground reducible w. r. t. $\mathcal{R}_0$ **then**
{ **print** "$\mathcal{I}(\mathcal{R}_0) \not\models s = t$"; $\mathcal{R} := \emptyset$; **stop** }.

(7) [Collapse — optional.] **while** the *collapse*-inference rule applies **do**
$(\mathcal{P}; \mathcal{R}) := \mathit{Collapse}((\mathcal{P}; \mathcal{R}))$.

(8) [Compose — optional.] **while** the *compose*-inference rule applies **do**
$(\mathcal{P}; \mathcal{R}) := \mathit{Compose}((\mathcal{P}; \mathcal{R}))$.

(9) [Deduce.] Let $l' \rightarrow r'$ be a copy of $l \rightarrow r$ with variables renamed.
$CP := \{s \overset{c}{\longleftrightarrow} t \mid s \overset{c}{\longleftrightarrow} t$ is a critical peek of $l' \rightarrow r'$ and a rule in $\mathcal{R}\}$;
$\mathcal{P} := \mathcal{P} \cup CP$;
continue with step 2. □

Abbildung 11.2: Prozedur *ICOMPLETE*

Beispiel 11.8
Gegeben sei das Termersetzungssystem

$$\mathcal{R}_0 = \mathcal{R}_P = \{1 : +(0,x) \to x,\ 2 : +(s(x),y) \to s(+(x,y))\}.$$

Wir wollen die Gleichung $+(x,+(y,z)) \leftrightarrow +(+(x,y),z)$ beweisen. Deshalb orientieren wir die Gleichung zu

$$3\colon +(+(x,y),z) \to +(x,+(y,z)).$$

Die linke Seite $+(+(x,y),z)$ ist grundreduzibel, da der Teilterm $+(x,y)$ schon grundreduzibel ist.

Die folgenden zwei kritischen Gipfel können gebildet und konfluent bewiesen werden:

1.

$$\begin{array}{ccccc} & & +(+(0,x),z) & & \\ & \swarrow_{(1)} & & \searrow_{(3)} & \\ +(x,z) & & \xleftarrow[(1)]{\qquad\qquad} & & +(0,+(x,z)) \end{array}$$

2.

$$\begin{array}{ccccc} & & +(+(s(x),y),z) & & \\ & \swarrow_{(2)} & & \searrow_{(3)} & \\ +(s(+(x,y)),z) & & & & +(s(x),+(y,z)) \\ \downarrow_{(2)} & & & & \downarrow_{(2)} \\ s(+(+(x,y),z)) & & \xrightarrow[(3)]{\qquad\qquad} & & s(+(x,+(y,z))) \\ & & \Uparrow & & \end{array}$$

„Anwendung der Induktionshypothese“

Im letzten Kapitel haben wir schon gesehen, daß der kritische Gipfel aus der Assoziativitätsregel mit einer Kopie derselben immer konfluent ist. Damit folgt:

$$\{+(0,x) \to x, +(s,(x),y) \to s(+(x,y)), +(+(x,y),z) \to +(x,+(y,z))\}$$

ist vollständig und somit gilt

$$\mathcal{I}(\mathcal{R}) \models +(x,+(y,z)) = +(+(x,y),z).$$ □

11.4 Induktionslose Induktion

Im letzten Abschnitt haben wir bemerkt, daß Grundreduzibilitätstests im allgemeinen sehr kompliziert und teuer sind. Es gibt jedoch wichtige für die Praxis relevante Fälle, wo dieser Test geradezu trivial ist. Nämlich dann, wenn das Grundtermmodell isomorph zu einer Grundtermalgebra ist und alle Regeln in $\mathcal{R}$ syntaktisch rekursive[1] Funktionen beschreiben.

[1] Die syntaktische Rekursion ist eine direkte Verallgemeinerung der primitiven Rekursion auf Termalgebren.

Das heißt, die Signatur wird aufgeteilt in Operatoren, die die Grundtermalgebra beschreiben und solche, die durch $\mathcal{R}$ als (totale) Funktionen definiert sind.

Definition 11.11
Sei $\mathcal{R}$ ein vollständiges Termersetzungssystem und sei $\mathcal{F} = \mathcal{C} \uplus \mathcal{D}$, so daß $T(\mathcal{F})\downarrow_{\mathcal{R}}= T(\mathcal{C})$. $\mathcal{C}$ ist die Menge der freien Konstruktoren *und $\mathcal{D}$ die Menge der* definierten Operatoren *von $\mathcal{F}$ bezüglich $\mathcal{R}$.*

In der Literatur werden freie Konstruktoren oft einfach Konstruktoren genannt. Wir halten uns hier an die Konvention von Jouannaud und Kounalis (1989), nach der alle Operatoren, die in einer Grundnormalform vorkommen können, *Konstruktoren* und alle anderen Operatoren *definiert* sind.

Beispiel 11.9 (Fortsetzung von Beispiel 11.6)

1. 0 und s sind freie Konstruktoren von $(\mathcal{F}_P, \mathcal{R}_P)$ und $+$ ist ein definierter Operator.

2. $(\mathcal{F}_Z, \mathcal{R}_Z)$ hat weder freie Konstruktoren noch definierte Operatoren. 0, s und p sind alles (nicht-freie) Konstruktoren. □

Lemma 11.8
Sei $\mathcal{C} \subseteq \mathcal{F}$ und $\mathcal{R}$ ein Termersetzungssystem mit $T(\mathcal{F})\downarrow_{\mathcal{R}} \subseteq T(\mathcal{C})$, $t \in T(\mathcal{F}, \mathcal{X})$. Dann gilt:

1. $(\exists p \in O(t) : t(p) \in \mathcal{F} \setminus \mathcal{C}) \Rightarrow$ *t ist grundreduzibel bezüglich $\mathcal{R}$.*

2. $T(\mathcal{F})\downarrow_{\mathcal{R}}= T(\mathcal{C}) \Rightarrow$
$((\exists p \in O(t) : t(p) \in \mathcal{F} \setminus \mathcal{C}) \Leftrightarrow$ *t ist grundreduzibel bezüglich $\mathcal{R}$.)*

Beweis: Übung. □

Aus der Definition der freien Konstruktoren folgt, daß zwei Terme mit denselben Konstruktoren als Topsymbole genau dann induktiv gleich sind, wenn ihre Argumente paarweise induktiv gleich sind.

Lemma 11.9 (Huet und Hullot, 1982)
Sei $\mathcal{R}$ ein vollständiges Termersetzungssystem, $\mathcal{C} \subseteq \mathcal{F}$ mit $T(\mathcal{C}) = T(\mathcal{F})\downarrow_{\mathcal{R}}$ und $f \in \mathcal{C} \cap \mathcal{F}_k$. Ferner seien $s_1, \ldots, s_k, t_1, \ldots, t_k \in T(\mathcal{F}, \mathcal{X})$. Dann gilt für $s = f(s_1, \ldots, s_k)$ und $t = f(t_1, \ldots, t_k)$:

$$\mathcal{I}(\mathcal{R}) \vdash s = t \Leftrightarrow \forall 1 \leq i \leq k : \mathcal{I}(\mathcal{R}) \models s_i = t_i.$$

Beweis:

„⇒" Sei $\mathcal{I}(\mathcal{R}) \models s = t$. Dann gilt für alle Substitutionen γ mit $s\gamma, t\gamma \in \mathcal{T}(\mathcal{F})$, daß

$$s\gamma \leftrightarrow^*_{\mathcal{R}} t\gamma. \tag{11.2}$$

Ferner gibt es Terme $\bar{s}_i$ und $\bar{t}_i$ mit $\bar{s}_i = s_i\gamma{\downarrow_{\mathcal{R}}}$ und $\bar{t}_i = t_i\gamma{\downarrow_{\mathcal{R}}}$ und somit

$$s\gamma \rightarrow^*_{\mathcal{R}} f(\bar{s}_1, \ldots, \bar{s}_k) \in \mathcal{T}(\mathcal{C}) \text{ und } t\gamma \rightarrow^*_{\mathcal{R}} f(\bar{t}_1, \ldots, \bar{t}_k) \in \mathcal{T}(\mathcal{C}).$$

Wegen $\mathcal{T}(\mathcal{C}) = \mathcal{T}(\mathcal{F}){\downarrow_{\mathcal{R}}}$ und (11.2) folgt $\bar{s}_i = \bar{t}_i$ für $1 \leq i \leq k$ und somit $s_i\gamma \leftrightarrow^*_{\mathcal{R}} t_i\gamma$ für $1 \leq i \leq k$.

„⇐" Umgekehrt gelte $\mathcal{I}(\mathcal{R}) \models s_i = t_i$ für alle $1 \leq i \leq k$. Dann folgt für alle Substitutionen γ mit $s_i\gamma, t_i\gamma \in \mathcal{T}(\mathcal{F})$, daß es Terme n_i gibt mit $s_i\gamma \rightarrow^*_{\mathcal{R}} n_i \leftarrow^*_{\mathcal{R}} t_i\gamma$.

Aus der Kompatibilität von $\rightarrow^*_{\mathcal{R}}$ bezüglich der Teiltermersetzung folgt dann

$$s\gamma = f(s_1\gamma, \ldots, s_k\gamma) \rightarrow^*_{\mathcal{R}} f(n_1, \ldots, n_k) \leftarrow^*_{\mathcal{R}} f(t_1\gamma, \ldots, t_k\gamma) = t\gamma.$$ □

Natürlich können keine zwei Terme mit unterschiedlichen freien Konstruktoren als Topsymbolen induktiv gleich sein.

Lemma 11.10
Sei $\mathcal{R}$ ein vollständiges Termersetzungssystem, $\mathcal{C} \subseteq \mathcal{F}$ mit $\mathcal{T}(\mathcal{F}){\downarrow_{\mathcal{R}}} = \mathcal{T}(\mathcal{C})$. Ferner sei $s, t \in \mathcal{T}(\mathcal{F}, \mathcal{X})$, $s(\lambda), t(\lambda) \in \mathcal{C}$ und $s(\lambda) \neq t(\lambda)$, dann gilt

$$\mathcal{I}(\mathcal{R}) \not\models s = t.$$

Beweis: Übung. □

Lemma 11.11
Sei $\mathcal{R}$ ein vollständiges Termersetzungssystem mit $\mathcal{T}(\mathcal{F}){\downarrow_{\mathcal{R}}} = \mathcal{T}(\mathcal{C})$ für $\mathcal{C} \subseteq \mathcal{F}$. Ferner sei $t \in \mathcal{T}(\mathcal{C}, \mathcal{X})$ mit $t(\lambda) \in \mathcal{C}$, so daß es in $\mathcal{T}(\mathcal{C})$ mindestens zwei Grundterme der Ergebnissorte von $t(\lambda)$ gibt, und $x \in \mathcal{X}$, dann gilt

$$\mathcal{I}(\mathcal{R}) \not\models t = x.$$

Beweis: Übung □

Man kann sich leicht überlegen, daß Lemma 11.11 auch für $t \in \mathcal{T}(\mathcal{F}, \mathcal{X})$ gilt, falls es von jeder Sorte mindestens eine Konstante in $\mathcal{C}$ gibt.

Mit Hilfe der Ergebnisse dieses Abschnitts können wir einen speziellen Induktionsbeweiser für Spezifikationen angeben, in denen die Menge der Grundnormalformen von freien Konstruktoren generiert wird. Ein solcher Beweiser wurde von Huet und Hullot (1982) vorgeschlagen. In diesem Beweiser muß die Menge der freien Konstruktoren vom Benutzer vorgegeben werden. Gehen wir davon aus, daß es von jeder Sorte eine Konstante und mindestens zwei irreduzible Grundterme gibt, so erhalten wir den neuen Induktionsbeweiser, indem man in *ICOMPLETE* die Schritte 5 (Orient) und 6 (Consistency check) durch den in

[HH-orient.] $s \overset{u}{\longleftrightarrow} t := Select(\mathcal{P}); \mathcal{P} := \mathcal{P} \setminus \{s \overset{u}{\longleftrightarrow} t\};$

if $s = f(s_1, \ldots, s_m) \wedge f \in \mathcal{C}$ **then**
  if $t = f(t_1, \ldots, t_m)$ **then**
    $\{\mathcal{P} := \mathcal{P} \cup \{s_1 \overset{u_1}{\longleftrightarrow} t_1, \ldots, s_m \overset{u_m}{\longleftrightarrow} t_m\}$; **goto** 2$\}$
  else if $(t(\lambda) \in \mathcal{C} \vee t \in \mathcal{X})$ **then**
    stop with „disproof"
  else if $t \succ s$ **then**
    $\{l := t; r := s; \mathcal{R} := \mathcal{R} \cup \{l \to r\}\}$
  else stop with „failure"
else if $t(\lambda) \in \mathcal{C}$ **then**
  if $s \in \mathcal{X}$ **then stop** with „disproof"
   else if $s \succ t$ **then**
    $\{l := s; r := t; \mathcal{R} := \mathcal{R} \cup \{l \to r\}\}$
  else stop with „failure".

Abbildung 11.3: Orientierung mit Konsistenztest nach Huet und Hullot

Abbildung 11.3 gezeigten Schritt ersetzt. Die Gründe für die beiden Fehlschlagsituationen sind aus dem vorher Gesagten nicht ganz ersichtlich. Sie liegen in zusätzlichen Annahmen, die Huet und Hullot machen, um $T(\mathcal{C}) = T(\mathcal{F})\downarrow_{\mathcal{R}}$ testen zu können. Huet und Hullot geben nur ein hinreichendes Kriterium, aber kein Entscheidungsverfahren für diesen Test an. Für Einzelheiten sei auf die Arbeit von Huet und Hullot verwiesen.

11.5 Grundkonfluenzkriterien

Wie bei der Knuth-Bendix-Vervollständigung kann es auch bei Induktionsbeweisern vorkommen, daß ein Beweis oder Gegenbeispiel nicht gefunden wird, weil das Verfahren im Orientierungsschritt fehlschlägt oder unendlich lange läuft. In diesem Abschnitt betrachten wir eine Verfeinerung der bisherigen Induktionsbeweiser, die hilfreich sein kann, um fehlschlagende oder nichtterminierende Induktionsbeweise zu vermeiden.

Wenn wir Termersetzungssysteme benutzen, um Beweise im Grundtermmodell zu führen, so interessieren wir uns nur für Reduktions- und Gleichheitsrelationen von Grundtermen. Die Einschränkung von $\to_{\mathcal{R}}$ beziehungsweise $\leftrightarrow_{\mathcal{E}}$ auf Grundterme ist eine schwächere Relation als die in den Sätzen und Beweisen benützten allgemeinen Reduktions- und Gleichheitsrelationen. Deshalb können schwächere als im Satz von Jouannaud und Kounalis beschriebene Bedingungen genügen, um zu zeigen, daß ein induktives Theorem gilt.

Definition 11.12
Sei $\mathcal{R}$ ein Termersetzungssystem. $\to_{\mathcal{R}}$ (bzw. $\mathcal{R}$) ist (lokal) grundkonfluent *bzw.* (lokal) grundsubkonnektiv *bzw.* grundvollständig, *falls $\to_{\mathcal{R}}$ eingeschränkt auf $T(\mathcal{F}) \times T(\mathcal{F})$ (lokal) konfluent bzw. (lokal) subkonnektiv bzw. vollständig ist.*

Ein (kritischer) Gipfel $s \overset{v}{\longleftrightarrow} t$ oder ein (kritisches) Paar (s,t) ist grundkonfluent, *falls jede Grundinstanz $(s\gamma, t\gamma)$ von (s,t) konfluent ist.*

Beispiel 11.10
Sei $\mathcal{F}_{Z+} = \{0 :\to S, - : S \to S, s : S \to S, + : S \times S \to S\}$ und

$$\begin{array}{rlll} \mathcal{R}_{Z+} = \{ & 1: & -(0) & \to 0, \\ & 2: & -(-(x)) & \to x, \\ & 3: & s(-(s(x))) & \to -(x), \\ & 4: & +(0,x) & \to x, \\ & 5: & +(s(x),y) & \to s(+(x,y)), \\ & 6: & +(-(s(x)),y) & \to -(s(+(x,-(y)))) \,\}. \end{array}$$

$\mathcal{R}_{Z+}$ ist, wie wir in Beispiel 11.11 sehen werden, grundkonfluent. Es gibt jedoch einen nichtkonfluenten kritischen Gipfel

$$\begin{array}{ccc} & +(s(-(s(x))),y) & \\ {}^{(3)}\swarrow & & \searrow^{(5)} \\ +(-(x),y) & & s(+(-(s(x)),y)) \\ & & \downarrow{\scriptstyle (6)} \\ & & s(-(s(+(x,-(y))))) \\ & & \downarrow{\scriptstyle (3)} \\ & & -(+(x,-(y))) \end{array}$$

und somit ist $\mathcal{R}_{Z+}$ nicht konfluent. □

Aus den Bemerkungen am Anfang dieses Abschnitts folgt

Satz 11.12
Sei $\mathcal{R}$ ein grundvollständiges Termersetzungssystem. Dann gilt $\mathcal{I}(\mathcal{R}) \models s = t$ genau dann, wenn (s,t) grundkonfluent ist. □

Korollar 11.13
Sei $\mathcal{R}$ ein grundvollständiges Termersetzungssystem und $\mathcal{R} \cup \{l \to r\}$ terminiere. Dann gilt $\mathcal{I}(\mathcal{R}) \models l = r$ genau dann, wenn $\mathcal{R} \cup \{l \to r\}$ grundkonfluent ist. □

Analog zur Konfluenz terminierender Termersetzungssysteme werden wir versuchen, ihre Grundkonfluenz auf die Grundkonfluenz bzw. Grundsubkonnektivität aller kritischen Gipfel zurückzuführen.

Definition 11.13
Sei $\mathcal{R}$ ein Termersetzungssystem. $\rightarrow_{\mathcal{R}}$ (bzw. $\mathcal{R}$) ist (lokal) grundsubkonnektiv, *falls $\rightarrow_{\mathcal{R}}$ eingeschränkt auf $T(\mathcal{F}) \times T(\mathcal{F})$ (lokal) subkonnektiv ist.*

Ein kritischer Gipfel $l_2[r_1]_p\mu \stackrel{l_2\mu}{\longleftrightarrow} r_2\mu$ zwischen zwei Regeln $l_1 \rightarrow r_1$ und $l_2 \rightarrow r_2$ ist grundsubkonnektiv *bezüglich einer wohlfundierten Ordnung $\succeq\, \supseteq \rightarrow_{\mathcal{R}}$, falls es für jede Grundinstanz $l_2\mu\gamma$ von $l_2\mu$ Grundterme $t_1, \ldots, t_n \prec l_2\mu\gamma$ gibt mit*

$$l_2[r_1]_p\mu\gamma \leftrightarrow_{\mathcal{R}} t_1 \leftrightarrow_{\mathcal{R}} \ldots \leftrightarrow_{\mathcal{R}} t_n \leftrightarrow_{\mathcal{R}} r_2\mu\gamma.$$

Durch die Einschränkung von $\rightarrow_{\mathcal{R}}$ auf Grundterme zeigt man mit Hilfe des Satzes von Knuth und Bendix und Lemma 6.3:

Satz 11.14
Ein terminierendes Termersetzungssystem $\mathcal{R}$ ist genau dann grundkonfluent, wenn alle kritischen Gipfel von $\mathcal{R}$ grundkonfluent sind bzw. genau dann, wenn alle kritischen Gipfel von $\mathcal{R}$ bezüglich einer terminierenden Ordnung $\succeq\, \supseteq \rightarrow_{\mathcal{R}}$ grundsubkonnektiv sind. □

Beispiel 11.11
Gegeben $\mathcal{R}_{Z+}$ aus Beispiel 11.10, dann sind alle Grundinstanzen des kritischen Paares

$$(+(-(x), y),\ -(+(x, -(y))))$$

konfluent. Das können wir wie folgt zeigen.

Es ist $T(\mathcal{F})\downarrow_{\mathcal{R}_{Z+}} = \{0, s(0), -(s(0)), s(s(0)), -(s(s(0))), \ldots\}$.

Ein beliebiges $t \in T(\mathcal{F})\downarrow_{\mathcal{R}_{Z+}}$ hat dann die Form 0, $s(t_1)$ oder $-s(t_1)$ mit $t_1 \in T(\mathcal{F})\downarrow_{\mathcal{R}_{Z+}}$.
Für beliebige $t_1, t_2 \in T(\mathcal{F})\downarrow_{\mathcal{R}_{Z+}}$ gilt dann

1. $+(-(0), t_2) \searrow_* t_2 \;{}_*\swarrow -(+(0, -(t_2)))$

2. $+(-(s(t_1)), t_2) \searrow_* -(s(+(t_1, -(t_2)))) \;{}_*\swarrow -(+(s(t_1), -(t_2)))$

3. $+(-(-(s(t_1))), t_2) \downarrow_* s(+(t_1, t_2))$ $\longleftarrow^*$ $-(-(s(+(t_1, -(-(t_2))))))$ $\downarrow$ $-(+(-(s(t_1)), -(t_2)))$

   $$\begin{array}{ccc} +(-(-(s(t_1))), t_2) & & -(+(-(s(t_1)), -(t_2))) \\ \downarrow_* & & \downarrow \\ s(+(t_1, t_2)) & \longleftarrow^* & -(-(s(+(t_1, -(-(t_2)))))) \end{array}$$

Es folgt also die obige Behauptung. □

Im vorangehenden Beispiel hatten wir Glück, da in allen drei Fällen die Instanzen des kritischen Paares konfluent waren. Wenn dies nicht der Fall gewesen wäre, hätten wir daraus noch nicht schließen dürfen, daß das ursprüngliche Paar nicht grundkonfluent ist. Es stellt sich die Frage, wie man Grundkonfluenz von (l, r) zeigt. Im allgemeinen ist die Frage, ob ein terminierendes Termersetzungssystem grundkonfluent ist, unentscheidbar. Das heißt, die Überprüfung der Grundkonfluenz ist ein fundamental schwierigeres Problem als die Bestimmung der Konfluenz. Es lassen sich jedoch einige hinreichende Kriterien für die Grundkonfluenz angeben. Zuerst einmal impliziert Konfluenz Grundkonfluenz und Subkonnektivität Grundsubkonnektivität. Man könnte natürlich versuchen, die Konfluenz von jeder Grundinstanz von (l, r) zu zeigen. Dies ist jedoch im allgemeinen nicht möglich, da es unendlich viele Grundinstanzen geben kann. Man kann jedoch ähnlich wie im Beispiel 11.11 versuchen, die (unendliche) Menge der Grundinstanzen von (l, r) durch eine endliche Menge von Instanzen zu beschreiben. Das folgende Lemma gibt ein Kriterium für Grundkonfluenz an, das auf dieser Idee aufbaut.

Definition 11.14
Eine Substitution σ heißt reduziert (bzgl. eines Termersetzungssystems $\mathcal{R}$), *falls für alle Variablen $x \in \mathcal{X}$ der Term $\sigma(x)$ in $\mathcal{R}$-Normalform ist.*

Lemma 11.15
Sei $\mathcal{R}$ ein grundvollständiges Termersetzungssystem und $l, r \in T(\mathcal{F}, \mathcal{X})$. Ferner seien

$$\Gamma = \{\gamma \mid \gamma \textit{ reduziert}, l\gamma, r\gamma \in T(\mathcal{F})\} = \Gamma_1 \cup \Gamma_2 \cup \cdots \cup \Gamma_n$$

und $\Sigma = \{\sigma_1, \sigma_2, \ldots, \sigma_n\}$ Mengen von Substitutionen, so daß

$$\forall 1 \leq i \leq n, \gamma \in \Gamma_i : l\gamma \geq l\sigma_i \wedge r\gamma \geq r\sigma_i.$$

Dann folgt aus

$$\forall \sigma_i \in \Sigma : l\sigma_i{\downarrow_\mathcal{R}} = r\sigma_i{\downarrow_\mathcal{R}}:$$

(l, r) ist grundkonfluent.

Beweis:
Wir müssen zeigen, daß für alle Grundsubstitutionen γ gilt: $l\gamma{\downarrow_\mathcal{R}} = r\gamma{\downarrow_\mathcal{R}}$. Sei

$$\bar{\gamma} = \{x \mapsto t{\downarrow_\mathcal{R}} \mid x \mapsto t \in \gamma\}$$

die reduzierte Version von γ. Es gilt $\bar{\gamma} \in \Gamma$. Dann gilt $l\gamma \to_\mathcal{R}^* l\bar{\gamma}$ und $r\gamma \to_\mathcal{R}^* r\bar{\gamma}$. Somit folgt das Lemma aus der Kompatibilität der Termersetzungsrelation. □

Analog kann man ein Kriterium für die Grundsubkonnektivität von kritischen Gipfeln zwischen $l \to r$ und einer Regel aus $\mathcal{R}$ formulieren.

Von Lemma 11.4 wissen wir, daß l grundreduzibel sein muß. Das heißt, es gibt eine reduzierte Substitution γ mit $l\gamma \in T(\mathcal{F})$ und eine Regel $l' \to r' \in \mathcal{R}$, die $l\gamma$ reduziert. Also gibt es eine Position $p \in O(l)$, so daß $l\gamma|_p = l'\gamma$.[2] Natürlich ist $(l\gamma, r\gamma)$ konfluent, falls $(l[r']_p\gamma, r\gamma)$ konfluent ist. Unter der Annahme, daß l irreduzibel ist, muß $r\gamma \stackrel{l\gamma}{\longleftrightarrow} l[r']_p\gamma$ eine Grundinstanz eines kritischen Gipfels zwischen $l \to r$ und $l' \to r'$ sein. Die Grundkonfluenz von (l, r) läßt sich also auf die Grundkonfluenz von kritischen Gipfeln zwischen $l \to r$ und Regeln in $\mathcal{R}$ zurückführen. Wir wollen nun die für den Grundkonfluenztest von (l, r) benötigten kritischen Paare charakterisieren.

Definition 11.15
Sei t ein Term. Eine Menge $P \subseteq \mathcal{R} \times O(t)$ von Paaren aus Regeln und Nicht-Variablenpositionen von t heißt induktiv vollständig für *t, falls es für alle reduzierten Substitutionen γ mit $t\gamma \in T(\mathcal{F})$ ein Paar $(l \to r, p) \in P$ gibt mit $\mu = \mathrm{mgu}(t|_p, l)$ und $t\gamma \geq t\mu$.*

Diese Definition beschreibt also einen speziellen Begriff der Grundreduzibilität eines Terms, bei dem die Reduktionspositionen mit den reduzierenden Regeln abgespeichert werden. Man spricht in diesem Zusammenhang von *positioneller Grundreduzibilität.*

Beispiel 11.12

- $\mathcal{F}_Z = \{0 \mapsto S, - : S \to S, s : S \to S\}$
  $$\mathcal{R}_Z = \{ \begin{array}{lcl} -(0) & \to & 0, \\ -(-(x)) & \to & x, \\ s(-(s(x))) & \to & -(x), \\ \ldots & & \} \end{array}$$
  $\mathcal{P} = \{(-(0) \to 0, 1), (-(-(x)) \to x, 1), (s(-(s(x))) \to -(x), \lambda)\}$ ist induktiv vollständig für $s(-(z))$.

- $\mathcal{F}_L = \{\mathrm{nil} :\to L, 0 :\to E, 1 :\to E, \mathrm{cons} : E \times L \to L, \mathrm{app} : L \times L \to L\}$
  $$\mathcal{R}_L = \{ \begin{array}{lcl} 1 : \mathrm{app}(\mathrm{nil}, l) & \to & l, \\ 2 : \mathrm{app}(\mathrm{cons}(e, l_1), l_2) & \to & \mathrm{cons}(e, \mathrm{app}(l_1, l_2)) \} \end{array}$$
  Dann ist sowohl $\mathcal{P}_1 = \{(\mathcal{R}_L.1, \lambda), (\mathcal{R}_L.2, \lambda)\}$ als auch $\mathcal{P}_2 = \{(\mathcal{R}_L.1, 2), (\mathcal{R}_L.2, 2)\}$ induktiv vollständig für $\mathrm{app}(l_1, \mathrm{app}(l_2, l_3))$. □

Ein auf positioneller Grundreduzibilität basierender Induktionsbeweiser wird durch den folgenden Satz motiviert.

Satz 11.16 (Küchlin, 1989)
Sei $\mathcal{R}$ ein grundvollständiges Termersetzungssystem und $l \to r$ eine Regel, so daß $\mathcal{R} \cup \{l \to r\}$ terminiert. Ferner sei P induktiv vollständig für l, dann gilt

$$\mathcal{I}(\mathcal{R}) \models l = r$$

[2] Da l und l' keine gemeinsamen Variablen besitzen, läßt sich γ immer entsprechend fortsetzen.

genau dann, wenn alle kritischen Gipfel in

$$CP = \{l[r_i]_{p_i}\mu_i \overset{l\mu_i}{\longleftrightarrow} r\mu_i) \mid (l_i \to r_i, p_i) \in P, \mu_i = \text{mgu}(l|_{p_i}, l_i)\}$$

grundsubkonnektiv sind.

Beweis:
Nach Satz 11.14 und Korollar 11.13 gilt $\mathcal{I}(\mathcal{R}) \models l = r$ genau dann, wenn alle kritischen Gipfel von $\mathcal{R} \cup \{l \to r\}$ grundsubkonnektiv sind.

„$\Rightarrow$“ trivial

„$\Leftarrow$“ Es muß gezeigt werden, daß alle kritischen Gipfel von $\mathcal{R} \cup \{l \to r\}$, bei denen $l \to r$ beteiligt ist, grundsubkonnektiv sind. Sei $t_1 \overset{s}{\longleftrightarrow} t_2$ Grundinstanz eines solchen kritischen Gipfels:

$$\begin{array}{ccc} & s & \\ {}_{l\to r}\swarrow & & \searrow_{l'\to r'} \\ t_1 & & t_2 \end{array}$$

Dann gibt es eine Position $p \in O(s)$ mit $s|_p \geq l$ und ein $(l_i \to r_i, p_i) \in P$, so daß $s|_{pp_i} \geq l_i$ und es gibt einen Grundterm t_3 mit $s \to_{\{l_i \to r_i\}} t_3$. Wir haben also folgende Situation:

$$\begin{array}{ccc} & s & \\ {}_{l\to r}\swarrow & \downarrow_{l_i\to r_i} & \searrow_{l'\to r'} \\ t_1 & t_3 & t_2 \end{array}$$

$t_1 \overset{s}{\longleftrightarrow} t_3$ ist grundsubkonnektiv, da $t_1[t_3|_p]_p = t_3$ und $t_1|_p \overset{s|_p}{\longleftrightarrow} t_3|_p$ Instanz eines Gipfels aus CP ist. Falls $l' \to r' = l \to r$, dann ist $t_3 \overset{s}{\longleftrightarrow} t_2$ mit gleicher Begründung wie $t_1 \overset{s}{\longleftrightarrow} t_3$ grundsubkonnektiv, sonst gilt $l' \to r' \in \mathcal{R}$ und $t_3 \overset{s}{\longleftrightarrow} t_2$ grundsubkonnektiv, da $\mathcal{R}$ grundvollständig ist. Daraus folgt: $t_1 \overset{s}{\longleftrightarrow} t_2$ ist grundsubkonnektiv.

□

Damit ergibt sich die in Abbildung 11.4 gezeigte Variante der Prozedur *ICOMPLETE* als Induktionsbeweiser. Dieses Verfahren heißt *induktive Vervollständigung* und geht auf Fribourg (1989) und Küchlin (1989) zurück. Küchlin hat dieses Verfahren als Beweistransformation für induktive Theoreme interpretiert. Die Auswahl der induktiv vollständigen Menge P ist in Schritt 6 von *ICOMPLETE** nicht näher spezifiziert. Falls P nicht eindeutig ist, muß man eine der induktiv vollständigen Mengen gemäß einer Heuristik (bzw. interaktiv wie in ReDuX) auswählen oder verschiedene Induktionsbeweise parallel führen.

Die induktive Vervollständigungsprozedur *ICOMPLETE** ist in ReDuX implementiert. Es folgt ein Ablaufprotokoll des Beweises, daß das Assoziativgesetz in $(\mathcal{F}_{Z^+}, \mathcal{R}_{Z^+})$ aus Beispiel 11.10 gilt. Nach dem Einlesen der Spezifikation und der Initialisierung der Ordnung wird die Terminierung und Konfluenz geprüft. Dann wird eine Charakterisierung der Menge der Grundnormalformen ausgegeben. Diese Charakterisierung wird für den Grundreduzibilitätstest benötigt. Anschließend wird die induktive Vervollständigung gestartet. Aus den

---

$\mathcal{R} :=$ **ICOMPLETE***$(\mathcal{R}_0, s \leftrightarrow t, \succ)$

[Inductive completion with ground confluence criterion.
$\mathcal{R}_0$ is a complete term rewriting system, $s \leftrightarrow t$ is an equation and $\succ$ is a terminating term ordering such that for all $l \to r \in \mathcal{R}_0, l \succ r$. Then upon success if $\mathcal{R} \neq \{\}, \mathcal{I}(\mathcal{R}_0) \models s = t$.]

(1) [Initialise.] $\mathcal{P} := \{s \overset{\top}{\longleftrightarrow} t\}; \mathcal{R} := \mathcal{R}_0$.

(2) [Simplify.] **while** the *simplify*-inference rule applies **do**
$(\mathcal{P};\mathcal{R}) := Simplify((\mathcal{P};\mathcal{R}))$.

(3) [Delete.] **while** the *delete*-inference rule applies **do**
$(\mathcal{P};\mathcal{R}) := Delete((\mathcal{P};\mathcal{R}))$.

(4) [Stop?] **if** $\mathcal{P} = \emptyset$ **then return** $\mathcal{R}$ and **stop**.

(5) [Orient.] $a \overset{c}{\longleftrightarrow} b := Select(\mathcal{P}); \mathcal{P} := \mathcal{P} \setminus \{a \overset{c}{\longleftrightarrow} b\}$;
if $a \succ b$ **then** $\{l := a; r := b\}$
else if $b \succ a$ **then** $\{l := b; r := a\}$
else stop with failure;
$\mathcal{R} := \mathcal{R} \cup \{l \to r\}$.

(6) [Consistency check.] **if** l is not ground reducible w. r. t. $\mathcal{R}_0$
then { print "$\mathcal{I}(\mathcal{R}_0) \not\models s = t$"; $\mathcal{R} := \{\}$; **stop }**
else let P be an inductively complete set for l.

(7) [Deduce.] $CP := \{l[r']_p\mu \overset{l\mu}{\longleftrightarrow} r\mu \mid (l' \to r', p) \in P, \mu = mgu(l|_p, l')\}$;
$\mathcal{P} := \mathcal{P} \cup CP$;
continue with step 2. □

Abbildung 11.4: Prozedur *ICOMPLETE**

gefundenen induktiv vollständigen Positionen wird jeweils eine interaktiv ausgewählt. Die ReDuX-Implementierung berechnet auch die kritischen Paare, die nicht durch induktiv vollständige Positionen charakterisiert werden. Diese Paare heißen *inessentiell.* Ihre Grundkonfluenz muß nicht gezeigt werden. Sie können jedoch hilfreiche Induktionslemmata sein.

```
-><--><--><--><--><--><--><--><--><--><--><-
|                                          |
|          ReDuX induction laboratory      |
V                                          V
->->->->->->->->->->-><-<-<-<-<-<-<-<-<-<-<-


Loading your data type ...

DATATYPE INT;
SORT
        INT;
CONST
        0: INT;
VAR
        A, B, C: INT;
OPERATOR
        -: INT -> INT;
        s: INT -> INT;
        +: INT, INT -> INT;
NOTATION
        -: PREFIX;
        s: FUNCTION;
        +: INFIX;
AXIOM
 [1] -0 == 0;
 [2] --A == A;
 [3] s(-s(A)) == -A;
 [4] 0 + A == A;
 [5] s(A) + B == s(A + B);
 [6] -s(A) + B == -s(A + -B);
END
```

... installing and initializing orderings: path ordering

```
The rules are terminating.
The data type INT is not convergent.
The divergent critical pairs are:

  origin   weight    theorem
```

```
( 3 and  5) ( 3)  -A + B == -(A + -B)

Do you want to run the Knuth-Bendix procedure [Y/N]? *
n

The following results hold under the assumption that
the data type INT is ground confluent.
```

compute and display description of irreducible ground terms ...

```
Data type composition:
constructors:
0: INT
-: INT -> INT
s: INT -> INT
+: INT, INT -> INT
defined function symbols:
ground reduction test set:
-s(s(A))
-s(0)
s(0)
s(s(s(A)))
s(s(0))
0
The size of the top set is 6.

...

GNF grammar for data type INT
<INT> ::= <A>
<s(A)> ::= s(<s(A)>)   |
      s(0)
<A> ::= s(<s(A)>)   |
      s(0)  |
      -(<s(A)>)   |
      0
```

Prove theorem!

```
Input a theorem [t1 == t2] *
A+(B+C) == (A+B)+C;

The theorem  [0] A + (B + C) == (A + B) + C;
is not an equational consequence,
it may however be an inductive consequence of
```

```
the INT data type.

Extended Knuth-Bendix algorithm for inductive completion.

...

 Old axiom no 0,
A + (B + C) == (A + B) + C,
 considered Proposing old axiom no 0,
A + (B + C) == (A + B) + C,
 as new axiom no 7.
A + (B + C)   <   (A + B) + C
(A + B) + C is inductively reducible.
1. The set of positions:
A + B at pos. 1
is inductively complete with rules:
 [5] s(A) + B == s(A + B);
 [4] 0 + A == A;
 [6] -s(A) + B == -s(A + -B);
 Choose position set [1 - 1]. *
1

...

 Proposing theorem
-s(A + (-B + -C)) == -s(A + -(B + C))
 (from 6 and 7) as new axiom no 8.
-s(A + (-B + -C))   >   -s(A + -(B + C))
-s(A + (-B + -C)) is inductively reducible.
1. The set of positions:
-B + -C at pos. 1.1.2
-B at pos. 1.1.2.1
is inductively complete with rules:
 [6] -s(A) + B == -s(A + -B);
 [1] -0 == 0;
 [2] --A == A;
 2. The set of positions:
A + (-B + -C) at pos. 1.1
is inductively complete with rules:
 [5] s(A) + B == s(A + B);
 [4] 0 + A == A;
 [6] -s(A) + B == -s(A + -B);
 Choose position set [1 - 2]. *
2

...
```

```
 Proposing theorem
-s(-B + -C) == -s(-(B + C))
 (from 4 and 8) as new axiom no 9.
-s(-B + -C)    >    -s(-(B + C))
-s(-B + -C) is inductively reducible.
1. The set of positions:
-B + -C at pos. 1.1
-B at pos. 1.1.1
is inductively complete with rules:
 [6] -s(A) + B == -s(A + -B);
 [1] -0 == 0;
 [2] --A == A;
 Choose position set [1 - 1]. *
1

...

 Proposing theorem
A + -(-B + -C) == A + (B + C)
 (from 6 and 8) as new axiom no 10.
A + -(-B + -C)    >    A + (B + C)
A + -(-B + -C) is inductively reducible.
1. The set of positions:
-B + -C at pos. 2.1
-B at pos. 2.1.1
is inductively complete with rules:
 [6] -s(A) + B == -s(A + -B);
 [1] -0 == 0;
 [2] --A == A;
 2. The set of positions:
A + -(-B + -C) at pos. /\
is inductively complete with rules:
 [5] s(A) + B == s(A + B);
 [4] 0 + A == A;
 [6] -s(A) + B == -s(A + -B);
 Choose position set [1 - 2]. *
2

...

 Proposing theorem
-(-B + -C) == B + C
 (from 4 and 10) as new axiom no 11.
-(-B + -C)    >    B + C
-(-B + -C) is inductively reducible.
1. The set of positions:
```

```
-B + -C at pos. 1
-B at pos. 1.1
is inductively complete with rules:
 [6] -s(A) + B == -s(A + -B);
 [1] -0 == 0;
 [2] --A == A;
 Choose position set [1 - 1]. *
1

...

The essential critical pair
( 2 and 11) ( 3)  -(A + -C) == -A + C
can be reduced by the inessential critical pair
( 2 and 11) ( 3)  -(-B + A) == B + -A
using a reverse ordering.
Do you want to treat the inessential critical pair
next [y/n]? *
n

 Proposing theorem
-(A + -C) == -A + C
 (from 2 and 11) as new axiom no 12.
-(A + -C)    <    -A + C
(-A) + C is inductively reducible.
1. The set of positions:
-A + C at pos. /\
-A at pos. 1
is inductively complete with rules:
 [6] -s(A) + B == -s(A + -B);
 [1] -0 == 0;
 [2] --A == A;
 Choose position set [1 - 1]. *
1

...

A + (B + C) == (A + B) + C is an inductive theorem
of the INT-data-type.

...

New theorem and lemmas:
[12] -A + C == -(A + -C);
 [7] (A + B) + C == A + (B + C);
[11] -(-B + -C) == B + C;
```

```
 [9] -s(-B + -C) == -s(-(B + C));
[10] A + -(-B + -C) == A + (B + C);
 [8] -s(A + (-B + -C)) == -s(A + -(B + C));


...
```

11.6 Literaturhinweise

Der Klassiker der automatischen Induktion ist das Buch von Boyer und Moore (1979), in dem sie ihren Beweiser beschreiben. Musser (1980) hat den ersten Vorschlag zu einem vervollständigungsbasierten Induktionsbeweiser gemacht. Im Gegensatz zu dem hier vorgestellten Verfahren von Huet und Hullot (1982) hat Musser jede Inkonsistenz auf die Erzeugung einer Gleichung *true* $\leftrightarrow$ *false* zurückgeführt. Die Behandlung nicht-freier Konstruktoren wurde erstmals von Jouannaud und Kounalis (1989) vorgeschlagen. Die auf Grundkonfluenzkriterien basierende induktive Vervollständigung wurde von Fribourg (1989) und Küchlin (1989) entwickelt. Neuere Verfahren für vervollständigungsbasierte Induktionsbeweise verzichten auf den Abschluß der Vervollständigung (Reddy, 1990). Eine interessante Anwendung der induktiven Vervollständigung ist die automatische Programmerzeugung (Dershowitz und Reddy, 1993).

Die Entscheidbarkeit und Komplexität der Grundreduzibilität wurde von Plaisted (1985) und Kapur, Narendran und Zhang (1986, 1987) untersucht. Die in ReDuX benutzten positionellen Grundreduzibilitätstests auf Testmengen sind in Bündgen und Küchlin (1989) und Bündgen und Eckhardt (1992) beschrieben. Weitere effiziente Grundreduzibilitätstests wurden von Kounalis (1992) und Schmid und Fettig (1995) vorgeschlagen. Alternativ zu den Testmengen kann die Grundreduzibilität auch auf die Untersuchung von (erweiterten) rationalen Baumgrammatiken zurückgeführt werden (Bogaert und Tison, 1992).

Vervollständigungsbasierte Induktionsverfahren werden auch *implizit* genannt. Im Gegensatz dazu stehen die *expliziten* Induktionsverfahren. Unter den expliziten Induktionsverfahren ist die *rippling*-Methode von Bundy, Harmelen, Smaill und Ireland (1990) Grundlage für eine Menge von Arbeiten, bei denen gezielt nach einer Anwendungsmöglichkeit der Induktionshypothese gesucht wird.

11.7 Aufgaben

Aufgabe 11.1 Die von den zwei Generatoren a und b generierte freie Gruppe kann durch das folgende vollständige Termersetzungssystem spezifiziert werden:

$$\mathcal{F}_{Grp} = \{1 :\to S,\ a :\to S,\ b :\to S,\ ()^{-1} : S \to S,\ \cdot : S \times S \to S\},$$

$$\begin{array}{llllllll}\mathcal{R}_{Grp} = \{ 1: & x \cdot 1 & \to & x, & 2: & 1 \cdot x & \to & x, \\ 3: & x \cdot x^{-1} & \to & 1, & 4: & x^{-1} \cdot x & \to & 1, \\ 5: & (x \cdot y) \cdot z & \to & x \cdot (y \cdot z), & 6: & 1^{-1} & \to & 1, \\ 7: & (x^{-1})^{-1} & \to & x, & 8: & x^{-1} \cdot (x \cdot y) & \to & y, \\ 9: & x \cdot (x^{-1} \cdot y) & \to & y, & 10: & (x \cdot y)^{-1} & \to & y^{-1} \cdot x^{-1} \},\end{array}$$

mit $x, y, z \in \mathcal{X}$.

1. Zeigen Sie, daß Sie außer der 1 beliebig viele Konstanten (d. h. Generatoren) zu $\mathcal{F}_{Grp}$ hinzufügen oder von $\mathcal{F}_{Grp}$ wegnehmen können, ohne daß sich an der Vollständigkeit von $\mathcal{R}_{Grp}$ etwas ändert.
2. Beschreiben Sie $T(\mathcal{F}_{Grp})\!\downarrow_{\mathcal{R}_{Grp}}$, die Menge der bzgl. $\mathcal{R}_{Grp}$ irreduziblen Grundterme.

Aufgabe 11.2 Sei $\mathcal{F} = \{0 :\to S,\ f : S \to S,\ g : S \to S,\ h : S \to S\}$ und

$$\begin{array}{llllll}\mathcal{E} = \{ f(g(x)) & \leftrightarrow & x, & g(f(x)) & \leftrightarrow & x, \\ h(0) & \leftrightarrow & 0, & h(f(x)) & \leftrightarrow & g(h(x)) \}\end{array}$$

mit $x \in \mathcal{X}$ wie in Aufgabe 10.6.

1. Geben Sie ein Modell $M_1 \in \mathrm{Mod}(\mathcal{E})$ an mit
$$M_1 \not\models h(h(x)) = x.$$
2. Geben Sie ein Modell $M_2 \in \mathrm{Mod}(\mathcal{E})$ an mit
$$M_2 \models h(h(x)) = x.$$
3. Beweisen Sie (mit induktiver Vervollständigung), daß
$$\mathcal{I}(\mathcal{E}) \models h(h(x)) = x.$$

Aufgabe 11.3 Gegeben sei folgende Signatur

$$\begin{array}{llllllll}\mathcal{F} = \{ 0: & & \to & N, & S: & N & \to & N, \\ +: & N \times N & \to & N, & fib: & N & \to & N, \\ g: & N & \to & NN, & pair: & N \times N & \to & NN, \\ np: & NN & \to & NN \} & & & & \end{array}$$

und folgendes die Fibonaccifunktion beschreibende Termersetzungssystem ($x, y \in \mathcal{X}$)

$$\begin{array}{lll}\mathcal{R} = \{ +(0, x) & \to & x, \\ +(S(x), y) & \to & S(+(x, y)), \\ fib(0) & \to & 0, \\ fib(S(0)) & \to & S(0), \\ fib(S(S(x))) & \to & +(fib(S(x)), fib(x)), \\ np(pair(x, y)) & \to & pair(+(x, y), x), \\ g(0) & \to & pair(S(0), 0), \\ g(S(x)) & \to & np(g(x)) \}.\end{array}$$

1. Beweisen Sie mit Hilfe des ReDuX-Programms ReDuX/demo/ic, daß
$$\mathcal{I}(\mathcal{R}) \models g(x) = pair(fib(S(x)), fib(x)).$$
Hinweis: Benutzen Sie die Pfadordnung (ohne lexikographischen Status), um die Termination von $\mathcal{R}$ zu zeigen.
2. Wie würden Sie den obigen Beweis von Hand führen?
3. Wieviele Reduktionen werden benötigt um $fib(S(S(S(S(S(S(x)))))))$ bzw. $g(S(S(S(S(S(x))))))$ zu normalisieren? Geben Sie an, von welcher Reduktionsstrategie Sie ausgehen!

Aufgabe 11.4 Folgende Termersetzungsspezifikation beruht auf einem Beispiel von Kapur und Subramaniam (1996) . Sie spezifiziert Auswertungsmechanismen für (funktionale) Ausdrücke.

Expression, *IdIndex*, *Nat*, *State* und *Bool* sind Sorten.

$$
\begin{array}{lllll}
\mathcal{F} = \{ & f, t: & & \rightarrow & Bool, \\
& \wedge: & Bool \times Bool & \rightarrow & Bool, \\
& =_N: & Nat \times Nat & \rightarrow & Bool, \\
& =_I: & IdIndex \times IdIndex & \rightarrow & Bool, \\
& 0: & & \rightarrow & Nat, \\
& s: & Nat & \rightarrow & Nat, \\
& +: & Nat \times Nat & \rightarrow & Nat, \\
& lookup: & IdIndex \times State & \rightarrow & Nat, \\
& eval: & Expression \times State & \rightarrow & Nat, \\
& if_N: & Bool \times Nat \times Nat & \rightarrow & Nat, \\
& o: & & \rightarrow & IdIndex, \\
& ': & IdIndex & \rightarrow & IdIndex, \\
& nat: & Nat & \rightarrow & Expression, \\
& id: & IdIndex & \rightarrow & Expression, \\
& plus: & Expression \times Expression & \rightarrow & Expression, \\
& apply: & Expression \times IdIndex \times Expression & \rightarrow & Expression, \\
& exp: & Expression \times IdIndex \times Expression & \rightarrow & Expression, \\
& exhelp: & Expression & \rightarrow & Expression, \\
& if_E: & Bool \times Expression \times Expression & \rightarrow & Expression, \\
& start: & & \rightarrow & State, \\
& update: & IdIndex \times Nat \times State & \rightarrow & State \}
\end{array}
$$

Es sind $b, n, m, x, y, z, e, e_1, e_2, e_3, e_4, S, S_1, S_2 \in \mathcal{X}$ mit

$$
\begin{array}{l}
typ(b) = Bool, \\
typ(n) = typ(m) = Nat, \\
typ(x) = typ(y) = typ(z) = IdIndex, \\
typ(e) = typ(e_1) = typ(e_2) = typ(e_3) = typ(e_4) = Expression \text{ und} \\
typ(S) = typ(S_1) = typ(S_2) = State.
\end{array}
$$

$$
\begin{array}{llll}
\mathcal{R} = \{ & 1: & b \wedge b & \rightarrow b, \\
& 2: & f \wedge b & \rightarrow f, \\
& 3: & b \wedge f & \rightarrow f, \\
& 4: & n =_N n & \rightarrow t, \\
& 5: & 0 =_N s(n) & \rightarrow f, \\
& 6: & s(n) =_N 0 & \rightarrow f, \\
& 7: & s(n) =_N s(m) & \rightarrow n =_N m, \\
& 8: & x =_I x & \rightarrow t, \\
& 9: & o =_I x' & \rightarrow f, \\
& 10: & x' =_I o & \rightarrow f, \\
& 11: & x' =_I y' & \rightarrow x =_I y, \\
& 12: & 0 + n & \rightarrow n, \\
& 13: & s(m) + n & \rightarrow s(m+n), \\
& 14: & \mathit{if}_N(t, m, n) & \rightarrow m, \\
& 15: & \mathit{if}_N(f, m, n) & \rightarrow n, \\
& 16: & \mathit{if}_E(t, e_1, e_2) & \rightarrow e_1, \\
& 17: & \mathit{if}_E(f, e_1, e_2) & \rightarrow e_2, \\
& 18: & \mathit{lookup}(x, \mathit{start}) & \rightarrow 0, \\
& 19: & \mathit{lookup}(x, \mathit{update}(y, n, S)) & \rightarrow \mathit{if}_N(x =_I y, n, \mathit{lookup}(x, S)), \\
& 20: & \mathit{exp}(\mathit{nat}(n), x, e) & \rightarrow \mathit{nat}(n), \\
& 21: & \mathit{exp}(\mathit{id}(x), x, e) & \rightarrow \mathit{exhelp}(e), \\
& 22: & \mathit{exp}(\mathit{id}(x), y, e) & \rightarrow \mathit{if}_E(x =_I y, \mathit{exhelp}(e), \mathit{id}(x)), \\
& 23: & \mathit{exp}(\mathit{plus}(e_1, e_2), x, e) & \rightarrow \mathit{plus}(\mathit{exp}(e_1, x, e), \mathit{exp}(e_2, x, e)), \\
& 24: & \mathit{exp}(\mathit{apply}(e_1, x, e_2), y, e) & \rightarrow \mathit{exp}(\mathit{exp}(e_1, x, e_2), y, e), \\
& 25: & \mathit{exhelp}(\mathit{nat}(n)) & \rightarrow \mathit{nat}(n), \\
& 26: & \mathit{exhelp}(\mathit{id}(x)) & \rightarrow \mathit{id}(x), \\
& 27: & \mathit{exhelp}(\mathit{plus}(e_1, e_2)) & \rightarrow \mathit{plus}(\mathit{exhelp}(e_1), \mathit{exhelp}(e_2)), \\
& 28: & \mathit{exhelp}(\mathit{apply}(e_1, x, e_2)) & \rightarrow \mathit{exp}(e_1, x, e_2), \\
& 29: & \mathit{eval}(\mathit{nat}(n), S) & \rightarrow n, \\
& 30: & \mathit{eval}(\mathit{id}(x), S) & \rightarrow \mathit{lookup}(x, S), \\
& 31: & \mathit{eval}(\mathit{plus}(e_1, e_2), S) & \rightarrow \mathit{eval}(e_1, S) + \mathit{eval}(e_2, S), \\
& 32: & \mathit{eval}(\mathit{apply}(e_1, x, e_2), S) & \rightarrow \mathit{eval}(e_1, \mathit{update}(x, \mathit{eval}(e_2, S), S)), \\
& 33: & \mathit{eval}(\mathit{if}_E(b, e_1, e_2), S) & \rightarrow \mathit{if}_N(b, \mathit{eval}(e_1, S), \mathit{eval}(e_2, S)) \}
\end{array}
$$

1. Beweisen Sie mit dem Programm `redux/demo/ic` die induktive Gültigkeit der Gleichung $\mathit{eval}(\mathit{exp}(e_1, x, e_2), S) \leftrightarrow \mathit{eval}(e_1, \mathit{update}(x, \mathit{eval}(e_2, S), S))$.

   Tip: Verwenden Sie eine Termordnung, die die Termination von $\mathcal{R}$ beweist und die die zu beweisende Gleichung von links nach rechts orientiert. Benutzen Sie dazu die rekursive Pfadordnung von ReDuX. Geben Sie *eval* l-r-Status. Außerdem sollte $\mathit{exp} \succ_{\mathcal{F}} \mathit{eval}$ und $\mathit{apply} \succ_{\mathcal{F}} \mathit{exp} \succ_{\mathcal{F}} \mathit{exhelp}$ gelten.

2. Begründen Sie, warum die Gültigkeit der Gleichung aus 1. die Äquivalenz der call-by-name- und call-by-value-Auswertungen von Ausdrücken beschreibt.

12 Assoziativität und Kommutativität

Alle bisher betrachteten Vervollständigungsverfahren haben einen schwerwiegenden Defekt, der darin besteht, daß eine Vervollständigung fehlschlagen kann, wenn ein Gipfel nicht orientierbar ist. Dieser Defekt ist gravierend, da er, mehr noch als die Nicht-Termination der Vervollständigung, wichtige Ergebnisse relativiert. So gilt das Vollständigkeitsergebnis aus Satz 10.5 nur unter der Annahme, daß kein solcher Fehlschlag eintritt. Die Frage, wie man nicht orientierbare Gleichungen behandelt, stellt also eine wichtige Herausforderung dar. In der Literatur wurden schon die folgenden Lösungen vorgeschlagen:

- Falls bei der Vervollständigung ein nicht orientierbarer Gipfel gewählt wird, wird seine Orientierung zurückgestellt in der Hoffnung, daß der Gipfel zwischenzeitlich reduziert werden kann. Das heißt, wenn man Glück hat, löst sich das Problem von selbst. Diese bestenfalls partielle Lösung ist bei fast allen Implementierungen von Vervollständigungsverfahren vorgesehen.

- Ein anderer von Huet und Oppen (1980) vorgestellter Ansatz schlägt vor, in einer erweiterten Signatur fortzufahren. Sei $t_1 \overset{v}{\longleftrightarrow} t_2$ ein nicht orientierbarer Gipfel mit $\{x_1, \ldots, x_n\} = \mathcal{X}(t_1) \cap \mathcal{X}(t_2)$ und sei $h : \mathit{typ}(x_1) \times \cdots \times \mathit{typ}(x_n) \to s$, wobei s die Sorte von t_1 ist, ein neuer Operator. Dann füge man nach entsprechender Erweiterung der Termordnung die Regeln $t_1 \to h(x_1, \ldots, x_n)$ und $t_2 \to h(x_1, \ldots, x_n)$ hinzu. Man kann zeigen, daß diese Erweiterung die über der alten Signatur geltenden Gleichungen invariant läßt. Jedoch lassen sich auch mit diesem Verfahren nicht alle Gipfel meistern. Die Vervollständigung eines Kommutativgesetzes führt z. B. zu einer unendlichen Folge neuer Operatoren.

- Ein weiterer auf Bachmair, Dershowitz und Plaisted (1989) zurückgehender Ansatz basiert auf *geordneter Termersetzung*. Dabei wird bezüglich einer Termordnung $\succ$ für jede Instanz eines Gipfels einzeln entschieden, wie sie orientiert werden soll. Zum Beispiel impliziert dann der Gipfel $x + y \overset{t}{\longleftrightarrow} y + x$ die Regel $s(x) + y \to y + s(x)$, falls $s(x) + y \succ y + s(x)$ bzw. $y + s(x) \to s(x) + y$, falls $y + s(x) \succ s(x) + y$.

- Der Ansatz, den wir in diesem Kapitel behandeln wollen, erweitert die Methode der Termersetzung, um mit Äquivalenzklassen von Termen umzugehen. Dieser Ansatz bietet zwar keine generelle Lösung für das Problem fehlschlagender Vervollständigungen, aber bei geschickter Wahl der Äquivalenzklassen ist es möglich, viele interessante Vervollständigungsprobleme erfolgreich zu lösen.

Wir wollen uns hier insbesondere mit Termersetzungssystemen befassen, die Operatoren enthalten, die sowohl assoziativ als auch kommutativ sind. Daher müssen wir Termersetzung modulo einer Kongruenz untersuchen, die die Assoziativ- und Kommutativgesetze beschreibt. Dieser Fall ist in der Praxis sehr wichtig, da es viele bedeutende Beispiele solcher Operatoren gibt:

- Addition und Multiplikation in $\mathbb{N}$, $\mathbb{Z}$, $\mathbb{R}$, $\mathbb{Z}[x], \ldots$,
- Maximum, Minimum ,
- größter gemeinsamer Teiler (ggT), kleinstes gemeinsames Vielfaches (kgV),
- die logischen Operatoren und, oder, exklusiv-oder, äquivalent,
- die Mengenoperatoren $\cup$ und $\cap$,
- das Ergebnis der Hintereinanderausführung zeitlich unabhängiger Prozesse.

12.1 Termvergleiche modulo einer Theorie

Eine *Gleichungstheorie* beschreibt eine Kongruenz in einer Termalgebra und wird durch eine Menge $\mathcal{T}$ von Gleichungen repräsentiert. Gemäß Definition 11.5 ist dann

$$[t]_{\mathcal{T}} = \{s \mid t \leftrightarrow^*_{\mathcal{T}} s, s \in T(\mathcal{F},\mathcal{X})\} \text{ und } T(\mathcal{F},\mathcal{X})/_{\mathcal{T}} = \{[t]_{\mathcal{T}} \mid t \in T(\mathcal{F},\mathcal{X})\}.$$

In diesem und im folgenden Abschnitt werden wir die Grundoperationen (Gleichheitstest, Subsumtion und Unifikation) auf Termen modulo einer Theorie untersuchen. Zuerst aber definieren wir die Theorie, die uns hier besonders interessiert.

Definition 12.1
Sei $\mathcal{F}_{AC} \subset \{f \mid f : s \times s \to s \in \mathcal{F}_2\}$ die Menge der AC-Operatoren. *Dann ist* AC *eine Gleichungstheorie mit*

$$\begin{array}{rcllll} AC & = & \{\, f(x,y) & \leftrightarrow & f(y,x) & \mid\ f \in \mathcal{F}_{AC}\,\} \\ & \cup & \{\, f(x,f(y,z)) & \leftrightarrow & f(f(x,y),z) & \mid\ f \in \mathcal{F}_{AC}\,\}. \end{array}$$

Es ist oft bequem, Terme mit AC-Operatoren als „flache Terme" darzustellen: zum Beispiel für $+, * \in \mathcal{F}_{AC}$ schreibt man oft

$$s(+(a,-(x),y)) \text{ statt } s(+(a,+(-(x),y)))$$

und

$$*(s(x),+(a,b,c,a),-(x),y) \text{ statt } *\,(s(x),*(+(a,+(+(b,c),a)),*(-(x),y))).$$

Das heißt, AC-Operatoren können als variabelstellige Operatoren aufgefaßt werden, deren Argumente beliebig permutiert werden können. Wir schreiben auch flat(t), um die flachste Version von t zu beschreiben. Wird ein AC-Operator als Infixoperator geschrieben, so werden in der flachen Schreibweise die Klammern weggelassen.

Bemerkung:

a) AC-Operatoren verhalten sich wie die Mehrfachmengenvereinigung (von Mehrfachmengen mit mindestens zwei Elementen).

b) Für alle $t \in T(\mathcal{F}, \mathcal{X})$ gilt: $[t]_{AC}$ ist endlich.

Wir definieren nun die grundlegenden Termvergleiche modulo einer Theorie. Dazu versuchen wir, Operationen über Äquivalenzklassen auf Operationen über Terme zurückzuführen.

Definition 12.2
Zwei Terme s und t sind gleich modulo $\mathcal{T}$, *falls $s \leftrightarrow_{\mathcal{T}}^{*} t$. Wir schreiben dann auch $(s \doteq_{\mathcal{T}} t)$.*

Ein Term s subsumiert *einen Term t* modulo $\mathcal{T}$, *wenn es eine Substitution σ gibt mit $s\sigma \leftrightarrow_{\mathcal{T}}^{*} t$. Wir schreiben $s \lessdot_{\mathcal{T}} t$.*

Ein Term s unifiziert *mit einem Term t* modulo $\mathcal{T}$, *falls es eine Substitution μ gibt mit $s\mu \leftrightarrow_{\mathcal{T}}^{*} t\mu$. μ heißt dann* $\mathcal{T}$-Unifikator *von s und t.*

Lemma 12.1
Sei $s, t \in T(\mathcal{F}, \mathcal{X})$ und $\mathcal{T}$ eine Gleichungstheorie. Dann gilt

1. $s \doteq_{\mathcal{T}} t \Leftrightarrow \exists t' \in [t]_{\mathcal{T}} : s \doteq t'$
2. $s \lessdot_{\mathcal{T}} t \Leftrightarrow \exists t' \in [t]_{\mathcal{T}} : s \lessdot t'$. □

Man beachte die Asymmetrie in der zweiten Aussage von Lemma 12.1. Es reicht nicht aus, die Äquivalenzklasse von s zu durchsuchen. Man muß die Äquivalenzklasse von t durchsuchen. Andererseits darf man s festhalten und t nicht. Warum?

Satz 12.2
Sei $[t]_{\mathcal{T}}$ endlich für alle $t \in T(\mathcal{F}, \mathcal{X})$, dann ist sowohl $s \doteq_{\mathcal{T}} t$ als auch $s \lessdot_{\mathcal{T}} t$ entscheidbar.

Beweis: (Skizze)
Da $[t]_{\mathcal{T}}$ endlich ist für alle Terme t, gibt es einen Algorithmus, der alle Terme $t' \in [t]_{\mathcal{T}}$ aufzählt (z. B. durch Untersuchung aller $\leftrightarrow_{\mathcal{T}}^{+}$-Ableitungen mit Zyklenerkennung). Dann folgt der Satz aus Lemma 12.1. □

Satz 12.3
Für alle $s, t \in T(\mathcal{F}, \mathcal{X})$ ist sowohl $s \doteq_{AC} t$ als auch $s \lessdot_{AC} t$ entscheidbar.

Beweis:
Folgt aus der obigen Bemerkung und Satz 12.2, da $[t]_{AC}$ endlich ist für alle $t \in \mathcal{T}(\mathcal{F}, \mathcal{X})$. □

Beispiel 12.1
Sei $+ \in \mathcal{F}_{AC}$ und $x, y \in \mathcal{X}$. Dann gilt

$$\begin{array}{lcl} +(a, +(c, s(0))) & \doteq_{AC} & +(+(s(0), a), c) \\ +(s(x), y) & \lesssim_{AC} & +(+(a, s(0)), b)) \\ \cdot\| & & {}_* \updownarrow_{AC} \\ +(s(x), y) & \lesssim & +(s(0), +(a, b)) \end{array}$$

□

Die Sätze 12.2 und 12.3 ergeben ein effektives Verfahren, um Gleichheit und Subsumtion modulo einer Theorie zu untersuchen. Allerdings sind die so charakterisierten Verfahren wenig intelligent und oftmals ineffizient. Für AC-Theorien ergibt sich eine Möglichkeit, zu besseren Verfahren zu kommen, wenn man den im nächsten Abschnitt vorgestellten AC-Unifikationsalgorithmus für Gleichheit oder Subsumtion modulo AC spezialisiert. Wir wollen hier jedoch nicht näher auf effiziente Algorithmen für Gleichheitstests und Subsumtion modulo einer Theorie eingehen.

Lemma 12.1 hat gezeigt, daß die $\mathcal{T}$-Gleichheit und die $\mathcal{T}$-Subsumtion auf die Durchsuchung einer Äquivalenzklasse auf syntaktische Gleichheit beziehungsweise Standardsubsumtion zurückgeführt werden können. Ein ähnlich einfaches Verfahren funktioniert nicht mehr zur Lösung der $\mathcal{T}$-Unifikation. Unter anderem können folgende Probleme auftreten:

1. $\mathcal{T}$-Unifizierbarkeit zweier Terme s und t ist *nicht* äquivalent zu

   $\exists s' \in [s]_{\mathcal{T}}, t' \in [t]_{\mathcal{T}}$, so daß s' und t' unifizierbar sind.

   Beispiel 12.2
   $\mathcal{T} = \{f(c) \leftrightarrow g(c)\}$ und $s = f(x), t \in g(x)$. □

2. Die $\mathcal{T}$-Unifikation kann neue Variablen einführen:

   Beispiel 12.3
   Für $\mathcal{T} = AC$, $+ \in \mathcal{F}_{AC}$, $a \in \mathcal{F}_0$ und $u, v, x, y, z \in V \subseteq \mathcal{X}$ seien $t = +(a, z)$ und $s = +(x, y)$. Dann sind

   $$\sigma_1 = \{x \mapsto a, y \mapsto z\} \text{ und } \sigma_2 = \{x \mapsto z, y \mapsto a\}$$

   Unifikatoren von s und t, aber ebenso sind

   $$\sigma_3 : \{x \mapsto +(a, u), y \mapsto v, z \mapsto +(u, v)\}$$

und

$$\sigma_4 : \{x \mapsto u, y \mapsto +(a,v), z \mapsto +(u,v)\}$$

Unifikatoren von s und t und es gibt keine σ', σ'' mit $\sigma_1\sigma' = \sigma_3$ oder $\sigma_2\sigma' = \sigma_3$ beziehungsweise $\sigma_1\sigma'' = \sigma_4$ oder $\sigma_2\sigma'' = \sigma_4$. Also ist weder σ_1 noch σ_2 allgemeiner als σ_3 oder σ_4. □

Das Problem der neu einzuführenden Variablen erfordert zusätzlich, daß wir uns darüber Gedanken machen, welches die Variablenmenge ist, deren Substitutionen uns interessieren. Im allgemeinen ist das nur die Variablenmenge, die im ursprünglichen Unifikationsproblem vorhanden ist. Der Fokus auf diese interessanten Variablen wird in der folgenden Definition durch die Menge V beschrieben.

Definition 12.3
Seien s und t Terme und $\mathcal{X}(s) \cup \mathcal{X}(t) \subseteq V \subseteq \mathcal{X}$. Eine Menge M von Substitutionen ist eine vollständige Menge von $\mathcal{T}$-Unifikatoren über V, *wenn*

1. *alle $\mu \in M$ sind $\mathcal{T}$-Unifikatoren von s und t und*

2. *wenn σ ein $\mathcal{T}$-Unifikator von s und t ist, dann gibt es ein $\mu \in M$ und ein σ', so daß $\forall x \in V : \sigma(x) \doteq_{\mathcal{T}} \mu(x)\sigma'$.*

12.2 AC-Unifikation

In diesem Abschnitt suchen wir nach einem effektiven Verfahren für die Unifikation modulo Assoziativität und Kommutativität. Wie wir sehen werden, ist die AC-Unifikation so kompliziert, daß wir zunächst nur einen ganz einfach aussehenden Fall betrachten wollen, bevor wir das allgemeine Problem angehen. Jedoch werden wir sehen, daß schon dieser „einfache" Fall so komplex ist, daß seine Lösungen ohne Rechnerunterstützung kaum berechenbar erscheinen.

Zunächst wollen wir eine kompakte Schreibweise für (flache) AC-Terme einführen. Sei $t \in T(\mathcal{F}, \mathcal{X})$ und k eine natürliche Zahl. Dann steht t^k für die Folge $t, \ldots, t$, die t k-mal enthält. Sei $f \in \mathcal{F}_{AC}, s_1, s_2 \in T(\mathcal{F}, \mathcal{X})$, dann definieren wir:

$$\begin{aligned} f(t^1) &= t, \\ f(s, t^0) &= s \\ \text{und } f(s_1, s_2, t^0) &= f(s_1, s_2). \end{aligned}$$

Wir werden uns in diesem Abschnitt erlauben, die Ergebnisse nicht formal zu beweisen. Vielmehr steht das Verständnis des Verfahrens im Vordergrund, deshalb werden die Ergebnisse an Hand von ausgewählten Beispielen soweit motiviert, daß die Aussage und Relevanz der Ergebnisse deutlich wird und auch der Aufbau der weggelassenen Beweise skizziert wird.

12.2.1 Der Nur-Variablen-Fall

Gesucht ist ein vollständiger AC-Unifikator für eine Termgleichung der Form

$$f(x_1^{c_1}, \ldots, x_m^{c_m}) = f(y_1^{k_1}, \ldots, y_n^{k_n})$$
$$\text{mit } f \in \mathcal{F}_{AC},\ x_1, \ldots, x_m, y_1, \ldots, y_n \in \mathcal{X}$$
$$\text{und } \forall i, j : x_i \neq y_j \ \wedge\ (i \neq j \Rightarrow x_i \neq x_j \wedge y_i \neq y_j).$$

Beispiel 12.4
Für $f \in \mathcal{F}_{AC}$ und $x_1, x_2, x_3, y_1, y_2 \in \mathcal{X}$ ist

$$\begin{array}{lllll} s & = & f(x_1, x_1, x_2, x_3) & = & f(x_1^2, x_2, x_3) \\ t & = & f(y_1, y_1, y_2) & = & f(y_1^2, y_2). \end{array}$$

Die Terme s und t sind AC-unifizierbar, denn für $t_1, t_2 \in T(\mathcal{F}, \mathcal{X})$ ist

$$\begin{array}{l} \sigma = \{\, x_1 \mapsto f(t_2, t_2), x_2 \mapsto f(t_1, t_2), x_3 \mapsto t_1, \\ \qquad y_1 \mapsto t_2, y_2 \mapsto f(t_1, t_1, t_2, t_2, t_2) \,\} \end{array}$$

ein AC-Unifikator von s und t, da

$$\begin{array}{lll} & 2 \cdot (t_2 + t_2) + (t_1 + t_2) + t_1 & = & 2 \cdot t_2 + (t_1 + t_1 + t_2 + t_2 + t_2) \\ \Leftrightarrow & 2t_1 + 5t_2 & = & 2t_1 + 5t_2. \end{array}$$

Mit der Termgleichung $s = t$ ist somit die lineare diophantische Gleichung

$$2x_1 + x_2 + x_3 = 2y_1 + y_2$$

assoziiert. □

Definition 12.4
Seien $c_1, \ldots, c_m, k_1, \ldots, k_n \in \mathbb{N}$. *Eine Gleichung*

$$c_1 x_1 + \cdots + c_m x_m = k_1 y_1 + \cdots + k_n y_n \tag{12.1}$$

über den ganzen Zahlen heißt eine lineare diophantische Gleichung.
Ein Vektor $\vec{l} = (l_1, \ldots, l_{m+n}) \in \mathbb{N}^{m+n}$ *heißt eine* nicht-negative Lösung *von (12.1), falls*

$$c_1 l_1 + \cdots + c_m l_m = k_1 l_{m+1} + \cdots + k_n l_{m+n}.$$

Eine Menge $\mathcal{B}$ *von nicht-negativen Lösungen von (12.1) heißt eine* Basis der Lösungen von (12.1), *falls es für jede Lösung* $\vec{l}$ *von (12.1) ein* $B \subseteq \mathcal{B}$ *gibt mit*

$$\vec{l} = \sum_{\vec{b} \in B} \alpha_{\vec{b}} \vec{b}$$

und für $\vec{b}, \vec{c} \in \mathcal{B} : \neg(\forall i : b_i \leq c_i)$ *und* $\alpha_{\vec{b}} \in \mathbb{N}$.

Diese Definition von Gleichung, Lösung einer Gleichung und Basis einer Lösung entspricht den üblichen Definitionen aus der Mathematik, wie wir sie etwa von linearen Gleichungssystemen her kennen. Allerdings führen die Einschränkungen des Lösungsraums auf natürliche Zahlen zu einer erheblichen Erschwernis verglichen mit linearen Gleichungen über den rationalen oder reellen Zahlen. Wir wollen hier nicht weiter auf die Berechnung des nichtnegativen Lösungsraumes einer diophantischen Gleichung eingehen. Hier soll nur erwähnt werden, daß einige bekannte Verfahren auf der Aufzählung von Lösungen beruhen, wobei es Abbruchkriterien gibt, falls man auf Lösungen stößt, die sich aus bereits bekannten Lösungen zusammensetzen lassen.

Beispiel 12.5 (Fortsetzung)
Gegeben sei die folgende lineare diophantische Gleichung:

$$2x_1 + x_2 + x_3 = 2y_1 + y_2. \tag{12.2}$$

Dann ist $\vec{l} = (1,1,2,1,3)$ eine Lösung von (12.2),

$$\begin{aligned}\mathcal{B} = \{\vec{b}_1, \vec{b}_2, \vec{b}_3, \vec{b}_4, \vec{b}_5, \vec{b}_6, \vec{b}_7\} = \{\, & (0,0,1,0,1),\\ & (0,1,0,0,1),\\ & (0,0,2,1,0),\\ & (0,1,1,1,0),\\ & (0,2,0,1,0),\\ & (1,0,0,0,2),\\ & (1,0,0,1,0)\,\}\end{aligned}$$

eine Basis der Lösungen von (12.2)[1] und $\vec{l} = \vec{b}_1 + \vec{b}_4 + \vec{b}_6$. □

Wir wollen jetzt aus einer Lösung für eine lineare diophantische Gleichung einen Unifikator für das assoziierte AC-Unifikationsproblem herleiten.

Beispiel 12.6 (Fortsetzung)
Sei $\bar{t} \in T(\mathcal{F}, \mathcal{X})$ beliebig, dann ist

$$\begin{aligned}\bar{\sigma} &= \{x_1 \mapsto \bar{t}, x_2 \mapsto \bar{t}, x_3 \mapsto f(\bar{t},\bar{t}), y_1 \mapsto \bar{t}, y_2 \mapsto f(\bar{t},\bar{t},\bar{t})\}\\ &= \{x_1 \mapsto f(\bar{t}^{l_1}), x_2 \mapsto f(\bar{t}^{l_2}), x_3 \mapsto f(\bar{t}^{l_3}), y_1 \mapsto f(\bar{t}^{l_4}), y_2 \mapsto f(\bar{t}^{l_5})\}\end{aligned}$$

mit $\vec{l} = (1,1,2,1,3)$ ein Unifikator von s und t aus Beispiel 12.4.
Da $\bar{t}$ beliebig gewählt wurde, ist für $z \in \mathcal{X}$, $z \notin \mathcal{X}(s) \cup \mathcal{X}(t)$

$$\sigma = \{x_1 \mapsto f(z^{l_1}), x_2 \mapsto f(z^{l_2}), x_3 \mapsto f(z^{l_3}), y_1 \mapsto f(z^{l_4}), y_2 \mapsto f(z^{l_5})\}$$

ein Unifikator von s und t, der allgemeiner ist als alle $\bar{\sigma}$ oben. □

[1] Die Leser mögen dem Autor hier vertrauen. Ein Nachweis der Basiseigenschaft ist sehr mühsam.

Bemerkung: Alle l_i müssen größer gleich eins sein, sonst gibt es keine derartige Lösung.

Lemma 12.4
Seien $x_1, \ldots, x_m, y_1, \ldots, y_n, z \in \mathcal{X}$, $f \in \mathcal{F}_{AC}$, $c_1, \ldots, c_m, k_1, \ldots, k_n \in \mathbb{N} \setminus \{0\}$,

$$s = f(x_1^{c_1}, \ldots, x_m^{c_m}), \quad t = f(y_1^{k_1}, \ldots, y_n^{k_n})$$

und

$$\vec{l} = (l_1, \ldots, l_{m+n})$$

eine positive ganzzahlige Lösung von

$$c_1 x_1 + \ldots + c_m x_m = k_1 y_1 + \ldots + k_n y_n,$$

dann ist

$$\begin{aligned} \sigma = \{\, & x_1 \mapsto f(z^{l_1}), & \ldots, \quad & x_m \mapsto f(z^{l_m}), \\ & y_1 \mapsto f(z^{l_{m+1}}), & \ldots, \quad & y_n \mapsto f(z^{l_{m+n}}) \,\} \end{aligned}$$

ein AC-Unifikator von s und t. □

Beispiel 12.7 (Fortsetzung)
Seien $\vec{l} = (1,0,0,0,2)$ und $\vec{h} = (0,2,1,1,1)$ je eine Lösung von (12.2), dann ist für $z_1, z_2 \in \mathcal{X}$

$$\begin{aligned} \sigma &= \{x_1 \mapsto f(z_1^{l_1}, z_2^{h_1}), x_2 \mapsto f(z_1^{l_2}, z_2^{h_2}), x_3 \mapsto f(z_1^{l_3}, z_2^{h_3}), \\ &\quad\;\; y_1 \mapsto f(z_1^{l_4}, z_2^{h_4}), y_2 \mapsto f(z_1^{l_5}, z_2^{h_5})\,\} \\ &= \{x_1 \mapsto z_1, x_2 \mapsto f(z_2, z_2), x_3 \mapsto z_2, \\ &\quad\;\; y_1 \mapsto z_2, y_2 \mapsto f(z_1, z_1, z_2)\,\} \end{aligned}$$

ein Unifikator von s und t, die entsprechende gemeinsame Instanz von s und t ist

$$f(\overbrace{\underbrace{z_1, z_1}_{x_1^2}, z_2}^{y_2}, \overbrace{\underbrace{z_2}_{x_2}, z_2, \underbrace{z_2}_{x_3}}^{y_1^2}).$$

Somit ist jeder Lösung eine neue Variable zugeordnet. Es muß allerdings gelten, daß $l_i + k_i \geq 1$ für alle $1 \leq i \leq m+n$. □

Lemma 12.5
Seien $x_1, \ldots, x_m, y_1, \ldots, y_n, z_1, z_2 \in \mathcal{X}$, $f \in \mathcal{F}_{AC}$, $c_1, \ldots, c_m, k_1, \ldots, k_n \in \mathbb{N} \setminus \{0\}$,

$$s = f(x_1^{c_1}, \ldots, x_m^{c_m}), \quad t = f(y_1^{k_1}, \ldots, y_n^{k_n})$$

und

$$\vec{l} = (l_1, \ldots, l_{m+n}), \quad \vec{h} = (h_1, \ldots, h_{m+n})$$

nichtnegative ganzzahlige Lösungen von

$$c_1x_1 + \ldots + c_mx_m = k_1y_1 + \ldots + k_ny_n$$

mit $l_i + h_i \geq 1$ *für alle* $1 \leq i \leq m+n$, *dann ist*

$$\begin{array}{lll}\{x_1 \mapsto f(z_1^{l_1}, z_2^{h_1}), & \ldots, & x_m \mapsto f(z_1^{l_m}, z_2^{h_m}),\\ \;\; y_1 \mapsto f(z_1^{l_{m+1}}, z_2^{h_{m+1}}), & \ldots, & y_n \mapsto f(z_1^{l_{m+n}}, z_2^{h_{m+n}})\,\}\end{array}$$

ein AC-Unifikator von s und t. □

Bemerkung: *Das Lemma läßt sich auf mehr als zwei Lösungen erweitern.*

Beispiel 12.8 (Fortsetzung)
Seien $\vec{l}, \vec{h}$ wie eben und $v_1, v_2, v_3 \in \mathcal{X}$. Wir wollen nun bei der Konstruktion eines Unifikators die Lösung $\vec{l}$ zweimal verwenden. Somit ist

$$\begin{array}{rcl}\phi & = & \{x_1 \mapsto f(v_1^{l_1}, v_2^{h_1}, v_3^{l_1}), x_2 \mapsto f(v_1^{l_2}, v_2^{h_2}, v_3^{l_2}), x_3 \mapsto f(v_1^{l_3}, v_2^{h_3}, v_3^{l_3}),\\ & & \;\; y_1 \mapsto f(v_1^{l_4}, v_2^{h_4}, v_3^{l_4}), y_2 \mapsto f(v_1^{l_5}, v_2^{h_5}, v_3^{l_5})\,\}\\ & = & \{x_1 \mapsto f(v_1, v_3), x_2 \mapsto f(v_2, v_2), x_3 \mapsto v_2, y_1 \mapsto v_2, y_2 \mapsto f(v_1, v_3, v_1, v_3, v_2)\,\}\end{array}$$

ein Unifikator von s und t, aber σ von eben ist allgemeiner als ϕ, denn

$$\phi = \sigma\{z_1 \mapsto f(v_1, v_3), z_2 \mapsto v_2\}.$$

Daraus folgt: es lohnt sich nicht, eine Lösung mehr als einmal zum Aufbau eines allgemeinsten Unifikators zu benutzen. □

Satz 12.6
Für $c_1, \ldots, c_m, k_1, \ldots, k_n \in \mathbb{N} \setminus \{0\}$ *sei* $\mathcal{B} = \{\vec{b}_1, \ldots, \vec{b}_h\}$ *eine Basis der nichtnegativen ganzzahligen Lösungen von*

$$c_1x_1 + \ldots + c_mx_m = k_1y_1 + \ldots + k_ny_n$$

und $B \subseteq \mathcal{B}$ *mit* $1 \leq \sum_{(b_1,\ldots,b_{m+n})\in B} b_k$ *für alle* $1 \leq k \leq m+n$ *und*

$$B(i,j) = \begin{cases} 0, & \text{falls } \vec{b}_i \notin B\\ b_j, & \text{falls } \vec{b}_i = (b_1, \ldots, b_{m+n}) \in B,\end{cases}$$

$x_1, \ldots, x_m, y_1, \ldots, y_n, z_1, \ldots, z_h \in \mathcal{X}$, $f \in \mathcal{F}_{AC}$,

$$s = f(x_1^{c_1}, \ldots, x_m^{c_m}), \quad t = f(y_1^{k_1}, \ldots, y_n^{k_n}),$$

dann ist

$$\begin{array}{rclllll} \mu_B = \{ & x_1 & \mapsto & f(z_1^{B(1,1)}, & \ldots, & z_h^{B(h,1)}), \\ & \vdots & & & & \\ & x_m & \mapsto & f(z_1^{B(1,m)}, & \ldots, & z_h^{B(h,m)}), \\ & y_1 & \mapsto & f(z_1^{B(1,m+1)}, & \ldots, & z_h^{B(h,m+1)}), \\ & \vdots & & & & \\ & y_n & \mapsto & f(z_1^{B(1,m+n)}, & \ldots, & z_h^{B(h,m+n)}) \} \end{array}$$

ein AC-Unifikator von s und t und

$$M = \{\mu_B \mid B \subseteq \mathcal{B} \textit{ mit } \forall 1 \leq i \leq m+n : 1 \leq \sum_{(b_1,\ldots,b_{m+n}) \in B} b_i \}$$

eine vollständige Menge von AC-Unifikatoren über $\mathcal{X}(s) \cup \mathcal{X}(t)$. □

Beispiel 12.9 (Fortsetzung)
Von den 2^7 Teilmengen von $\mathcal{B}$ aus Beispiel 12.7 können 69 zum Aufbau von AC-Unifikatoren von s und t herangezogen werden, so zum Beispiel die Teilmengen

$$\{\vec{b}_1, \vec{b}_3, \vec{b}_6\}, \{\vec{b}_1, \vec{b}_2, \vec{b}_3, \vec{b}_6\}, \{\vec{b}_4, \vec{b}_0\}, \{\vec{b}_2, \vec{b}_3, \vec{b}_7\}.$$ □

12.2.2 Der allgemeine Fall

Jetzt wollen wir den allgemeinen Fall angehen. Das bedeutet, wir suchen einen vollständigen AC-Unifikator für eine Termgleichung der Form

$$f(s_1, \ldots, s_m) = f(t_1, \ldots, t_n)$$

für $f \in \mathcal{F}_{AC}$ und $s_i(\lambda) \neq f, t_j(\lambda) \neq f$.

Das Verfahren zur Lösung des allgemeinen Falls läßt sich in drei Schritte zerlegen. Erstens eine Vereinfachung der Termgleichung durch Elimination gleicher Argumente auf beiden Seiten der Gleichung, zweitens die Anwendung der Lösung für den Nur-Variablenfall auf eine abstrahierte Version des Problems und drittens die Korrektur des bei zweitens gemachten Fehlers. Im einzelnen ergibt sich:

1. Schritt: Zuerst eliminieren wir gleiche Subterme auf beiden Seiten. Das ist zulässig, denn es gilt

Lemma 12.7
Sei $s = f(r, s_1, \ldots, s_m)$, $t = f(r, t_1, \ldots, t_n)$, und $f \in \mathcal{F}_{AC}$. Dann gilt: σ ist ein Unifikator von s und t genau dann, wenn σ ein Unifikator von $f(s_1, \ldots, s_m)$ und $f(t_1, \ldots, t_n)$ ist.

Beweis: Übung □

2. Schritt: Sei $s = f(s_1, \ldots, s_m), t = f(t_1, \ldots, t_n)$, mit $s_i \neq t_j$ für alle i, j. Ferner sei $V \subseteq \mathcal{X}$ eine Menge von neuen Variablen, die weder in s noch in t vorkommen und

$$\phi : \{s_1, \ldots, s_m, t_1, \ldots, t_n\} \to V$$

eine Abbildung, so daß $s' \doteq_{AC} s'' \Leftrightarrow \phi(s') = \phi(s'')$. Die Abbildung ϕ heißt *Variablenabstraktion*. Wir wenden diese Variablenabstraktion auf das in Schritt 1 vereinfachte Problem an und lösen dieses abstrahierte Problem. Das heißt, wir berechnen die vollständige Menge M von AC-Unifikatoren von

$$\bar{s} = f(\phi(s_1), \ldots, \phi(s_m)) \text{ und } \bar{t} = f(\phi(t_1), \ldots, \phi(t_n))$$

gemäß Satz 12.6.

3. Schritt: Im letzten Schritt müssen wir die Variablenabstraktion wieder rückgängig machen und die Ungenauigkeiten von M so korrigieren, daß jeder abstrahierte Term mit den ihm vom M zugeordneten Substitutionen zusammenpaßt.

Sei $\mu_B \in M$, dann ist jeder AC-Unifikator der Gleichungsmenge

$$\{\mu_B(\phi(s_i)) = s_i | 1 \leq i \leq m\} \cup \{\mu_B(\phi(t_i)) = t_i | 1 \leq i \leq n\}$$

ein Unifikator von s und t. Die Menge aller solcher Unifikatoren ist eine vollständige Menge von Unifikatoren von s und t.

Das folgende Beispiel verdeutlicht dieses dreiteilige Verfahren.

Beispiel 12.10
Sei $f \in \mathcal{F}_{AC}$ und $x, y, z \in \mathcal{X}$.

$$s = f(i(f(x, a)), x, x, y, i(0)) \qquad t = f(a, i(f(a, x)), a, z)$$

$\Downarrow$ Elimination gleicher Subterme modulo AC

$$\hat{s} = f(x, x, y, i(0)) \qquad \hat{t} = f(a, a, z)$$

$\Downarrow$ Variablenabstraktion mit $\phi(x) \mapsto x_1$, $\phi(y) \mapsto x_2, \phi(i(0)) \mapsto x_3$, $\phi(a) \mapsto y_1, \phi(z) \mapsto y_2$

$$\bar{s} = f(x_1^2, x_2, x_3) \qquad \bar{t} = f(y_1^2, y_2)$$

Somit ergibt sich, daß unter anderem

$$\mu_{(2,3,7)} = \{x_1 \mapsto z_7, x_2 \mapsto z_2, x_3 \mapsto f(z_3, z_3), y_1 \mapsto f(z_3, z_7), y_2 \mapsto z_2\}$$

und

$$\mu_{(1,2,7)} = \{x_1 \mapsto z_7, x_2 \mapsto z_2, x_3 \mapsto z_1, y_1 \mapsto z_7, y_2 \mapsto f(z_1, z_2)\}$$

AC-Unifikatoren von $\bar{s}$ und $\bar{t}$ sind.

$$\Downarrow \text{ Rückgängigmachen der Variablenabstraktion}$$

$$\Phi^{-1}(\mu_{(2,3,7)}) : \{z_7 = x, z_2 = y, \underline{f(z_3, z_3) = i(0)}, \underline{f(z_3, z_7) = a}, z_2 = z\}$$

hat keinen Unifikator,

$$\Phi^{-1}(\mu_{(1,2,7)}) : \{z_7 = x, z_2 = y, z_1 = i(0), z_7 = a, f(z_1, z_2) = z\}$$

ist unifizierbar und

$$\mu^* = \{x \mapsto a, y \mapsto z_2, z \mapsto f(i(0), z_2)\}$$

ist ein Unifikator von s und t. □

Dieses Verfahren wurde von Stickel (1981) vorgestellt und partiell korrekt bewiesen. Der Terminationsbeweis erwies sich als äußerst schwierig – wir erinnern uns an den rekursiven Aufruf der AC-Unifikation in Schritt 3 – und wurde erst einige Jahre später von Fages (1987) geliefert. Effiziente Methoden zum Lösen von linearen diophantischen Gleichungen wurden von Clausen und Fortenbacher (1989) vorgestellt.

Die Kompliziertheit des AC-Unifikationsverfahrens deutet schon darauf hin, daß die Komplexität des Verfahrens viel größer ist als die der einfachen Unifikation. Tatsächlich ist schon die Frage nach der AC-Unifizierbarkeit ein NP-vollständiges Problem. Die Berechnung vollständiger AC-Unifikatoren ist sogar zweifach exponentiell, da die Menge der Unifikatoren entsprechend groß werden kann.

12.3 $\mathcal{T}$-kompatible Reduktionen

Als nächstes wollen wir die Reduktionsrelation modulo einer Theorie $\mathcal{T}$ untersuchen. Dazu gibt es zwei Ansätze: entweder man arbeitet wirklich mit $\mathcal{T}$-Äquivalenzklassen von Termen oder man versucht, die Anwendung einer Regel auf die $\mathcal{T}$-Subsumtion zurückzuführen. Die folgende Definition beschreibt beide Formen der Reduktion.

Definition 12.5
Sei $\mathcal{R}$ ein Termersetzungssystem, $\mathcal{T}$ eine Gleichungstheorie und $s, t \in T(\mathcal{F}, \mathcal{X})$. Der Term s reduziert zu t modulo $\mathcal{T}$ *(Schreibweise: $s \to_{\mathcal{R}/\mathcal{T}} t$), falls es $s' \in [s]_\mathcal{T}$ und $t' \in [t]_\mathcal{T}$ gibt, so daß $s' \to_\mathcal{R} t'$. Das heißt:*

$$\to_{\mathcal{R}/\mathcal{T}} \;=\; \leftrightarrow_\mathcal{T}^* \circ \to_\mathcal{R} \circ \leftrightarrow_\mathcal{T}^* \;\subseteq\; T(\mathcal{F}, \mathcal{X}) \times T(\mathcal{F}, \mathcal{X}).$$

Die Peterson-Stickel-Reduktionsrelation

$$\rightarrow_{\mathcal{R},\mathcal{T}} \subseteq T(\mathcal{F},\mathcal{X}) \times T(\mathcal{F},\mathcal{X})$$

ist wie folgt definiert: $s \rightarrow_{\mathcal{R},\mathcal{T}} t$, falls es eine Position $p \in O(s)$, eine Regel $l \rightarrow r \in \mathcal{R}$ und eine Substitution σ gibt mit $s|_p \leftrightarrow^*_{\mathcal{T}} l\sigma$ und und $t = s[r\sigma]_p$.

Der Unterschied zwischen $\rightarrow_{\mathcal{R}/\mathcal{T}}$ und $\rightarrow_{\mathcal{R},\mathcal{T}}$ wird erst auf den zweiten Blick deutlich. Eine Reduktion $\rightarrow_{\mathcal{R},\mathcal{T}}$ setzt sich aus beliebig vielen $\leftrightarrow_{\mathcal{T}}$-Transformationen gefolgt von einer $\rightarrow_{\mathcal{R}}$-Reduktion zusammen. Der kleine, aber wesentliche Unterschied ist, daß die $\leftrightarrow_{\mathcal{T}}$-Transformationen bei der Peterson-Stickel-Reduktion nicht auf den ganzen Term angewendet werden dürfen (wie bei der $\mathcal{R}/\mathcal{T}$-Reduktion), sondern nur auf den Redex. Offensichtlich gilt $\rightarrow_{\mathcal{R}/\mathcal{T}} \supseteq \rightarrow_{\mathcal{R},\mathcal{T}}$. Jedoch gilt die Umkehrung dieser Aussage nicht. Es ist vielmehr $\rightarrow_{\mathcal{R}/\mathcal{T}} \neq \rightarrow_{\mathcal{R},\mathcal{T}}$. Das heißt, Reduktionen modulo $\mathcal{T}$ lassen sich *nicht* auf $\mathcal{T}$-Subsumtionen an einer Position zurückführen.

Beispiel 12.11
Sei $\mathcal{T} = AC$, $+ \in \mathcal{F}_{AC}$ und $\mathcal{R} = \{+(x,x) \rightarrow x\}$. Dann gilt

$$s = +(+(a,b), +(a,c))$$

ist irreduzibel bezüglich $\rightarrow_{\mathcal{R},AC}$, aber es gilt:

$$+(+(a,b), +(a,c)) \leftrightarrow^*_{AC} +(+(a,a), +(b,c)) \rightarrow_{\mathcal{R}} +(a, +(b,c))$$

und somit ist s reduzibel bezüglich $\rightarrow_{\mathcal{R}/AC}$. □

Auch wenn $\rightarrow_{\mathcal{R}/\mathcal{T}}$ ungleich $\rightarrow_{\mathcal{R},\mathcal{T}}$ ist, wollen wir versuchen, mit der Peterson-Stickel-Relation zu rechnen. Der Grund dafür ist, daß sich die AC-Subsumtion eines festen Subterms einfacher automatisieren läßt als der direkte Umgang mit $\mathcal{T}$-Äquivalenzklassen von Termen. Deshalb suchen wir Bedingungen, unter denen die Verwendung der Peterson-Stickel-Relation zulässig ist.

Definition 12.6
*Sei $\mathcal{R}$ ein Termersetzungssystem und $\mathcal{T}$ eine Gleichungstheorie. $\mathcal{R}$ ist $\mathcal{T}$-*kompatibel, *falls für alle $s, t \in T(\mathcal{F},\mathcal{X})$ gilt:*

$$s \rightarrow_{\mathcal{R}/\mathcal{T}} t \Rightarrow \quad \exists p \in O(s), \sigma, l \rightarrow r \in \mathcal{R} : \\ (s|_p \leftrightarrow^*_{\mathcal{T}} l\sigma \wedge t \rightarrow^*_{\mathcal{R}/\mathcal{T}} s[r\sigma]_p).$$

Diese Definition sieht sehr technisch aus. Genauer betrachtet besagt sie zweierlei: Erstens ist jeder $\mathcal{R}/\mathcal{T}$-reduzible Term auch $\mathcal{R},\mathcal{T}$-reduzibel und zweitens ist die entsprechende $\mathcal{R},\mathcal{T}$-Reduktion im allgemeinen eine „Abkürzung“, denn sie ersetzt eine oder mehrere $\mathcal{R}/\mathcal{T}$-Reduktionen.

Das folgende Lemma besagt, daß wir mit der Forderung der $\mathcal{T}$-Kompatibilität schon fast am Ziel sind.

Lemma 12.8
Sei $\mathcal{T}$ eine Gleichungstheorie und $\mathcal{R}$ ein $\mathcal{T}$-kompatibles Termersetzungssystem, dann gilt für $s, t \in \mathcal{T}(\mathcal{F}, \mathcal{X})$:

1. *s ist $\mathcal{R}/\mathcal{T}$-reduzibel genau dann wenn s $\mathcal{R}, \mathcal{T}$-reduzibel ist.*
2. *Falls $s \rightarrow_{\mathcal{R},\mathcal{T}} t$, dann gilt auch $s \rightarrow_{\mathcal{R}/\mathcal{T}} t$.*

Beweis:

1. folgt aus der Definition von $\rightarrow_{\mathcal{R},\mathcal{T}}$ und $\mathcal{T}$-Kompatibilität.
2. Aus $s \rightarrow_{\mathcal{R},\mathcal{T}} t$ folgt: es gibt eine Position $p \in O(s)$, eine Substitution σ und eine Regel $l \rightarrow r \in \mathcal{R}$, so daß $s|_p \leftrightarrow^*_{\mathcal{T}} l\sigma$. Dann folgt $s \leftrightarrow^*_{\mathcal{T}} s[l\sigma]_p \rightarrow_{\mathcal{R}} s[r\sigma]_p = t$ und somit $s \rightarrow_{\mathcal{R}/\mathcal{T}} t$. □

Im allgemeinen sind Termersetzungssysteme nicht AC-kompatibel. Es ist jedoch sehr einfach, jedes Termersetzungssystem $\mathcal{R}$ in ein äquivalentes AC-kompatibles Termersetzungssystem $\mathcal{R}'$ zu erweitern. Dabei heißt äquivalent, daß $\leftrightarrow^*_{\mathcal{R}/AC} = \leftrightarrow^*_{\mathcal{R}'/AC}$.

Definition 12.7
Sei $\mathcal{R}$ ein Termersetzungssystem. Dann ist

$$\mathrm{ACX}(\mathcal{R}) = \{f(x,l) \rightarrow f(x,r) | f \in \mathcal{F}_{AC},\ l \rightarrow r \in \mathcal{R},\ l(\lambda) = f,\ x \in \mathcal{X}\backslash\mathcal{X}(l)\}$$

die Menge der AC-Erweiterungsregeln *von $\mathcal{R}$.*

Satz 12.9
Sei $\mathcal{R}$ ein Termersetzungssystem, dann ist $\mathcal{R} \cup \mathrm{ACX}(\mathcal{R})$ AC-kompatibel und

$$\rightarrow_{\mathcal{R}/AC} \;=\; \rightarrow_{(\mathcal{R}\cup\mathrm{ACX}(\mathcal{R}))/AC} \,.$$

Beweis: (Skizze)
Aus $s \rightarrow_{\mathcal{R}/AC} t$ folgt $s \leftrightarrow^*_{AC} s' \rightarrow_{\mathcal{R}} t'$ mit $t' = s'[r\sigma]_p$ für eine Position $p \in O(s)$, eine Substitution σ und eine Regel $l \rightarrow r \in \mathcal{R}$.

Fall 1: Alle $\leftrightarrow_{AC}$-Schritte verändern nur Subterme von $s|_p$. Dann folgt $s \rightarrow_{\mathcal{R},AC} s[r\sigma]_p$.

Fall 2: Mindestens ein (für den Beweis wichtiger) $\leftrightarrow_{AC}$-Schritt verändert einen Term oberhalb von $s|_p$. Betrachte $\bar{s} = \mathrm{flat}(s)$, dann gibt es eine Position $q \in O(\bar{s})$ mit $\bar{s}|_q = f(s_1, \ldots, s_k)$, $f \in \mathcal{F}_{AC}$ und $\mathrm{flat}(s'|_p) = f(s_{i_1}, \ldots, s_{i_n}) = l\sigma$ für $\{i_1, \ldots, i_n\} \subseteq \{1, \ldots, k\}$. Sei $\{j_1, \ldots, j_k\} = \{1, \ldots, k\}\backslash\{i_1, \ldots, i_n\}$ und s'' so, daß $\mathrm{flat}(s'') = f(s_{j_1}, \ldots, s_{j_l})$, dann folgt $s|_q =_{AC} f(s'|_p, s'')$ und somit

$$\begin{array}{ccccc} s & \longleftrightarrow^*_{AC} & s'[l\sigma]_p & \rightarrow & s'[r\sigma]_p. \\ & \searrow_{\{f(l,x)\rightarrow f(r,x)\},AC} & & \swarrow\!\!\!\nearrow^*_{AC} & \\ & & s[f(r\sigma, s'')]_q & & \end{array}$$

□

12.4 Termination modulo einer Theorie

Um die Termination von $\rightarrow_{\mathcal{R}/\mathcal{T}}$ zu beweisen, verwendet man eine terminierende Quasiordnung $\succsim$, die abgeschlossen bzgl. Substitutionsanwendung und Teiltermersetzung ist und außerdem kompatibel zu $\mathcal{T}$ ist. Letzteres bedeutet, daß die von $\succsim$ induzierte Äquivalenzrelation $\approx$ eine Obermenge von $\mathcal{T}$ ist.

In der Praxis verwendet man oft Polynomordnungen, um die Termination von Termersetzungssystemen modulo AC zu beweisen. Ben-Cherifa und Lescanne (1987) haben gezeigt, daß Polynomordnungen, die kompatibel zu AC sind, die Eigenschaft haben, daß für alle $f \in \mathcal{F}_{AC}$ und alle Polynominterpretationen φ der Operatoren

$$\varphi(f)(x,y) = axy + b(x+y) + c \text{ mit } ac + b - b^2 = 0$$

gilt.

12.5 Die Peterson-und-Stickel-Vervollständigung

Ziel einer Vervollständigung modulo $\mathcal{T}$ ist natürlich wieder die Berechnung eines terminierenden und konfluenten Termersetzungssystems. Dazu definieren wir die Bedeutung von Konfluenz im Kontext der Termersetzung modulo einer Theorie.

Definition 12.8
Sei $\mathcal{T}$ eine Gleichungstheorie. Ein Termersetzungssystem $\mathcal{R}$ heißt $\mathcal{T}$-konfluent (konfluent modulo $\mathcal{T}$), *falls $\rightarrow_{\mathcal{R}/\mathcal{T}}$ konfluent ist.*
$\mathcal{R}$ heißt $\mathcal{T}$-vollständig (vollständig modulo $\mathcal{T}$), *falls $\rightarrow_{\mathcal{R}/\mathcal{T}}$ terminiert und konfluent ist.*
Ein Termpaar (s,t) heißt $\mathcal{T}$-konfluent, *wenn es ein $n \in T(\mathcal{F},\mathcal{X})$ gibt mit*

$$s \rightarrow^*_{\mathcal{R}/\mathcal{T}} n \leftarrow^*_{\mathcal{R}/\mathcal{T}} t.$$

Analog zum Fall der leeren Theorie ($\mathcal{T} = \emptyset$) läßt sich das Konzept eines kritischen Gipfels definieren.

Definition 12.9
Sei $\mathcal{R}$ ein Termersetzungssystem, $\mathcal{T}$ eine Gleichungstheorie und $l_1 \rightarrow r_1$, $l_2 \rightarrow r_2 \in \mathcal{R}$ mit $\mathcal{X}(l_1) \cap \mathcal{X}(l_2) = \emptyset$, $p \in O(l_2)$ eine Nicht-Variablenposition ($l_2(p) \notin \mathcal{X}$) und μ ist ein Element einer vollständigen Menge von $\mathcal{T}$-Unifikatoren von $l_2|_p$ und l_1 für $\mathcal{X}(l_1) \cup \mathcal{X}(l_2)$. Dann ist

$$l_2[r_1]_p\mu \overset{l_2\mu}{\longleftrightarrow} r_2\mu$$

ein kritischer Gipfel für $\mathcal{R}$ und $\mathcal{T}$. *$(l_2[r_1]_p\mu, r_2\mu)$ heißt* kritisches Paar für $\mathcal{R}$ und $\mathcal{T}$.

Eine naheliegende Frage ist, ob modulo einer Gleichungstheorie die Konfluenz aller kritischen Gipfel die Konfluenz terminierender Termersetzung modulo $\mathcal{T}$ impliziert. Das heißt, es geht um die Frage, ob es ausreicht, $\mathcal{T}$-Überlagerungen zwischen Regeln zu berechnen, indem man an einer bestimmten Position modulo $\mathcal{T}$ unifiziert. Wir erinnern uns an eine analoge Situation bei der Reduzierbarkeit bezüglich $\rightarrow_{\mathcal{R},\mathcal{T}}$. Da war es nur für $\mathcal{T}$-kompatible Termersetzungssysteme möglich, die Reduzierbarkeit auf $\mathcal{T}$-Subsumtion zurückzuführen. Wie der folgende Satz zeigt, gilt ähnliches für den Kritischen-Paar-Satz modulo $\mathcal{T}$.

Satz 12.10 (Peterson und Stickel, 1981)
Sei $\mathcal{T}$ eine Gleichungstheorie und $\mathcal{R}$ ein terminierendes $\mathcal{T}$-kompatibles Termersetzungssystem. Dann gilt: $\mathcal{R}$ ist $\mathcal{T}$-vollständig genau dann, wenn alle kritischen Gipfel für $\mathcal{R}$ und $\mathcal{T}$ $\mathcal{T}$-konfluent sind.

Die Struktur des Beweises ist analog zu dem vom Satz von Knuth und Bendix. Der interessante Aspekt des Beweises besteht darin, zu zeigen, daß alle $\mathcal{T}$-Reduktionsbeweise tatsächlich durch $\mathcal{R},\mathcal{T}$- oder $\mathcal{R}$-Reduktionen durchführbar sind.

Beweis:

„$\Rightarrow$" klar

„$\Leftarrow$" Annahme: alle kritischen Paare für $\mathcal{R}$ und $\mathcal{T}$ sind konfluent. Wir zeigen für alle $t_1, t_2, s \in T(\mathcal{F}, \mathcal{X})$ mit $t_1 \leftarrow_{\mathcal{R}/\mathcal{T}} s \rightarrow_{\mathcal{R}/\mathcal{T}} t_2$: ist (t_1, t_2) konfluent (lokale Konfluenz), dann folgt Konfluenz nach dem Lemma von Newman wegen der Terminationseigenschaft von $\rightarrow_{\mathcal{R}/\mathcal{T}}$.

Seien $l_1 \rightarrow r_1, l_2 \rightarrow r_2 \in \mathcal{R}$. Dann ergibt sich folgendes Bild:

$$\begin{array}{ccccccccc}
s[l_1\sigma]_{p_1} & & \leftrightarrow^*_{\mathcal{T}} & & s & & \leftrightarrow^*_{\mathcal{T}} & & s[l_2\sigma]_{p_2} \\
\downarrow_{\mathcal{R}} & & & {}^*_{\mathcal{R}/\mathcal{T}}\swarrow & & \searrow^*_{\mathcal{R}/\mathcal{T}} & & & \downarrow_{\mathcal{R}} \\
s[r_1\sigma]_{p_1} & \leftarrow^*_{\mathcal{R}/\mathcal{T}} & t_1 & & & & t_2 & \rightarrow^*_{\mathcal{R}/\mathcal{T}} & s[r_2\sigma]_{p_2}
\end{array}$$

Bei dem obigen und den folgenden Diagrammen muß beachtet werden, daß eine $\mathcal{T}$-Ableitung der Form $s \leftrightarrow^*_{\mathcal{T}} s[l\sigma]_p$ nur $\mathcal{T}$-Schritte unterhalb der Position p zuläßt, da, abgesehen von den Teiltermen an Position p, die Terme s und $s[l\sigma]_p$ gleich sind. Damit entspricht eine Ableitung der Form $s \leftrightarrow^*_{\mathcal{T}} s[l\sigma]_p \rightarrow_{\mathcal{R}} s[r\sigma]_p$ einer Anwendung der Peterson-Stickel-Reduktion: $s \rightarrow_{\mathcal{R},\mathcal{T}} s[r\sigma]_p$.

Das obige Diagramm besagt, daß wir zeigen müssen, daß das Paar $(s[r_1\sigma]_{p_1}, s[r_2\sigma]_{p_2})$ $\mathcal{T}$-konfluent ist.

Fall 1 p_1 und p_2 sind disjunkte Positionen, dann gilt

$$s[r_1\sigma]_{p_1} \rightarrow_{\mathcal{R},\mathcal{T}} s[r_1\sigma]_{p_1}[r_2\sigma]_{p_2} \leftarrow_{\mathcal{R},\mathcal{T}} s[r_2\sigma]_{p_2}.$$

Fall 2 Für den Fall, daß $p_1 = p_2 q$, gibt es eine Position q' und eine Regel $l' \rightarrow r' \in \mathcal{R}$, so daß sich folgende Situation ergibt:

$$\begin{array}{ccccccc}
s|_{p_2}[l_1\sigma]_q & \leftrightarrow^*_{\mathcal{T}} & s|_{p_2} & \leftrightarrow^*_{\mathcal{T}} & l_2\sigma & & \\
& \searrow_{\mathcal{R}} & & \mathcal{R}/\mathcal{T} \swarrow & \updownarrow^*_{\mathcal{T}} & \searrow_{\mathcal{R}} & \\
& & s|_{p_2}[r_1\sigma]_q & & l_2[l'\tau]_{q'}\sigma & & r_2\sigma \\
& & & \searrow^*_{\mathcal{R}/\mathcal{T}} & \downarrow_{\mathcal{R}} & & \\
& & & & l_2[r'\tau]_{q'}\sigma & &
\end{array}$$

Es muß also die $\mathcal{T}$-Konfluenz des Paares $(l_2[r'\tau]_{q'}\sigma, r_2\sigma)$ gezeigt werden.

Fall 2.1 Wenn $q' \in O(l_2)$ oder $l_2(p') \notin \mathcal{X}$, dann ist $(r_2\sigma \overset{l_2\sigma}{\longleftrightarrow} l_2\sigma[r'\tau]_{q'})$ eine Instanz eines kritischen Gipfels von $l' \rightarrow r'$ und $l_2 \rightarrow r_2$ und somit wegen der Stabilität von $\rightarrow_{\mathcal{R},\mathcal{T}}$ konfluent. Da $\rightarrow_{\mathcal{R},\mathcal{T}}$ kompatibel ist, ist auch (t_1, t_2) konfluent.

Fall 2.2 Wenn $q' \notin O(l_2)$ oder $l_2(q') \in \mathcal{X}$, dann folgt die Konfluenz des Paares $(r_2\sigma, l_2\sigma[r'\tau]_{q'})$ wie in Fall 2 (b) von Lemma 9.3.

Fall 3 mit $p_2 = p_1 q$ ist analog zu Fall 2. □

Jetzt erhalten wir ähnlich wie in Kapitel 10 eine Vervollständigungsprozedur. Es folgt ihre Darstellung durch Inferenzregeln:

Transformationsregeln PS

Sei $\succ \subseteq T(\mathcal{F}, \mathcal{X}) \times T(\mathcal{F}, \mathcal{X})$ AC-kompatible Termordnung und $\rhd$ wie in Kapitel 10.1.

AC-Delete: $\dfrac{(\mathcal{P}\cup\{s \overset{v}{\longleftrightarrow} s'\};\mathcal{R})}{(\mathcal{E};\mathcal{R})}$; falls $s \leftrightarrow^*_{AC} s'$

AC-Compose: $\dfrac{(\mathcal{P};\mathcal{R}\cup\{s\to t\})}{(\mathcal{P};\mathcal{R}\cup\{s\to u\})}$; falls $t \to_{\mathcal{R},AC} u$

AC-Simplify: $\dfrac{(\mathcal{P}\cup\{s \overset{v}{\longleftrightarrow} t\};\mathcal{R})}{(\mathcal{P}\cup\{s \overset{v}{\longleftrightarrow} u\};\mathcal{R})}$; falls $t \to_{\mathcal{R},AC} u$

$\dfrac{(\mathcal{P}\cup\{s \overset{v}{\longleftrightarrow} t\};\mathcal{R})}{(\mathcal{P}\cup\{u \overset{v}{\longleftrightarrow} t\};\mathcal{R})}$; falls $s \to_{\mathcal{R},AC} u$

AC-Orient: $\dfrac{(\mathcal{P}\cup\{s \overset{v}{\longleftrightarrow} t\};\mathcal{R})}{(\mathcal{P};\mathcal{R}\cup\{s\to t\})}$; falls $s \succ t$

$\dfrac{(\mathcal{P}\cup\{s \overset{v}{\longleftrightarrow} t\};\mathcal{R})}{(\mathcal{P};\mathcal{R}\cup\{t\to s\})}$; falls $t \succ s$

AC-Collapse: $\dfrac{(\mathcal{P};\mathcal{R}\cup\{s\to t\})}{(\mathcal{P}\cup\{u \overset{s}{\longleftrightarrow} t\};\mathcal{R})}$; falls $\begin{cases} & l \to r \in \mathcal{R} \\ \wedge & s \to_{\{l\to r\},AC} u \\ \wedge & (s,t) \rhd (l,r) \\ \wedge & s \to t \text{ ist keine Erweiterungsregel} \\ & \quad \text{zu einer Regel in } \mathcal{R}. \end{cases}$

AC-Deduce: $\dfrac{(\mathcal{P};\mathcal{R})}{(\mathcal{P}\cup\{s \overset{v}{\longleftrightarrow} t\};\mathcal{R})}$; falls $s \overset{v}{\longleftrightarrow} t \in \mathrm{CP}(\mathcal{R})$ modulo AC

Eine Realisierung der Peterson-Stickel-Vervollständigung als eine Prozedur mit einer Strategie analog zu der von *COMPLETE* findet sich im Abbildung 12.1. AC-Simplify, AC-Delete, AC-Collapse und AC-Compose in *ACCOMPLETE* entsprechen Simplify, Delete, Collapse und Compose in *COMPLETE* mit dem Unterschied, daß $\doteq$ durch $\doteq_{AC}$ ersetzt wird und $\to_{\mathcal{R}}$ durch $\to_{\mathcal{R},AC}$. Ferner darf bei der Inferenzregel AC-Compose eine Erweiterungsregel nur dann gelöscht werden, wenn die dazugehörige ursprüngliche Regel gelöscht wurde.

12.6 AC-vollständige Termersetzungssysteme

In diesem Abschnitt wollen wir einige wichtige Spezifikationen mit ihren AC-vollständigen Termersetzungssystemen vorstellen. Regeln, die mit ix (für $i \in \mathbb{N}$) markiert sind, sind AC-Erweiterungsregeln.

Abelsche Gruppen

$$\mathcal{F}_{AG} = \{0, -, +\},\ \mathcal{F}_{AC} = \{+\},\ x, y \in \mathcal{X}$$

$\mathcal{R} :=$ **ACCOMPLETE**$(\mathcal{E}, \succ)$

[Peterson-Stickel completion procedure modulo AC.
$\mathcal{E}$ is a set of equations and $\succ$ is a terminating term ordering. Then upon success $\mathcal{R}$ is an AC-canonical term rewriting system which is equivalent to $\mathcal{E}$ or *ACCOMPLETE* fails.]

(1) [Initialise.] $\mathcal{R} := \emptyset; \mathcal{P} := \{a \overset{\top}{\longleftrightarrow} b \mid a \leftrightarrow b \in \mathcal{E}\}$.

(2) [Stop?] **if** $\mathcal{P} = \emptyset$ **then return** $\mathcal{R}$ and **stop**.

(3) [Orient.] $a \overset{c}{\longleftrightarrow} b := Select(\mathcal{P}); \mathcal{P} := \mathcal{P} \setminus \{a \overset{c}{\longleftrightarrow} b\}$;
if $a \succ b$ **then** $\{l := a; r := b\}$
else if $b \succ a$ **then** $\{l := b; r := a\}$
else stop with failure.

(4) [Extend.] $\mathcal{R} := \mathcal{R} \cup \{l \to r\} \cup \mathrm{ACX}(\{l \to r\})$.

(5) [Collapse.] **while** the *AC-collapse*-inference rule applies **do**
$(\mathcal{P}; \mathcal{R}) := \textit{AC-Collapse}((\mathcal{P}; \mathcal{R}))$.

(6) [Compose.] **while** the *AC-compose*-inference rule applies **do**
$(\mathcal{P}; \mathcal{R}) := \textit{AC-Compose}((\mathcal{P}; \mathcal{R}))$.

(7) [Deduce.] Let $l' \to r'$ be a copy of $l \to r$ with variables renamed.
$CP := \{s \overset{v}{\longleftrightarrow} t \mid s \overset{v}{\longleftrightarrow} t$ is an AC-critical peak of $l' \to r'$ and a rule in $\mathcal{R}\} \cup$
$\{s \overset{v}{\longleftrightarrow} t \mid s \overset{v}{\longleftrightarrow} t$ is an AC-critical peak of a copy of $l'' \to r'' \in \mathrm{ACX}(\{l \to r\})$ and a rule in $\mathcal{R}\}$;
$\mathcal{P} := \mathcal{P} \cup CP$.

(7) [Simplify.] **while** the *AC-simplify*-inference rule applies **do**
$(\mathcal{P}; \mathcal{R}) := \textit{AC-Simplify}((\mathcal{P}; \mathcal{R}))$.

(8) [Delete.] **while** the *AC-delete*-inference rule applies **do**
$(\mathcal{P}; \mathcal{R}) := \textit{AC-Delete}((\mathcal{P}; \mathcal{R}))$;
continue with step 2. □

Abbildung 12.1: Prozedur *ACCOMPLETE*

$$\begin{aligned}
\mathcal{E}_{AG} = \{\, & 0 + x && \leftrightarrow && x, \\
& -x + x && \leftrightarrow && 0 \,\}
\end{aligned}$$

$$\begin{aligned}
\mathcal{R}_{AG} = \{\, 1: \quad & 0 + x && \rightarrow && x, \\
2: \quad & -0 && \rightarrow && 0, \\
3: \quad & -x + x && \rightarrow && 0, \\
3x: \quad & -x + x + y && \rightarrow && y, \\
4: \quad & -(-x) && \rightarrow && x, \\
5: \quad & -(x + y) && \rightarrow && -x + -y \,\}
\end{aligned}$$

Kommutative Ringe mit Eins

$$\mathcal{F}_{KR} = \{0, 1, -, +, \cdot\},\ \mathcal{F}_{AC} = \{+, \cdot\},\ a, b, c \in \mathcal{X}$$

$$\begin{aligned}
\mathcal{E}_{KR} = \{\, & a + 0 && \leftrightarrow && a, \\
& a + -a && \leftrightarrow && 0, \\
& a \cdot 1 && \leftrightarrow && a, \\
& a \cdot (b + c) && \leftrightarrow && (a \cdot b) + (a \cdot c) \,\}
\end{aligned}$$

$$\begin{aligned}
\mathcal{R}_{KR} = \{\, 1: \quad & a + 0 && \rightarrow && a, \\
2: \quad & a \cdot 0 && \rightarrow && 0, \\
3: \quad & a \cdot 1 && \rightarrow && a, \\
4: \quad & -0 && \rightarrow && 0, \\
5: \quad & -(-a) && \rightarrow && a, \\
6: \quad & a + -a && \rightarrow && 0, \\
6x: \quad & b + (a + -a) && \rightarrow && b, \\
7: \quad & -(a + b) && \rightarrow && -a + -b, \\
8: \quad & a \cdot -b && \rightarrow && -(a \cdot b), \\
9: \quad & a \cdot (b + c) && \rightarrow && (a \cdot b) + (a \cdot c) \,\}
\end{aligned}$$

Boolesche Ringe

$$\mathcal{F}_{BR} = \{t, f, \neg, \vee, \wedge, \supset, \equiv, \oplus\},\ \mathcal{F}_{AC} = \{\wedge, \oplus\},\ p, q, r \in \mathcal{X}$$

$$\begin{aligned}
\mathcal{R}_{BR} = \{\, 1: \quad & p \vee q && \rightarrow && (p \wedge q) \oplus p \oplus q, \\
2: \quad & p \supset q && \rightarrow && (p \wedge q) \oplus p \oplus t, \\
3: \quad & p \equiv q && \rightarrow && p \oplus q \oplus t, \\
4: \quad & \neg p && \rightarrow && p \oplus t, \\
5: \quad & p \oplus f && \rightarrow && p, \\
6: \quad & p \oplus p && \rightarrow && f, \\
6x: \quad & p \oplus p \oplus q && \rightarrow && q, \\
7: \quad & p \wedge t && \rightarrow && p, \\
8: \quad & p \wedge p && \rightarrow && p, \\
8x: \quad & p \wedge p \wedge q && \rightarrow && p \wedge q, \\
9: \quad & p \wedge f && \rightarrow && f, \\
10: \quad & p \wedge (q \oplus r) && \rightarrow && (p \wedge q) \oplus (p \wedge r) \,\}
\end{aligned}$$

Multivariate Polynome über kommutativen Ringen

$$
\begin{array}{llll}
\mathcal{F}_{RX} = \{\, 0,1 & : & & \to \mathit{Coef}, \\
\quad - & : & \mathit{Coef} & \to \mathit{Coef}, \\
\quad +,\cdot & : & \mathit{Coef} \times \mathit{Coef} & \to \mathit{Coef}, \\
\quad I & : & & \to \mathit{Ind}, \\
\quad . & : & \mathit{Ind} \times \mathit{Ind} & \to \mathit{Ind}, \\
\quad M & : & \mathit{Coef} \times \mathit{Ind} & \to \mathit{Poly}, \\
\quad \Omega & : & & \to \mathit{Poly}, \\
\quad \oplus,\odot & : & \mathit{Poly} \times \mathit{Poly} & \to \mathit{Poly}\,\}
\end{array}
$$

$$\mathcal{F}_{AC} = \{+,\cdot,.,\oplus,\odot\},$$

$$a,b,c \in \mathcal{X}_{\mathit{Coef}},\quad x,y \in \mathcal{X}_{\mathit{Ind}},\quad f,g,h \in \mathcal{X}_{\mathit{Poly}}$$

$$\mathcal{R}_{RX} = \mathcal{R}_{KR} \cup$$

$$
\begin{array}{lll}
\{\,10: & x.I & \to x, \\
11: & M(0,x) & \to \Omega, \\
12: & M(a,x) \oplus M(b,x) & \to M(a+b,x), \\
12x: & f \oplus M(a,x) \oplus M(b,x) & \to f \oplus M(a+b,x), \\
13: & M(a,x) \odot M(b,y) & \to M(a \cdot b, x.y), \\
13x: & f \odot M(a,x) \odot M(b,y) & \to f \odot M(a \cdot b, x.y), \\
14: & f \oplus \Omega & \to f, \\
15: & f \odot \Omega & \to \Omega, \\
16: & f \odot M(1,I) & \to f, \\
17: & f \odot (g \oplus h) & \to (f \odot g) \oplus (f \odot h), \\
18: & (f \odot M(a,x)) & \\
 & \oplus (f \odot M(b,x)) & \to f \odot M(a+b,x), \\
18x: & g \oplus (f \odot M(a,x)) & \\
 & \oplus (f \odot M(b,x)) & \to g \oplus (f \odot M(a+b,x)), \\
19: & f \odot M(a+1,I) & \to f \oplus (f \odot M(a,I)), \\
20: & f \oplus (f \odot M(-1,I)) & \to \Omega, \\
20x: & g \oplus f \oplus (f \odot M(-1,I)) & \to g, \\
21: & f \oplus (f \odot M(-1+a,I)) & \to f \odot M(a,I), \\
21x: & g \oplus f \oplus (f \odot M(-1+a,I)) & \to g \oplus (f \odot M(a,I))\,\}
\end{array}
$$

Ähnlich wie bei den endlich präsentierten Gruppen kann man auch für die in diesem Abschnitt vorgestellten Strukturen versuchen, endliche Präsentationen zu vervollständigen. In einigen Fällen weisen derartige Vervollständigungen dann Strukturen auf, deren Verhalten und Funktion dem der Symmetrisation aus Kapitel 10 sehr ähneln.

12.7 Anwendungen von AC-Termersetzung

Wir wollen dieses Kapitel mit zwei wichtigen Anwendungen der AC-Termersetzung beenden. Die erste Anwendung kommt aus dem Bereich des automatischen Beweisens für die Logik erster Stufe und stellt ein alternatives Verfahren zur Resolution (Robinson, 1965) dar.

Die zweite Anwendung kommt aus dem Bereich der Verifikation von Hardware. Einem Bereich, in dem in letzter Zeit immer mehr formale Methoden auch kommerziell erfolgreich eingesetzt werden und in dem bei immer weiter steigender Chip-Komplexität ein dringender Bedarf an mechanischer Hilfe bei der Verifikation der Entwürfe besteht.

12.7.1 Automatisches Beweisen mit booleschen Ringen

Ziel des automatischen Beweisens ist es, eine Formel aus einer Menge von Axiomen herzuleiten und damit die Gültigkeit der Formel zu beweisen. Dabei muß jeder einzelne Schritt der Herleitung auf logischen Gesetzen beruhen. Derartige Gesetze sind zum Beispiel der Modus Ponens oder die Tatsache, daß sich eine doppelte Negation aufhebt.

Alternativ zur direkten Herleitung kann auch versucht werden, eine Formel zu widerlegen. In diesem Fall soll aus der Formel zusammen mit den Axiomen ein Widerspruch hergeleitet werden. Die meisten erfolgreichen automatischen Beweisverfahren, wie z. B. die Resolution oder das hier beschriebene Verfahren sind Widerlegungsverfahren. Das hier vorgestellte Verfahren geht auf eine Arbeit von Hsiang (1985) zurück und eignet sich zum Beweis von Formeln in der Logik erster Stufe.

Gegeben sei eine Menge $\mathcal{A}$ von Formeln. Diese Formelmenge betrachten wir als *Axiome*, aus denen wir ein *Theorem* T herleiten wollen. Zum Beispiel sei

$$\mathcal{A} = \{F_1 \wedge F_2 \wedge \neg F_3\}.$$

Wir wollen also beweisen, daß die Formel $\Phi = F_1 \wedge F_2 \wedge \neg F_3 \Rightarrow T$ gilt.[2] Zunächst zeigen wir, daß $F_1 \wedge F_2 \wedge \neg F_3 \Rightarrow T$ gilt, genau dann wenn

$$F_1 \equiv t \wedge F_2 \equiv t \wedge F_3 \equiv f \wedge T \equiv f \Rightarrow t \equiv f$$

gilt, wobei $t \equiv f$ der elementare Widerspruch (wahr (true) $\equiv$ falsch (false)) ist.

Dazu übersetzen wir $\mathcal{A}$ in das Termersetzungssystem

$$\mathcal{R}_{\mathcal{A}} = \{F_1 \to t,\ F_2 \to t,\ F_3 \to f\}$$

und vervollständigen $\mathcal{R}_{BR} \cup \mathcal{R}_{\mathcal{A}} \cup \{T \to f\}$ modulo AC. Φ gilt genau dann, wenn ein kritischer Gipfel $f \overset{v}{\longleftrightarrow} t$ erzeugt wird.

[2] Der Implikationsoperator $\Rightarrow$ wird, wenn er als Operator in einem Term verwendet wird, als $\supset$ geschrieben.

Beispiel 12.12 [aus Hsiang (1985), Ex. 3.10]
Sei

$$\Phi = (\forall x : A(x) \equiv B(x)) \supset ((\forall x : A(x)) \equiv (\forall x : B(x))).$$

Um Φ zu beweisen, wollen wir zeigen, daß $\neg\Phi$ zu einem Widerspruch führt. Da wir $\neg\Phi$ in (implizit) universell quantifizierte Gleichungen übersetzen wollen, müssen wir die Existenzquantoren eliminieren. Dies geschieht durch eine *Skolemnisation* genannte Technik, bei der existentiell quantifizierte Variable durch sogenannte *Skolemterme* ersetzt werden. In unserem Fall benötigen wir neue Skolemkonstanten a und b. Nach einigen Äquivalenzumformungen ergibt die skolemnisierte Negation von Φ:

$$(A(z) \equiv B(z)) \wedge (A(x) \vee B(y)) \wedge (\neg B(a) \vee \neg A(b))$$
$$\wedge (B(a) \supset B(y)) \wedge (A(b) \supset A(x)).$$

Diese Formel läßt sich dann in

$$\begin{array}{rrll} \mathcal{R}_\Phi = \{ & 1: & A(z) \oplus B(z) & \to f, \\ & 2: & (A(x) \wedge B(y)) \oplus A(x) \oplus B(y) & \to t, \\ & 3: & B(a) \wedge A(b) & \to f, \\ & 4: & (B(a) \wedge B(y)) \oplus B(a) & \to f, \\ & 5: & (A(b) \wedge A(x)) \oplus A(b) & \to f \} \end{array}$$

übersetzen. Ein kritischer Gipfel (modulo AC) zwischen den ersten beiden Regeln ist im folgenden wiedergegeben:

$$\begin{array}{ccc} & (A(z) \wedge B(z)) \quad \oplus \quad A(z) \oplus B(z) & \\ {}_1\swarrow & & \searrow_2 \\ (A(z) \wedge B(z)) \oplus f & & t \\ \downarrow_{\mathcal{R}_{BR}} & & \\ A(z) \wedge B(z) & & \end{array}$$

Dies führt zu einer neuen Regel $6 : A(z) \wedge B(z) \to t$. Eine weitere Superposition der ersten Regel mit dem Distributivgesetz aus $\mathcal{R}_{BR}$ ergibt

$$\begin{array}{ccc} & (A(z) \oplus B(z)) \wedge p & \\ \swarrow_{\mathcal{R}_{BR}} & & \searrow_1 \\ (A(z) \wedge p) \oplus (B(z) \wedge p) & & t \wedge p \\ & & \downarrow_{\mathcal{R}_{BR}} \\ & & p. \end{array}$$

Die neue Regel $7 : (A(z) \wedge p) \oplus (B(z) \wedge p) \to p$ läßt sich nun mit Regel 6 überlagern:

$$\begin{array}{ccc} & (A(z) \wedge B(z)) \oplus (B(z) \wedge B(z)) & \\ {}_6\swarrow & & \searrow_7 \\ t \oplus (B(z)) \wedge B(z)) & & B(z). \\ \downarrow_{\mathcal{R}_{BR}} & & \\ t \oplus B(z) & & \end{array}$$

Dies ergibt wieder eine neue Regel 8 : $t \oplus B(z) \to B(z)$. Die Überlagerung dieser Regel mit $p \oplus p \oplus q \to q$ liefert

$$\begin{array}{ccc} & t \oplus B(z) \oplus B(z) & \\ \swarrow_{\mathcal{R}_{BR}} & & \searrow_{8} \\ t & & B(z) \oplus B(z) \\ & & \downarrow_{\mathcal{R}_{BR}} \\ & & f \end{array}$$

und führt dann zum Widerspruch $f \equiv t$. Damit ist die Formel Φ bewiesen. □

12.7.2 Hardware-Verifikation

Schaltwerke und -netze lassen sich auf Gatterebene durch Gleichungen mit booleschen Operatoren modellieren. Derartige Modelle abstrahieren von topologischen und elektrischen Einzelheiten einer Schaltung, aber sie beschreiben das funktionale Verhalten der Schaltung. Deshalb ist es möglich, mit den Mitteln der Termersetzung Aussagen über eine Schaltung zu überprüfen oder Schaltungen zu vergleichen. In unserem ersten Beispiel betrachten wir einen rein kombinatorischen, das heißt zeitunabhängigen Schaltkreis.

Beispiel 12.13

Halbaddierer sind sehr einfache Schaltungen mit zwei Eingängen a und b und zwei Ausgängen s (Summe) und x (Übertrag). Abbildung 12.2 zeigt die Funktionstabelle eines Halbad-

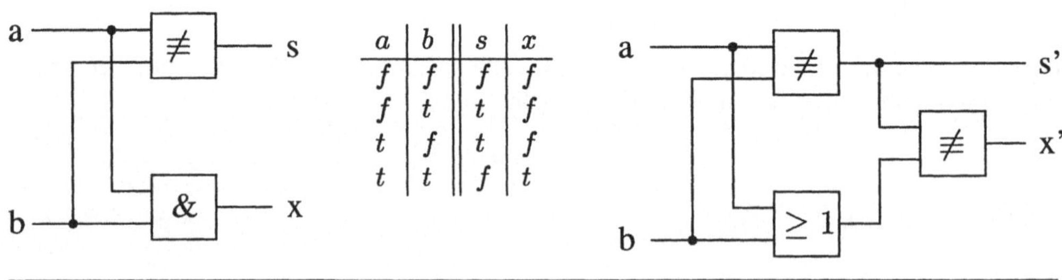

a	b	s	x
f	f	f	f
f	t	t	f
t	f	t	f
t	t	f	t

Abbildung 12.2: Halbaddierer, Funktionstabelle und zwei alternative Schaltungen

dierers und die Schaltbilder von zwei alternativen Realisierungen von Halbaddierern. Aus den Schaltungen ergeben sich die Gleichungen

$$\begin{array}{rcl} s & \leftrightarrow & a \oplus b, \\ x & \leftrightarrow & a \wedge b \end{array} \quad \text{bzw.} \quad \begin{array}{rcl} s' & \leftrightarrow & a \oplus b, \\ x' & \leftrightarrow & (a \vee b) \oplus s'. \end{array}$$

Diese Gleichungen können in zwei Termersetzungssysteme

$$\mathcal{R}_{HA} = \{\, s \;\rightarrow\; a \oplus b, \quad x \;\rightarrow\; a \wedge b \,\} \quad \text{bzw.} \quad \mathcal{R}_{HA'} = \{\, s' \;\rightarrow\; a \oplus b, \quad x' \;\rightarrow\; (a \vee b) \oplus s' \,\}$$

umgewandelt werden. Die Bedeutung der booleschen Operatoren $\oplus$, $\vee$ und $\wedge$ kann wieder durch $\mathcal{R}_{BR}$ beschrieben werden. Auch

$$\mathcal{R} = \mathcal{R}_{BR} \cup \mathcal{R}_{HA} \cup \mathcal{R}_{HA'}$$

ist ein AC-vollständiges Termersetzungssystem. Um zu zeigen, daß beide Entwürfe die gleiche Funktion berechnen, zeigt man, daß sowohl s und s' als auch x und x' modulo AC die gleichen $\mathcal{R}/AC$-Normalformen haben. □

Jetzt wollen wir eine synchrone Schaltung betrachten. Für diese Schaltung nehmen wir eine diskrete Zeit an, die durch einen Takt bestimmt ist. Als Zeitmaß nehmen wir die natürlichen Zahlen, die wir, wie in Kapitel 11, durch die Grundterme 0, $s(0)$, $s(s(0))$, … beschreiben. Die Werte von Eingängen, Ausgängen und Leitungen in synchronen Schaltungen sind abhängig von der Zeit. Deshalb muß eine Leitung W durch ein Funktionssymbol

$$W : \text{TIME} \rightarrow \text{SIGNAL}$$

beschrieben werden. Dabei ist TIME die Sorte, die die Zeit beschreibt und SIGNAL die Sorte, die den booleschen Wert einer Leitung (f für low und t für high) beschreibt. Der linke Teil

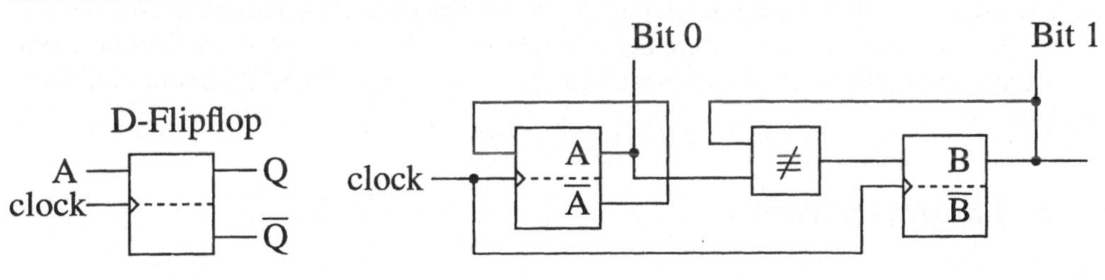

Abbildung 12.3: D-Flipflop und 2-Bit-Zähler

von Abbildung 12.3 zeigt das Schaltbild eines D-Flipflops, das durch die Gleichungen

$$\begin{array}{lcl} Q(0) & \leftrightarrow & f, \\ Q(s(t)) & \leftrightarrow & A(t) \end{array}$$

für $t \in \mathcal{X}$ beschrieben wird. Hier setzen wir voraus, daß der Reset-Zustand des Flipflops low ist. Andernfalls müßte die erste Gleichung durch

$$Q(0) \;\leftrightarrow\; t$$

ersetzt werden. Auch diese Gleichungen lassen sich in ein vollständiges Termersetzungssystem

$$\begin{aligned}\mathcal{R}_Q = \{\, & Q(0) && \to && f, \\ & Q(s(t)) && \to && A(t)\,\}\end{aligned}$$

umwandeln.

Beispiel 12.14
Der rechte Teil von Abbildung 12.3 zeigt das Schaltbild eines zwei-Bit-Zählers. Wenn wir annehmen, daß beide Flipflops den Reset-Zustand low haben, ergibt sich folgende Termersetzungsspezifikation für diesen Zähler:

$$\begin{aligned}\mathcal{R}_C = \{\, & Bit1(t) && \to && B(t), \\ & Bit0(t) && \to && A(t), \\ & B(0) && \to && f, \\ & B(S(t)) && \to && A(t) \oplus B(t), \\ & A(0) && \to && f, \\ & A(S(t)) && \to && \neg A(t)\,\}.\end{aligned}$$

Sowohl $\mathcal{R}_C$ als auch $\mathcal{R} = \mathcal{R}_C \cup \mathcal{R}_{BR}$ sind AC-vollständig. Nun läßt sich einfach zeigen, daß sich der Wert von $Bit1$ alle vier Takte, nicht aber jeden zweiten Takt wiederholt. D. h. $Bit1(s(s(s(s(t))))) = Bit1(t)$ und $Bit1(s(s(t))) \neq Bit1(t)$. □

Die beiden vorhergehenden Beispiele betrafen sehr kleine Schaltungen. Bündgen, Küchlin und Lauterbach (1996) haben gezeigt, daß die in den beiden vorangehenden Beispielen gezeigten Ansätze durchaus auf größere Schaltungen anwendbar sind. So konnte ein in einem VLSI-Entwurfspraktikum der Universität Tübingen entwickelter RISC-Prozessor verifiziert werden.

12.8 Literaturhinweise

Ein erstes Verfahren zur Vervollständigung von Termersetzungssystemen modulo AC wurde von Huet (1980) für links-lineare Termersetzungssysteme vorgeschlagen. Lankford und Ballantyne (1977) konnten zum ersten Mal die Einschränkung auf links-lineare Termersetzungssysteme fallen lassen. Ein neueres Verfahren zur Vervollständigung modulo einer Theorie geht auf Jouannaud und Kirchner (1986) zurück. In diesem Verfahren werden die Erweiterungsregeln durch *Kohärenzpaare* ersetzt. Ein Kohärenzpaar ergibt sich aus der Überlagerung einer Regel mit einer Gleichung aus der Theorie.

Im Abschnitt über die AC-Unifikation haben wir festgestellt, daß eine vollständige Menge von AC-Unifikatoren aus sehr vielen Substitutionen bestehen kann. Auf Grund dieser Tatsache werden bei der AC-Vervollständigung sehr viele kritische Paare erzeugt. Deswegen ist es ein wichtiges Ziel vieler Arbeiten zur AC-Vervollständigung, zu vermeiden, auch alle kritischen Paare erzeugen zu müssen. Dazu gibt es unterschiedliche Ansätze. Bündgen (1994) schlägt ein Konfluenzkriterium vor, in dem nur verallgemeinerte, und deshalb weniger kritische Paare berechnet werden. Jouannaud und Marché (1992) versuchen – wenn möglich – modulo der Theorie AC1 (AC und neutrales Element) zu vervollständigen, da im allgemeinen vollständige Mengen von AC1-Unifikatoren viel weniger Elemente enthalten als vollständige Mengen von AC-Unifikatoren. Wieder ein anderer Ansatz wird von Vigneron (1994) bzw. Nieuwenhuis und Rubio (1994) verfolgt, wo für Gleichungsbeweiser modulo AC ganz auf die Berechnung vollständiger AC-Unifikatoren verzichtet wird und statt dessen potentielle kritische Gipfel mit Nebenbedingungen (englisch: constraints) versehen werden.

In den letzten Jahren stehen auch spezialisierte Verfahren zur AC-Vervollständigung endlich präsentierter Strukturen, wie sie in Abschnitt 12.6 vorgestellt wurden, im Mittelpunkt des Interesses. Le Chenadec (1986) war der erste, der Ähnlichkeiten zur Symmetrisation der Gruppenvervollständigung entdeckte. Daraus ergeben sich interessante Anwendungen. Zum Beispiel konnte Bündgen (1996a) zeigen, daß mit Hilfe von $\mathcal{R}_{RX}$ der Buchbergeralgorithmus durch Termvervollständigung modulo AC simuliert werden kann. Die von Le Chenadec und Bündgen untersuchten Vervollständigungen können auch als Vervollständigung modulo eines vollständigen Basistermersetzungssystems aufgefaßt werden. In anderen Worten, man betrachtet Terme modulo einer Theorie $\mathcal{T}$, die unendlich große Äquivalenzklassen von Termen beschreiben kann. Allerdings wird vorausgesetzt, daß jede dieser potentiell unendlich großen Äquivalenzklassen einen eindeutigen Repräsentanten hat, der durch eine Normalform des Basistermersetzungssystems beschrieben wird. Diese Idee führt zum Konzept der normalisierten Termersetzung, wie sie von Marché (1996) vorgeschlagen wurde.

12.9 Aufgaben

Aufgabe 12.1 1. Sei $\mathcal{F} = \mathcal{F}_{AC} = \{\cup : S \times S \to S,\ \cap : S \times S \to S\}, x, y, z \in \mathcal{X}$ und

$$\begin{aligned} \mathcal{E} = \{\, x \cap (x \cup y) &\leftrightarrow x, \\ x \cup (x \cap y) &\leftrightarrow x, \\ x \cup (y \cap z) &\leftrightarrow (x \cup y) \cap (x \cup z)\,\}. \end{aligned}$$

Vervollständigen Sie $\mathcal{E}$ mit Hilfe des ReDuX-Programms `redux/demo/ac`. $\mathcal{E}$ spezifiziert einen *distributiven Verband* und ein entsprechender ReDuX-Datentyp befindet sich in `redux/spec/ac/dlattice.rdx`.

2. Berechnen Sie mit `redux/demo/ac` die vollständige Menge von AC-Unifikatoren für das Unifikationsproblem aus Beispiel 12.10.

Aufgabe 12.2 Strassens (1969) schnelle Matrixmultiplikation funktioniert wie folgt:

Gegeben seien zwei $n \times n$ Matrizen über einem (nicht unbedingt kommutativen) Ring $\mathcal{R}$. Dann gilt

$$\begin{bmatrix} A_{11} & A_{12} \\ A_{21} & A_{22} \end{bmatrix} \begin{bmatrix} B_{11} & B_{12} \\ B_{21} & B_{22} \end{bmatrix} = \begin{bmatrix} C_{11} & C_{12} \\ C_{21} & C_{22} \end{bmatrix},$$

wobei A_{ij}, B_{ij}, C_{ij} jeweils $n/2 \times n/2$ Matrizen sind und

$$\begin{array}{lllllll} C_{11} & = & A_{11}B_{11} & + & A_{12}B_{21}, & C_{12} & = & A_{11}B_{12} & + & A_{12}B_{22}, \\ C_{21} & = & A_{21}B_{11} & + & A_{22}B_{21}, & C_{22} & = & A_{21}B_{12} & + & A_{22}B_{22}. \end{array}$$

Die klassische Berechnung des Produkts benötigt somit 8 Multiplikationen und 4 Additionen von $n/2 \times n/2$ Matrizen. Die gleiche Rechnung läßt sich jedoch auch mit 7 Multiplikationen und 15 Additionen (Subtraktionen) bewerkstelligen:

$$\begin{array}{lll} S_1 = A_{21} + A_{22}, & M_1 = S_2 S_6, & T_1 = M_1 + M_2, \\ S_2 = S_1 - A_{11}, & M_2 = A_{11}B_{11}, & T_2 = T_1 + M_4, \\ S_3 = A_{11} - A_{21}, & M_3 = A_{12}B_{21}, & \\ S_4 = A_{12} - S_2, & M_4 = S_3 S_7, & C_{11} = M_2 + M_3, \\ S_5 = B_{12} - B_{11}, & M_5 = S_1 S_5, & C_{12} = T_1 + M_5 + M_6, \\ S_6 = B_{22} - S_5, & M_6 = S_4 B_{22}, & C_{21} = T_2 - M_7, \\ S_7 = B_{22} - B_{12}, & M_7 = A_{22} S_8, & C_{22} = T_2 + M_5. \\ S_8 = S_6 - B_{21}, & & \end{array}$$

Vorausgesetzt, daß Multiplikationen teurer sind als Additionen, ergibt sich bei rekursiver Anwendung des Schemas eine asymptotisch bessere Matrixmultiplikation. Die oben gezeigte Variante von Strassens Matrixmultiplikation geht auf Winograd (1973) zurück.

Zeigen Sie mit Hilfe von ReDuX, daß beide Rechnungen zum selben Ergebnis führen.

Aufgabe 12.3 Sei $\mathcal{D}$ eine endliche Menge von Elementen. Ein *Mehrfachmengenersetzungssystem* $\mathcal{M}$ ist eine Menge von *Mehrfachmengenregeln* $\{l_i \to r_i\}$, wobei die l_i und r_i jeweils Mehrfachmengen über $\mathcal{D}$ sind. Seien $m_1, m_2 \in M(\mathcal{D})$ zwei Mehrfachmengen, dann gilt $m_1 \to_{\mathcal{M}} m_2$, falls es eine Regel $l \to r$ in $\mathcal{M}$ gibt mit $m_1 \supseteq l$ und $m_2 = (m_1 - l) + r$. Dabei sind $\supseteq$, $-$ und $+$ die Mehrfachmengenoperationen Obermenge, Differenz und Vereinigung.

Entwickeln Sie eine Mehrfachmengenvervollständigungsprozedur.

1. Wie übersetzen Sie die Grundoperationen *Gleich?*, *Match*, *Unifikation* in den Bereich der Mehrfachmengen?

2. Welche Ordnungen für den Terminationsbeweis schlagen Sie vor?

3. Definieren Sie kritische Paare für Mehrfachmengenregeln und beweisen Sie einen Kritischen-Paar-Satz.

4. Konstruieren Sie eine Vervollständigungsprozedur für Mehrfachmengen.

5. Kann Ihre Mehrfachmengenvervollständigungsprozedur fehlschlagen? Warum nicht? Bzw. wenn ja, unter welchen Umständen?

Aufgabe 12.4 Entwickeln Sie analog zur Aufgabe 12.3 eine Mengenvervollständigungsprozedur.

Aufgabe 12.5 Gegeben sei ein kommutativer Ring R mit 1. Ein *Differentialoperator* D für R ist wie folgt definiert:

$$\begin{array}{lrcl} \forall f,g \in R: & D(f+g) & = & D(f)+D(g), \\ \forall f,g \in R: & D(f \cdot g) & = & f \cdot D(g) + g \cdot D(f). \end{array}$$

1. Zeigen Sie, daß $D(0) = D(1) = 0$ und $\forall f \in R : D(-f) = -D(f)$. Führen Sie die Beweise sowohl von Hand (zuerst!) als auch mit einer AC-Vervollständigung durch.
2. Vergleichen Sie die obigen Beweise, die Sie von Hand führten, mit den Beweisen einer AC-Vervollständigung.

Aufgabe 12.6 Zeigen Sie mit Hilfe der AC-Vervollständigung, daß in jedem Körper K aus

$$\begin{array}{llcl} & \cos(0) & = & 1, \\ \forall a \in K: & \cos(-a) & = & \cos(a), \\ \forall a \in K: & \sin(-a) & = & -\sin(a), \\ \forall a,b \in K: & \cos(a+b) & = & \cos(a)\cos(b) - \sin(a)\sin(b), \\ \text{und} & & & \\ \forall a,b \in K: & \sin(a+b) & = & \sin(a)\cos(b) + \cos(a)\sin(b) \end{array}$$

die Gleichungen $\sin(0) = 0$ und $\forall a \in K : \sin^2(a) + \cos^2(a) = 1$ folgen.

Aufgabe 12.7 Sei C eine Gleichungstheorie, in der für alle $f \in \mathcal{F}_C \subseteq \mathcal{F}_2$ die Kommutativgesetze gelten. Ist jedes Termersetzungssystem C-kompatibel?

13 Schlußbemerkungen

Wir haben in diesem Buch Termersetzungssysteme und ihre Vervollständigung kennengelernt. In den letzten Jahren hat sich die Termersetzung zu einem sehr aktiven Forschungsgebiet entwickelt. Das bedeutet aber auch, daß in einem einführenden Buch nicht auf alle Aspekte und Gebiete der Termersetzung eingegangen werden kann. Der Autor ist jedoch zuversichtlich, daß die Lektüre dieses Buchs eine solide Grundlage für das Studium weiterer Forschungsarbeiten auf dem Gebiet der Termersetzung darstellt.

Wir wollen hier nur kurz einige wichtige bzw. aktuelle Gebiete der Termersetzung aufzählen, auf die bisher nicht eingegangen werden konnte.

- *Narrowing* ist ein Verfahren zur Unifikation modulo einer Theorie, die durch ein vollständiges Termersetzungssystem beschrieben ist. Eine grundlegende Arbeit zu diesem Thema geht auf Hullot (1980) zurück.
- *Termersetzung für Terme mit Sortenhierarchien* (engl. order sorted rewriting) erlaubt in vielen Fällen eine natürliche Spezifikation von Datentypen, die besondere Teilstrukturen haben wie z. B. $\mathbb{N} \subset \mathbb{Z}$. Außerdem können überladene Operationen und partielle Funktionen modelliert werden. Übersichten zu diesem Thema finden sich bei Smolka, Nutt, Goguen und Meseguer (1989) und Goguen und Meseguer (1992).
- *Bedingte Termersetzungssysteme* bestehen aus Regeln, deren Anwendung durch zusätzliche Bedingungen eingeschränkt wird. Bedingte Termersetzungssysteme mit den unterschiedlichsten Arten von Bedingungen wurden schon untersucht. Kriterien für die Vollständigkeit einer bestimmte Klasse von bedingten Termersetzungssystemen wurden von Kaplan (1987) untersucht.
- Wie schon in der Einleitung erwähnt, läßt sich regelbasiertes Rechnen gut parallelisieren. *Parallele und verteilte Termersetzung bzw. Vervollständigung* ist ein relativ junges Forschungsgebiet. Erfolgreiche Parallelisierungen wurden von Avenhaus und Denzinger (1993) und von Bündgen, Göbel und Küchlin (1996) berichtet.
- Viele neuere Arbeiten zur Termersetzung befassen sich mit *Termersetzung für Terme höherer Ordnung*. Ein Überblick dazu findet sich z. B. in Mayr und Nipkow (1994).
- Ein weiteres modernes Thema ist die Einschränkung der Termersetzung auf bestimmte Modelle und damit der *Einbau spezieller Datenstrukturen* und die *Verwendung von Nebenbedingungen* (engl. Constraints) anstatt der Unifikation und auch der Subsumtion.

Neue Ergebnisse im Bereich der Termersetzung werden auf der Konferenz *Rewriting Techniques and Applications (RTA)* präsentiert, die inzwischen jährlich (früher 2-jährlich) stattfindet. Auch andere Konferenzserien aus den Bereichen automatisches Beweisen (z. B. CADE), algebraische Spezifikationen (z. B. WADT), Computer Algebra (z. B. DISCO) und theoretische Informatik (z. B. STACS) präsentieren Arbeiten aus dem Gebiet der Termersetzung. Die Berichte all dieser Konferenzen werden in der Serie *Springer Lecture Notes in Computer Science (LNCS)* publiziert.

Wichtige Zeitschriften mit regelmäßigen Beiträgen zur Termersetzung sind das *Journal of Symbolic Computation*, die Zeitschrift *Applicable Algebra in Engineering, Communication and Computing* sowie die Zeitschrift *Theoretical Computer Science*.

A Anhang: Termersetzungssoftware

A.1 Das ReDuX-System

Das ReDuX-System stellt dem Benutzer eine Reihe von Verfahren für mehrsortige Termersetzung zur Verfügung. Der Schwerpunkt liegt bei Vervollständigungsverfahren. So gibt es

- Knuth-Bendix-Vervollständigungsprozeduren mit und ohne Nutzung von Konfluenzkriterien,
- induktive Vervollständigung mit positionellen Grundreduzibilitätstests,
- Peterson-Stickel-Vervollständigung für AC-Theorien und
- ein nicht-fehlschlagendes Vervollständigungsverfahren, das auf geordneter Termersetzung basiert.

Für diese Vervollständigungen stellt ReDuX Implementierungen der folgenden Termordnungen zur Verfügung:

- eine Knuth-Bendix-Ordnung,
- eine verbesserte rekursive Pfadordnung, wie sie von Kapur, Narendran und Sivakumar (1985) vorgeschlagen wurde und
- eine Polynomordnung.

Ein weiteres ReDuX-Programm erzeugt zu einer gegebenen Signatur Pseudozufallsterme. Ferner unterstützt ReDuX effizientes Normalisieren durch den direkten Einbau bestimmter Termersetzungstheorien, wie es von Bündgen und Lauterbach (1996) beschrieben wurde. Ein derartiger Einbau boolescher Ringe ist zum Beispiel eine wichtige Voraussetzung, um größere Schaltkreise verifizieren zu können. ReDuX ist eine Weiterentwicklung des TC-Systems von Küchlin (1982a). Kurze Beschreibungen von ReDuX finden sich bei Bündgen (1993) und Bündgen, Sinz und Walter (1996) .

A.1.1 Die ReDuX-Installation

ReDuX ist für nicht-kommerzielle Zwecke im Internet über ftp frei erhältlich. Zum Zeitpunkt des Drucks dieses Buches ist ReDuX in der Version 1.6 verfügbar. ReDuX sollte sich problemlos auf allen UNIX-Plattformen installieren lassen, auf denen GNU-Werkzeuge (notwendig sind gunzip und flex, wünschenswert sind gcc, bison und gnu-awk) vorhanden sind. Zum Lesen der mitgelieferten Dokumentation muß ein Bildschirm- bzw. Druckertreiber für das dvi-Format (etwa xdvi bzw. dvips) vorhanden sein. Getestet wurde die Installation unter Linux, SunOS, Solaris und AIX. Die ftp-Adresse, von der ReDuX bezogen werden kann, ist

ftp://ftp.informatik.uni-tuebingen.de/pub/SR/ReDuX.

Es folgt eine Beispielsitzung, die zeigt, wie ReDuX von einem zeichenorientierten Terminal geladen werden kann.[1]

```
% ftp ftp.informatik.uni-tuebingen.de
Connected to morlaix.Informatik.Uni-Tuebingen.De.
220 morlaix FTP server (Version ... ) ready.
Name (ftp.informatik.uni-tuebingen.de:<your name>): anonymous
331 Guest login ok, send ident as password.
Password: <your email-address>
230 Guest login ok, access restrictions apply.
ftp> binary
200 Type set to I.
ftp> cd pub/SR/ReDuX
  ...
ftp> mget *
mget README? y
  ...
mget caldes37.tgz? y
  ...
mget redux16.tgz? y
  ...
ftp> quit
221 Goodbye.
%
```

Nach dem Laden der drei Dateien folge man den Anweisungen in der README-Datei. Vor der Installation von ReDuX muß zuerst der ALDES-Übersetzer und die SAC-2-Bibliothek (`caldes37.tgz`) installiert werden. Erst danach kann ReDuX selbst (`redux16.tgz`) installiert werden. Zum Auspacken der beiden Pakete folge man den Hinweisen der geladenen README-Datei und zu deren Installation den Hinweisen in den jeweiligen README-Dateien der zwei Pakete.

Das ReDuX-Paket enthält u. a. alle Quellen, ReDuX-Programmierwerkzeuge und folgende Dokumente in dvi-Format:

`rud.dvi`: *The ReDuX User Guide* beschreibt die lauffertigen ReDuX-Programme.

[1] Graphische ftp-Programme sind i. a. weitgehend selbsterklärend.

`rsd.dvi`: *The ReDuX System Documentation* ist die ReDuX-Dokumentation für Programmierer.

`rix.dvi`: *The ReDuX System Indices* enthält verschiedene Indizes um Algorithmen, im ReDuX-System zu finden.

Ferner sind für alle mitgelieferten Programmierwerkzeuge und Programme Manual-Seiten im UNIX-Stil vorhanden.

Eine weitere Informationsquelle im Internet ist die WWW-Seite von ReDuX. Ihre Adresse (URL) ist

http://www-sr.informatik.uni-tuebingen.de/~buendgen/redux.html

A.1.2 ReDuX für Anwender

Das ReDuX-System enthält mehrere Programme, die verschiedene Termersetzungsverfahren zur Verfügung stellen. Diese Programme stehen im Verzeichnis `redux1.6/demo`.

to orientiert Gleichungen gemäß einer Termordnung. Termordnungen können als lexikographische Kombination von Polynomordnungen, einer rekursiven Pfadordnung und einer Knuth-Bendix-Ordnung zusammengestellt werden.

tc stellt Subsumtions-, Unifikations- und Normalisierungsalgorithmen sowie Knuth-Bendix-Vervollständigungsverfahren zur Verfügung. Wahlweise können Konfluenzkriterien genutzt werden.

ic überprüft ein Termersetzungssystem auf Vollständigkeit, berechnet die Menge der irreduziblen Grundterme und erlaubt dann, Gleichungen mit induktiver Vervollständigung zu beweisen.

ts stellt verschiedene Verfahren zur Verfügung, um die Menge der irreduziblen Grundterme zu beschreiben.

ac stellt Gleichheitstests, Subsumtions- und Unifikationsalgorithmen modulo C und/oder AC zur Verfügung. Außerdem können Terme vermöge der Peterson-Stickel-Reduktionsrelation normalisiert und AC-kritische Paare berechnet werden. Eine Peterson-Stickel-Vervollständigung für Termersetzung modulo C und/oder AC, in der verschiedene strategische Varianten und Konfluenzkriterien gewählt werden können, ist das Kernstück des ac-Programms.

uc ist eine Erweiterung von tc, in der Gleichungen durch nicht-fehlschlagende Vervollständigung bewiesen werden können.

ev ist eine Variante von ac, in der die zu bestimmten (Teil-)Termersetzungssystemen gehörenden Normalisierungen durch effiziente Spezialalgorithmen ersetzt werden können.

trd ist ein Pseudozufallstermgenerator. Das Programm trd erzeugt Zufallsterme bis zu einer vorgegebenen Positionszahl oder bis zu einer vorgegebenen Tiefe. Die erzeugten Terme sind gleichverteilt, sofern derzugrunde liegende Zufallszahlgenerator eine Gleichverteilung garantiert.

Alle Programme in `redux1.6/demo` lesen als erstes eine algebraische Spezifikation (einen *datatype* in ReDuX-Terminologie) ein, der dann bearbeitet wird. Danach kann der Benutzer über ein Menü eine gewünschte Funktion wählen. Das Hauptmenü des ac-Programms sieht zum Beispiel wie folgt aus:

```
You have the following choices:
  u - unify two terms
  m - match two terms
  e - test equality of two terms
  n - normalize a term
  x - compute an external term
  t - set/unset trace options
  d - display data type
  c - compute critical pairs
  k - run (AC-)Knuth-Bendix completion procedure
  p - prove equational theorem
  i - de/install term ordering
  s - select term ordering
  o - order axioms of data type
  O - order axioms
  S - show times and counters
  r - reset times and counters
  h - help, print menu
  q - quit
Go on [u/m/e/n/x/t/d/c/k/p/i/s/o/O/S/r/h/q]?  *
```

Sofern Termordnungen benötigt werden, müssen diese zuerst initialisiert werden. Es können eine Knuth-Bendix-Ordnung, eine rekursive Pfadordnung und bis zu neun Polynomordnungen auf einmal initialisiert werden. Um eine Ordnung zu benutzen, muß sie „ausgewählt" werden. Dazu wird aus den vorher initialisierten Ordnungen eine lexikographische Kombination zusammengestellt. Dieser Schritt muß insbesondere vor dem Auswählen des Menü-Punktes `k` (Vervollständigung) erfolgen, wenn eine automatische Termordnung gewünscht ist.

Die Benutzung der ReDuX-Programme ist im *ReDuX User Guide* im einzelnen beschrieben. Beispiele von Programmabläufen finden sich in den Kapiteln 10 (tc) und 11 (ic).

Der Aufbau von algebraischen Spezifikationen in ReDuX-Syntax (ReDuX datatypes) soll hier an zwei Beispielen erläutert werden. Es folgt zuerst eine Spezifikation der Fakultätsfunktion, die eine Spezifikation der natürlichen Zahlen benutzt, wie wir sie aus Kapitel 11 kennen.

```
DATATYPE Factorial;
SORT
        NAT;
CONST
        0: NAT;
VAR
        x, y: NAT;
OPERATOR
        0:              -> NAT;
        S:    NAT       -> NAT;  %% successor
        +, *: NAT, NAT -> NAT;
        !:    NAT       -> NAT;
NOTATION
        S: FUNCTION;
        !: POSTFIX;
AXIOM
  [1] 0 + x    == x;
  [2] S(y) + x == S(y + x);
  [3] 0 * x    == 0;
  [4] S(y) * x == (y * x) + x;
  [5] 0!       == S(0);
  [6] S(x)!    == S(x) * x!;
END
```

Eine alternative Spezifikation natürlicher Zahlen als initiales Modell eines kommutativen Halbrings setzt die Deklaration der Addition und Multiplikation als AC-Operatoren voraus. Sie wird in der folgenden Spezifikation der Potenz verwendet.

```
DATATYPE Power;
%% ORIGIN E. Paul (1984):
%%       Proof by induction in equational theories with
%%       relations between constructors.
%%       In Proc. CAAP'84.
%% DESCRIPTION Naturals with +, * and exponentation
%% STATUS       incomplete
%%              so far no complete system found
SORT
        NAT;
VAR
        a, b, c: NAT;
OPERATOR
        0, 1:          -> NAT;
        +: NAT, NAT -> NAT;
        *: NAT, NAT -> NAT;
        ^: NAT, NAT -> NAT;
THEORY
        +, *: AC;
```

```
AXIOM
  [1] 0 + a == a;
  [2] 0 * a == 0;
  [3] 1 * a == a;
  [4] a * (b + c) == (a * b) + (a * c);
  [5] a ^ 0 == 1;
  [6] a ^ 1 == a;
  [7] 1 ^ a == 1;
  [8] a ^ (b + c) == (a ^ b) * (a  ^ c);
  [9] (a * b) ^ c == (a  ^ c) * (b ^ c);
 [10] a ^ (b * c) == (a ^ b) ^ c;
END
```

Jede Spezifikation besteht aus mehreren Rubriken. In der Rubrik `SORT` werden die benötigten Sorten deklariert. Die Rubrik `OPERATOR` vereinbart, welche Operatoren zur Verfügung stehen und welche Sorten die Argumente und das Ergebnis der einzelnen Operatoren haben. Dabei entspricht eine Deklaration `f: s1, s2 -> s0;` der Funktionsbeschreibung $f : s1 \times s2 \rightarrow s0$.

Die Rubrik `VAR` deklariert die zur Verfügung stehenden Variablennamen mit ihrer zugehörigen Sorte.

Kommentare beginnen mit `%%` und gehen bis ans Ende der Zeile. Standardmäßig werden nullstellige Operatoren wie Konstanten (d. h. ohne Argumentklammern), einstellige Operatoren in Präfixschreibweise (ohne Argumentklammern), zweistellige Operatoren in Infixschreibweise und mehrstellige Operatoren in Funktionsschreibweise (mit Argumentklammern) geschrieben. Diese Standardeinstellungen können in der Rubrik `NOTATION` geändert werden. Postfixoperatoren haben höhere Priorität als Präfixoperatoren, die wiederum höhere Priorität als Infixoperatoren haben. Diese Prioritätsregel kann in einer Rubrik `PREC` oder im Term durch explizite Klammerung überschrieben werden. C- und AC-Operatoren werden in der Rubrik `THEORY` als solche vereinbart.

In der Rubrik `AXIOM` werden die Axiome der Spezifikation aufgezählt. Diese Axiome werden je nach Kontext als Gleichungen oder als Termersetzungssystem interpretiert. Im letzten Fall dürfen sie nur von links nach rechts angewendet werden. Dann entspricht das == Zeichen einem Pfeil $\rightarrow$.

Eine genaue Beschreibung der Syntax von ReDuX-Spezifikationen findet sich in dem Dokument *A New Parser for ReDuX – User Guide*, das in der Datei *redux1.6/docu/pud.dvi* enthalten ist.

A.1.3 ReDuX für Programmierer

Alle ReDuX-Quellen sind im ReDuX-Paket enthalten. Sie befinden sich in dem Verzeichnis `redux1.6/src`. In `redux1.6/src/include` liegen die Headerdateien (Suffix `.h`), in denen globale Variable und und die Datenstrukturen festgelegt sind. Die Quellen verteilen sich wie folgt auf die Unterverzeichnisse von `redux1.6/src`:

`ac`: AC-Vervollständigung,

`acnew`: AC-Vervollständigung mit Memorisationstechniken und Unterstützung durch partielle Evaluationsbereiche,

`ax`: Hilfsalgorithmen,

`co`: kombinatorische Algorithmen, mit Koroutinenemulation,

`ev`: partielle Evaluationsbereiche,

`ic`: induktive Vervollständigung und Analyse der Menge der irreduziblen Grundterme,

`ini`: ReDuX-Systeminitialisation,

`io`: grundlegende Ein-/Ausgaberoutinen (Schnittstelle zum Betriebssystem),

`it`: Bibliotheksinterpretierer (Ersatz für einen dynamischen Linker),

`tio`: Ein-/Ausgabemodul für den ReDuX-Spezifikationsparser,

`to`: Termordnungen,

`tp`: Basisalgorithmen für Termmanipulation (einschließlich eines alten Spezifikationsparsers) und

`uc`: nicht-fehlschlagende Vervollständigung.

Die ReDuX-Quellen sind mit Ausnahme des Scanners und Parsers für algebraische Spezifikationen in der Programmiersprache ALDES (s. u.) geschrieben. ALDES-Dateien haben den Suffix `.ald`. Der Scanner und Parser für algebraische Spezifikationen, Regeln, Terme usw. ist in flex (erweiterte GNU-Version von lex) und yacc geschrieben.

Ferner basiert ReDuX auf dem ALDES/SAC-2-System, das zusammen mit ReDuX verteilt wird (`caldes37.tgz`). Insbesondere wird das SAC-2-Modul zur Listenverarbeitung (lp) benötigt. Fortgeschrittene ReDuX-Algorithmen wie der Zufallstermgenerator benötigen die SAC-2 Langzahlarithmetik (ar) oder das Polynompaket (po) für die Polynomordnungen.

Programmierdokumentation

Wichtige Dokumente für den ReDuX-Programmierer sind die *ReDuX System Documentation*, die im Verzeichnis `redux1.6/docu` als Datei `rsd.dvi` enthalten ist. Dieses Dokument beschreibt die Architektur des ReDuX-Systems, seine wichtigsten Algorithmen und Datenstrukturen und die Konventionen der ReDuX-Programmierung. Der Spezifikationsparser ist im Dokument *A New Parser for ReDuX – Programmer's Guide* beschrieben, das als

Datei `psd.dvi` im selben Verzeichnis steht. Der Bericht *The ReDuX System Indices* in der Datei `rix.dvi` enthält Indizes, mit deren Hilfe sich Algorithmen lokalisieren lassen. Der größte Teil dieses Berichts besteht aus einem permutierten Index der Algorithmenkurzbeschreibungen.

Als Dokumentation für die SAC-2-Bibliothek kann sowohl der Bericht von Collins und Loos (1990) als auch die saclib-Dokumentation von Buchberger et al. (1993) des RISC-Instituts an der Universität Linz/Donau benutzt werden. Weitere Dokumentation zu ALDES/SAC-2 findet sich in dem Verzeichnis `caldes3.7/docu`.

Im Verzeichnis `redux1.6/tes` befinden sich zwei einfache Programme zusammen mit Anweisungen zu deren Übersetzung, die als Vorlage für eigene ReDuX-Programme dienen können.

Die Programmiersprache ALDES

ALDES ist eine einfach zu erlernende prozedurale Programmiersprache mit eingebauter Listenverarbeitung. ALDES wird zur Zeit nach C übersetzt und hat eine sehr kleine Schnittstelle zum Betriebssystem. Daher sind ALDES-Programme auch sehr portabel. ALDES wurde von Loos (1976) für die Implementierung von SAC-2 entwickelt. Die hochsprachlichen Algorithmenformulierungen in den Büchern von Knuth (1980) standen Pate für die Syntax von ALDES. Auch die Algorithmenbeschreibungen im vorliegenden Buch sind an die Syntax von ALDES angelehnt. Die Beschreibung der für ReDuX benutzten Version von ALDES findet sich bei Loos und Collins (1992).

Wie oben schon erwähnt ist ALDES eine einfache ungetypte prozedurale Programmiersprache mit eingebauter Listenverarbeitung (einschließlich automatischer Speicherbereinigung – garbage collection). ALDES unterstützt die klassischen Kontrollstrukturen:

- `if` Bedingung `then ... else ...`,
- `while` Bedingung `do ...`,
- `repeat ... until` Bedingung,
- `case` Ausdruck `of ...`,
- `for` Laufvariable = initialer Wert `, ...,` Schlußwert `do ...` und
- `goto` Schrittnummer.

ALDES unterscheidet drei Arten von Algorithmen: das Hauptprogramm, Funktionen und Prozeduren. Jeder Algorithmus ist in Schritte unterteilt, die durch eine goto-Anweisung angesprungen werden können. Lokale Variablen müssen nicht deklariert werden mit Ausnahme von Feldern (arrays). Es werden zwei atomare Typen unterschieden: ganze Zahlen einfacher Präzision (β-integers) und Listen (genauer gesagt: Zeiger auf Listen), die atomare Typen als Elemente haben können. Diese Typisierung geschieht implizit durch die Initialisierung entsprechender Variablen oder Konstanten und ist nicht syntaktisch ausgezeichnet. Die Speicherverwaltung einschließlich der Speicherbereinigung geschieht automatisch.

Kommentare werden in eckige Klammern (`[` und `]`) gesetzt. Mehrere Anweisungen können durch geschweifte Klammern (`{` und `}`) zusammengefaßt werden.

Wie oben schon bemerkt ist ALDES eine einfache Programmiersprache, die durch das Studium der vorhandenen Quellen leicht zu erlernen sein sollte. Hier wollen wir nur kurz auf einige Besonderheiten eingehen:

- Der Kopf des Hauptprogramms besteht aus seinem Namen gefolgt von einem Punkt.
- Eingabeparameter in Funktionen und Prozeduren dürfen nicht modifiziert werden.
- In Prozeduren werden Eingabeparameter von den Ausgabeparametern durch ein Semikolon getrennt.
- Die einzelnen Schritte eines Algorithmus werden durch einen Punkt abgeschlossen, bis auf den letzten, der durch `||` (für □) abgeschlossen wird.
- Lokale Bezeichner dürfen ornamentiert sein. D. h., ihre Syntax wird durch den regulären Ausdruck

  $$\{A,\ldots,Z,a,\ldots,z\}\{',*\}^*\{\hat{}\,,\tilde{}\,,\_\}^*\{0,\ldots,9\}^*$$

  beschrieben.
- Boolesche Ausdrücke können nur in den Bedingungen von if-, while- und repeat-Anweisungen vorkommen. Die Konstanten `true` (gleich 1) und `false` (gleich 0) sowie die Operatoren logisch-und (`/\`), logisch-oder (`\/`) und logisch-nicht (`~`) sind bekannt. Boolesche Ausdrücke müssen sparsam geklammert sein, da überflüssige Klammern als Listenklammern interpretiert werden.
- ALDES unterstützt globale und lokale Makros (Schlüsselwort `const`).

Zum Schluß müssen noch einige Anachronismen erwähnt werden, die sich daraus erklären lassen, daß ALDES ursprünglich nach Fortran übersetzt wurde.

- Bezeichner dürfen nur maximal sechs Zeichen (Algorithmenbezeichner neuerdings bis zu acht Zeichen) lang sein.
- Der Übersetzer liest nur die ersten 72 Spalten jeder Zeile.
- Lokale Variable dürfen in nichtrekursiven Algorithmen `safe` deklariert werden, wenn sie als Fußpunkte für die Speicherbereinigung redundant sind.[2]

[2] It is safe not to use safe!

A.1.4 ReDuX-Programmierwerkzeuge

Die ALDES- und ReDuX-Programmierwerkzeuge befinden sich in den jeweiligen Verzeichnissen `caldes3.7/bin` und `redux1.6/bin`. Sie sind in den Manualseiten beschrieben (siehe `caldes3.7/man` und `redux1.6/man`). Hier soll nur auf die wichtigsten Werkzeuge kurz eingegangen werden.

Die Skripte `ald` und `aldr` führen die Übersetzung von ALDES-Code über alle Zwischenschritte bis hin zum lauffähigen Programm durch. `aldr` ist eine Erweiterung von `ald`. Es unterstützt einen include-Mechanismus für ALDES-Quellen und bindet automatisch ReDuX-Bibliotheken. Das perl-script `acheck` erlaubt einen einfachen Test auf überlange Zeilen und unerlaubte Zeichen.

`scat` zeigt SAC-2-Algorithmen an. `sgrep`, `segrep`, `rgrep` und `regrep` sind Spezialformen der UNIX-Kommandos grep und egrep, die die SAC-2 bzw. ReDuX Quellen durchsuchen.

Das Skript `start_redux` initialisiert wichtige Umgebungsvariablen für die Arbeit mit ReDuX.

A.2 Weitere Termersetzungsprogramme

Der Larch Prover von Guttag und Horning (1993) enthält Vervollständigungsprozeduren und unterstützt Termersetzung und Vervollständigung modulo AC. Er ist Teil eines Systems, um Spezifikationen und Zusicherungen in Programmen zu verifizieren.

OBJ3 von Goguen et al. (1993) ist ein algebraisches Spezifikationssystem, das bedingte Termersetzung, Sortenhierarchien und parametrisierte Spezifikationen unterstützt. Interessant ist auch die Art und Weise, wie in OBJ3 verschiedene Reduktionsstrategien spezifiziert werden können. Jedoch gibt es keine Vervollständigungsprozeduren in OBJ3.

Das Rewrite Rule Laboratory (RRL) von Kapur und Zhang (1989) bietet Vervollständigung, Induktion und AC-Termersetzung.

Eine ganze Menge weiterer interessanter Systeme findet sich bei den Systembeschreibungen der Konferenzen *Rewriting Techniques and Applications (RTA)* und *Conference on Automated Deduction (CADE)*.

Eine Sammlung vieler verfügbarer Systeme zum automatischen Beweisen befindet sich in der WWW-Seite *Database of Exisiting Mechanized Reasoning Systems* mit der Adresse

http://www-formal.stanford.edu/clt/ARS/systems.html.

Auf dieser Seite finden sich auch Verweise auf die hier erwähnten Termersetzungsprogramme.

Literaturverzeichnis

Avenhaus, J. (1995). *Reduktionssysteme*. Springer-Verlag.

Avenhaus, J. und Denzinger, J. (1993). Distributing equational theorem proving. In Kirchner, C., Hrsg., *Rewriting Techniques and Applications (LNCS 690)*, S. 62–76. Springer-Verlag.

Bachmair, L. (1991). *Canonical Equational Proofs*. Birkhäuser.

Bachmair, L. und Dershowitz, N. (1994). Equational inference, canonical proofs, and proof orderings. *Journal of the ACM*, 41(2):236–276.

Bachmair, L., Dershowitz, N. and Plaisted, D. A. (1989). Completion Without Failure. In Aït-Kaci, H. und Nivat, M., Hrsg., *Rewriting Techniques*, Band 2 in *Resolution of Equations in Algebraic Structures*, Kapitel 1. Academic Press.

Becker, T. und Weispfenning, V. (1993). *Gröbner Bases. A Computational Approach to Commutative Algebra*, Band 141 in *Graduate Texts in Mathematics*. Springer-Verlag, New York.

Ben Cherifa, A. und Lescanne, P. (1987). Termination of rewriting systems by polynomial interpretations and its implementation. *Science of Computer Programming*, 9:137–159.

Benninghofen, B., Kemmerich, S. und Richter, M. M. (1987). *Systems of Reductions*. Springer-Verlag, Berlin.

Bergman, G. M. (1978). The diamond lemma for ring theory. *Advances in Mathematics*, 29:178–218.

Birkhoff, G. (1935). On the structure of abstract algebras. *Proceedings of the Cambridge Philosophical Society*, 31:433–454.

Bogaert, B. und Tison, S. (1992). Equality and disequality constraints on direct subterms in tree automata. In Finkel, A. und Jantzen, M., Hrsg., *STACS 92 (LNCS 577)*.

Boyer, R. S. und Moore, J. S. (1979). *A Computational Logic*. Academic Press, Orlando.

Buch, A., Hillenbrand, T. und Fettig, R. (1996). WALDMEISTER: High performance equation theorem proving. In Calmet, J. und Limongelli, C., Hrsg., *Design and Implementation of Symbolic Computation Systems (LNCS 1128)*, S. 63 – 64. Springer-Verlag.

Buchberger, Collins, Encarnación, Hong, Johnson, Krandick, Loos, Mandache, Neubacher und Vielhaber (1993). Saclib user's guide. On-line software documentation.

Buchberger, B. (1965). *Ein Algorithmus zum Auffinden der Basiselemente des Restklassenringes nach einem nulldimensionalen Polynomideal.* Dissertation, Universität Innsbruck.

Buchberger, B. und Loos, R. (1982). Algebraic simplification. In Buchberger, B., Collins, G. E. und Loos, R., Hrsg., *Computer Algebra*, S. 14–43. Springer-Verlag.

Bücken, H. (1979). Reduktionssysteme und Wortproblem. Interner Bericht 3, RWTH Aachen.

Bündgen, R. (1993). Reduce the redex → ReDuX. In Kirchner, C., Hrsg., *Rewriting Techniques and Applications (LNCS 690)*, S. 446–450. Springer-Verlag.

Bündgen, R. (1994). On pots, pans and pudding or how to discover generalized critical pairs. In Bundy, A., Hrsg., *12th International Conference on Automated Deduction, (LNCS 814)*, S. 693–707. Springer-Verlag.

Bündgen, R. (1996a). Buchberger's algorithm: the term rewriter's point of view. *Theoretical Computer Science*, 159(2):143–190.

Bündgen, R. (1996b). Proof transformation for non-compatible rewriting. In Calmet, J., Campbell, J. A. und Pfalzgraf, J., Hrsg., *Artificial Intelligence and Symbolic Mathematical Computation (LNCS 1138)*, S. 160 – 175. Springer-Verlag.

Bündgen, R. und Eckhardt, H. (1992). A fast algorithm for ground normal form analysis. In Kirchner, H. und Levi, G., Hrsg., *Algebraic and Logic Programming (LNCS 632)*, S. 291 – 305. Springer-Verlag.

Bündgen, R., Göbel, M. und Küchlin, W. (1996). Strategy compliant multi-threaded term completion. *Journal of Symbolic Computation*, 21(4–6):475–505.

Bündgen, R. und Küchlin, W. (1989). Computing ground reducibility and inductively complete positions. In Dershowitz, N., Hrsg., *Rewriting Techniques and Applications (LNCS 355)*, S. 59–75. Springer-Verlag.

Bündgen, R., Küchlin, W. und Lauterbach, W. (1996). Verification of the Sparrow processor. In *IEEE Symposium and Workshop on Engineering of Computer-Based Systems*, S. 86–93. IEEE Press.

Bündgen, R. und Lauterbach, W. (1996). Experiments with partial evaluation domains for rewrite specifications. In Haveraaen, M., Owe, O. und Dahl, O.-J., Hrsg., *Recent Trends in Data Type Specifications (LNCS 1130)*, S. 125–142. Springer-Verlag.

Bündgen, R., Sinz, C. und Walter, J. (1996). ReDuX 1.5: New facets of rewriting. In Ganzinger, H., Hrsg., *Rewriting Techniques and Applications (LNCS 1103)*, S. 412–415. Springer-Verlag.

Bundy, A., van Harmelen, F., Smaill, A. und Ireland, A. (1990). Extensions to the rippling-out tactic for guiding inductive proofs. In Stickel, M. E., Hrsg., *10th International Conference on Automated Deduction, (LNCS 449)*, S. 132–146. Springer-Verlag.

Clausen, M. und Fortenbacher, A. (1989). Efficient solution of linear diophantine equations. *Journal of Symbolic Computation*, 8(1 & 2):201–216.

Collins, G. E. und Loos, R. G. K. (1990). Specification and index of SAC-2 algorithms. Interner Bericht 90–4, Wilhelm-Schickard-Institut für Informatik, Tübingen.

Corbin, J. und Bidoit, M. (1983). A rehabilitation of Robinson's unification algorithm. In Mason, R. F., Hrsg., *Information Processing '83*. Elsevier.

Davis, M. (1963). Eliminating the irrelevant from mechanical proofs. In *Proc. Symp. Appl. Math. XV*, S. 15–30.

de Champeaux, D. (1986). About the Peterson-Wegman linear unification algorithm. *Journal of Computer and System Sciences*, S. 79–90.

Dershowitz, N. (1979). A note on simplification orderings. *Information Processing Letters*, 9:212–215.

Dershowitz, N. (1987). Termination of rewriting. *Journal of Symbolic Computation*, 3:69–115. (Corrigendum in JSC, 4:409–410, 1987)

Dershowitz, N. und Jouannaud, J.-P. (1990). Rewrite systems. In van Leeuven, J., Hrsg., *Formal Models and Semantics*, Band B in *Handbook of Theoretical Computer Science*, Kapitel 6. Elsevier.

Dershowitz, N. und Manna, Z. (1979). Proving termination with multiset orderings. *Communications of the ACM*, 22(8):465–476.

Dershowitz, N. und Reddy, U. S. (1993). Deductive and inductive synthesis of equational programs. *Journal of Symbolic Computation*, 15:467–494.

Ehrich, H.-D., Gogolla, M. und Lipeck, U. W. (1989). *Algebraische Spezifikationen abstrakter Datentypen*. B. G. Teubner, Stuttgart.

Fages, F. (1987). Associative commutative unification. *Journal of Symbolic Computation*, 3:257–275.

Fribourg, L. (1989). A strong restriction of the inductive completion procedure. *Journal of Symbolic Computation*, 8(3):253–276.

Ganzinger, H. (1987). Completion with history-dependent complexities for generated equations. In Sannella, D. und Tarlecki, A., Hrsg., *Recent Trends in Data Type Specification*, S. 73–91.

Geser, A. (1996). An improved general path order. *Applicable Algebra in Engineering, Communication and Computing*, 7(6):469–511.

Giesel, J. (1995). Generating polynomial orderings for termination proofs. In Hsiang, J., Hrsg., *Rewriting Techniques and Applications (LNCS 914)*, S. 426–431.

Goguen, J. A. und Meseguer, J. (1992). Order-sorted algebra i: Equational deduction for multiple inheritance overloading, exceptions and partial operations. *Theoretical Computer Science*, 105(2):217–273.

Goguen, J. A., Winkler, T., Meseguer, J., Futatsugi, K. und Jouannaud, J.-P. (1993). Introducing OBJ.

Gramlich, B. (1996). *Termination and Confluence Properties of Structured Term Rewriting Systems*. Dissertation, Universität Kaiserslautern.

Guttag, J. V. und Horning, J. J. (1993). *Larch: Languages and Tools for Formal Specification*. Springer-Verlag, New York.

Hsiang, J. (1985). Refutational theorem proving using term-rewriting systems. *Artificial Intelligence*, 25:255–300.

Huet, G. (1980). Confluent reductions: Abstract properties and their applications to term-rewriting systems. *Journal of the ACM*, 27(4).

Huet, G. (1981). A complete proof of correctness of the Knuth-Bendix completion algorithm. *Journal of Computer and System Sciences*, 23:11–21.

Huet, G. und Hullot, J.-M. (1982). Proofs by induction in equational theories with constructors. *Journal of Computer and System Sciences*, 25:11–21.

Huet, G. und Oppen, D. C. (1980). Equations and rewrite rules: A survey. In Book, R., Hrsg., *Formal Languages: Perspectives and Open Problems*, S. 349–405. Academic Press.

Hullot, J.-M. (1980). Canonical forms and unification. In *Proc. Fifth International Conference on Automated Deduction (LNCS 87)*, S. 318–334. Springer-Verlag.

Jouannaud, J.-P. und Kirchner, H. (1986). Completion of a set of rules modulo a set of equations. *SIAM Journal on Computing*, 14(4):1155–1194.

Jouannaud, J.-P. und Kounalis, E. (1989). Proofs by induction in equational theories without constructors. *Information and Computation*, 82:1–33.

Jouannaud, J.-P., Lescanne, P. und Reinig, F. (1982). Recursive decomposition ordering. In Bjørner, D., Hrsg., *Formal Description of Programming Concepts 2*, S. 331–346. North-Holland, Amsterdam.

Jouannaud, J.-P. und Marché, C. (1992). Termination and completion modulo associativity, commutativity and identity. *Theoretical Computer Science*, 104:29–51.

Kamin, S. und Lévy, J.-J. (1980). Two generalizations of the recursive path ordering. (Unveröffentlichter Artikel).

Kaplan, S. (1987). Simplifying conditional term rewriting systems: Unification, termination and confluence. *Journal of Symbolic Computation*, 4:295–334.

Kapur, D., Musser, D. R. und Narendran, P. (1988). Only prime superpositions need be considered in the Knuth-Bendix completion procedure. *Journal of Symbolic Computation*, 6:19–36.

Kapur, D., Narendran, P. und Sivakumar, G. (1985). A path ordering for proving termination of term rewriting systems. In *Mathematical Foundation of Software Developement (LNCS 185)*, S. 173–187. Springer-Verlag.

Kapur, D., Narendran, P. und Zhang, H. (1986). Complexity of sufficient-completeness. In *Foundations of Software Technology and Theoretical Computer Science 1986 (LNCS 241)*, S. 426–442. Springer-Verlag.

Kapur, D., Narendran, P. und Zhang, H. (1987). On sufficient-completeness and related properties of term rewriting systems. *Acta Informatica*, 24(4):395–415.

Kapur, D. und Subramaniam, M. (1996). Automating induction over mutually recursive functions. In Wirsing, M. und Nivat, M., Hrsg., *Algebraic Methodology and Software Technology (LNCS 1101)*, S. 117–131. Springer-Verlag.

Kapur, D. und Zhang, H. (1989). An overview of the rewrite rule laboratory (RRL). In Dershowitz, N., Hrsg., *Rewriting Techniques and Applications (LNCS 355)*, S. 559–563. Springer-Verlag.

Klaeren, H. (1991). *Vom Problem zum Programm*. B. G. Teubner, Stuttgart.

Klaeren, H. A. (1983). *Algebraische Spezifikationen. Eine Einführung*. Springer-Verlag, Berlin.

Klop, J. W. (1992). Term rewriting systems. In Abramsky, S., Gabbay, D. M. und Maibaum, T. S. E., Hrsg., *Background: Computational Strcutures*, Band 2 in *Handbook of Logic in Computer Science*, Kapitel 1. Oxford University Press.

Knuth, D. E. (1980). *The Art of Computer Programming*, Band 1–3. Addison Wesley.

Knuth, D. E. und Bendix, P. B. (1970). Simple word problems in universal algebra. In Leech, J., Hrsg., *Computational Problems in Abstract Algebra*. Pergamon Press.

Kounalis, E. (1992). Testing for the ground (co)-reducibility property in term-rewriting. *Theoretical Computer Science*, 106:83–111.

Kruskal, J. B. (1960). Well-quasi-ordering, the tree theorem and Vazsonyi's conjecture. *Trans. Am. Math. Soc.*, 95:210–225.

Küchlin, W. (1982a). An implementation and investigation of the Knuth-Bendix completion algorithm. Diplomarbeit, Informatik I, Universität Karlsruhe. (Nachdruck als Bericht 17/82.).

Küchlin, W. (1982b). Some reduction strategies for algebraic term rewriting. *ACM SIGSAM Bulletin*, 16(4):13–23.

Küchlin, W. (1985). A confluence criterion based on the generalised Newman lemma. In Caviness, B. F., Hrsg., *Eurocal'85 (LNCS 204)*, S. 390–399. Springer-Verlag.

Küchlin, W. (1989). Inductive completion by ground proof transformation. In Aït-Kaci, H. und Nivat, M., Hrsg., *Rewriting Techniques*, Band 2 in *Resolution of Equations in Algebraic Structures*, Kapitel 7. Academic Press.

Lankford, D. (1979). On proving term rewriting systems are noetherian. Interner Bericht MTP-3, Dept. of Mathematics, Louisiana Tech. Univ., Ruston, LA 71272.

Lankford, D. und Ballantyne, A. M. (1977). Decision procedures for simple equational theories with commutative-associative axioms: Complete sets of commutative-associative reductions. Interner Bericht ATP-39, Department of Mathematics and Computer Sciences, University of Texas, Austin.

Le Chenadec, P. (1986). *Canonical Forms in Finitely Presented Algebras*. Pitman, London.

Lescanne, P. (1989). Completion procedures as transition rules + control. In Diaz, M. und Orejas, F., Hrsg., *TOPSOFT '89, (LNCS 351)*, S. 21–41. Springer-Verlag.

Loos, R. (1976). The algorithm description language ALDES (Report). *ACM SIGSAM Bulletin*, 10(1):15–39.

Loos, R. G. K. und Collins, G. E. (1992). Revised report on the algorithm description language ALDES. Interner Bericht 92–14, Wilhelm-Schickard-Institut für Informatik, Tübingen.

Manna, S. und Ness, S. (1970). On the termination of Markov algorithms. In *Proceedings of the Third Hawaii International Conference on System Science*, S. 789–792.

Marché, C. (1996). Normalized rewriting: an alternative to rewriting modulo a set of equations. *Journal of Symbolic Computation*, 11(1).

Martelli, A. und Montanari, U. (1982). An efficient unification algorithm. *ACM Transactions on Programming Languages and Systems*, 4(2):258–282.

Martin, U. (1987). How to choose the weights in the Knuth-Bendix ordering. In Lescanne, E. P., Hrsg., *Rewriting Techniques and Applications (LNCS 256)*. Springer-Verlag.

Mayr, R. und Nipkow, T. (1994). Higher-order rewrite systems and their confluence. Interner Bericht, Technische Universität München.

Métivier, Y. (1983). About the rewriting systems produced by the Knuth-Bendix completion algorithm. *Information Processing Letters*, 16(1):31–34.

Musser, D. R. (1980). Proving inductive properties of abstract data types. In *Proc. 7th PoPL*, S. 154–162, Las Vegas, Nevada. ACM.

Newman, M. H. A. (1942). On theories with a combinatorial definition of "equivalence". *Annals of Mathematics*, 43(2):223–243.

Nieuwenhuis, R. und Rubio, A. (1994). AC-superpositions with constraints: no AC-unifiers needed. In Bundy, A., Hrsg., *12th International Conference on Automated Deduction, (LNCS 814)*, S. 545–559. Springer-Verlag.

Ohlebusch, E. (1994). *Modular Properties of Composable Term Rewriting Systems.* Dissertation, Universität Bielefeld.

Parwitz, D. (1960). An improved proof procedure. *Theoria*.

Paterson, M. S. und Wegman, M. W. (1978). Linear unification. *Journal of Computer and System Sciences*, 16(2):158–167.

Paul, E. (1984). Proof by induction in equational theories with relations between constructors. In *Ninth Colloquium on Trees in Algebra and Programming*, S. 211–225. Springer-Verlag.

Peterson, G. und Stickel, M. (1981). Complete sets of reductions for some equational theories. *Journal of the ACM*, 28:223–264.

Plaisted, D. (1985). Semantic confluence and completion methods. *Information and Control*, 65:182–215.

Reddy, U. S. (1990). Term rewriting induction. In Stickel, M. E., Hrsg., *10th International Conference on Automated Deduction, (LNCS 449)*, S. 162–177. Springer-Verlag.

Robinson, J. A. (1965). A machine-oriented logic based on the resolution principle. *Journal of the ACM*, 12(1):23–41.

Robinson, J. A. (1971). Computational logic: the unification computation. In Michie, D. und Meltzer, B., Hrsg., *Machine Intelligence 6*, S. 63–72. Edinburgh University Press, Edinburgh.

Ružička, P. und Prívara, I. (1989). An almost linear robinson unification algorithm. *Acta Informatica*, 27:61–71.

Schmid, K. und Fettig, R. (1995). Towards an efficient construction of test sets for deciding ground reducibility. In Hsiang, J., Hrsg., *Rewriting Techniques and Applications (LNCS 914)*, S. 86–100.

Sims, C. C. (1994). *Computation with finitely presented groups*. Cambridge University Press, Cambridge.

Smolka, G., Nutt, W., Goguen, J. A. und Meseger, J. (1989). Order-sorted equational computation. In Aït-Kaci, H. und Nivat, M., Hrsg., *Rewriting Techniques*, Band 2 in *Resolution of Equations in Algebraic Structures*, Kapitel 10. Academic Press.

Stickel, M. E. (1981). A unification algorithm for associative-commutative functions. *Journal of the ACM*, 28(3):423–434.

Strassen, V. (1966). Gaussian elimination is not optimal. *Numerische Mathematik*, 13:354–356.

Tarjan, R. E. (1975). Efficiency of a good but not linear set union algorithm. *Journal of the ACM*, 22(2):215–225.

van Horebeek, I. und Lewi, J. (1989). *Algebraic Specifications in Software Engeneering*. Springer-Verlag, Berlin.

Vigneron, L. (1994). Associative-commutative deduction with constraints. In Bundy, A., Hrsg., *12th International Conference on Automated Deduction, (LNCS 814)*, S. 530–544. Springer-Verlag.

Winkler, F. (1985). Reducing the complexity of the Knuth-Bendix completion algorithm: A "unification" of different approaches. In Caviness, B., Hrsg., *Eurocal'85 (LNCS 204)*, S. 378–389. Springer-Verlag.

Winkler, F. (1996). *Polynomial Algorithms in Computer Algebra*. Springer-Verlag.

Winkler, F. und Buchberger, B. (1985). A criterion for eliminating unnecessary reductions in the Knuth-Bendix algorithm. In *Proc. Colloquium on Algebra, Combinatorics and Logic in Computer Science*. J. Bolyai Math. Soc., J. Bolyai Math. Soc. and North-Holland.

Winograd, S. (1973). Some remarks on fast multiplication of polynomials. In Traub, J. F., Hrsg., *Complexity of Sequential and Parallel Numerical Algorithms*, S. 181–196. Academic Press.

Wirsing, M. (1990). Algebraic specification. In van Leeuven, J., Hrsg., *Formal Models and Semantics*, Band B in *Handbook of Theoretical Computer Science*, Kapitel 13. Elsevier.

Symbolverzeichnis

Index

vieweg